建筑工程施工计算系列丛书

建筑施工安全计算

（含 PKPM 安全计算软件演示）

徐　蓉　王旭峰　师安东　主编

徐　伟　主审

中国建筑工业出版社

图书在版编目（CIP）数据

建筑施工安全计算（含PKPM安全计算软件演示）/徐蓉，
王旭峰，师安东主编. —北京：中国建筑工业出版社，2007
　（建筑工程施工计算系列丛书）
　ISBN 978-7-112-09763-0

　Ⅰ．建…　Ⅱ．①徐…②王…③师…　Ⅲ．建筑工程–工
程施工–安全技术–参数　Ⅳ．TU714-62

　中国版本图书馆 CIP 数据核字（2007）第 184707 号

　　为贯彻"安全第一、预防为主"的方针，提高安全生产工作和文明施工的管理水
平，确保在施工现场生产过程中的人身和财产安全，减少事故的发生，建立健全安全
保障体系。同时，为从根本上全面提高施工现场设施安全计算水平，加快施工现场设
施安全计算的数字化步伐，特编写了本书。本书将施工安全技术和计算机科学有机地
结合起来，针对施工现场的特点和要求，依据有关国家规范，归纳了常用的施工现场
安全设施的类型进行计算和分析，为施工企业的安全技术管理提供了计算工具，也为
施工组织设计的编制提供了可靠的依据，从而为施工安全提供了保障。

　　本书可供建筑施工企业技术人员、管理人员使用，也可供土建设计人员和大专院
校土建专业师生参考。

＊　　＊　　＊

责任编辑：郦锁林
责任设计：董建平
责任校对：孟　楠　陈晶晶

建筑工程施工计算系列丛书
建筑施工安全计算
（含 PKPM 安全计算软件演示）

徐　蓉　王旭峰　师安东　主编

徐　伟　主审
　＊
中国建筑工业出版社出版、发行（北京西郊百万庄）
各地新华书店、建筑书店经销
北京华艺制版公司制版
北京云浩印刷有限责任公司印刷
　＊
开本：787×1092 毫米　1/16　印张：15¾　字数：393 千字
2008 年 4 月第一版　　2011 年 7 月第二次印刷
印数：4001—5500 册　　定价：**43.00** 元（含光盘）
ISBN 978-7-112-09763-0
　　　（16427）

前　言

随着我国加入 WTO 和建设事业的迅速发展，建筑施工领域面临国际竞争，国外建筑商在参与国内工程承包的同时，带来了国际先进的施工技术和管理模式。面对国外的竞争和国内建设发展的需要，国内施工企业急需提高技术素质和专业水平。

为贯彻"安全第一、预防为主"的方针，提高安全生产工作和文明施工的管理水平，确保在施工现场生产过程中的人身和财产安全，减少事故的发生，建立健全安全保障体系。同时，为从根本上全面提高施工现场设施安全计算水平，加快施工现场设施安全计算的数字化步伐，编写了《建筑施工安全计算》一书。

本书基本覆盖常用安全设施的计算，为施工技术人员对安全设施的计算提供了方便，为安全设施的安全度提供保障，大大提高施工现场管理效率，具有很强的实用性。

本书按照施工现场土建设施有关计算的内容分类，快速准确地进行，解决了施工现场广大技术人员在施工方案编制中专项方案计算难的问题。

本书将施工安全技术和计算机科学有机地结合起来，针对施工现场的特点和要求，依据有关国家规范，归纳了常用的施工现场安全设施的类型进行计算和分析，为施工企业的安全技术管理提供了计算工具，也为施工组织设计的编制提供了可靠的依据，从而为施工安全提供了保障。

施工设施安全计算软件的出现，为施工技术人员提供了更加便捷的计算工具，采用统一的技术参数、计算分析方法和公式，输出规范的计算过程和分析文档，便于审查和复核，确保施工现场设施安全、合理。

本书第一章由徐蓉、王旭峰、俞宝达、龙炎飞、万小兵编写；第二章由徐蓉、师安东、万一梦、方娟编写；第三章由王旭峰、吴芸、师安东、余兴国、汤俊杰编写；第四章由徐蓉、王旭峰、尤雪春、宋炜卿、龙炎飞编写；第五章由师安东、王旭峰、俞宝达、余兴国编写，另外李昱宇、黄铮、杨全付、杜瑞利等参与了书稿的校核和有关资料的收集整理工作，最后由徐蓉、王旭峰、师安东统稿，徐伟教授主审。

在本书的编写中得到了上海建工集团第七建筑公司、浙江凯翔集团有限公司、上海锦深建设工程加固有限公司等有关单位的大力支持，特此表示感谢！

但限于编者水平有限，书中难免有不足之处，敬请读者批评不吝指教。

目　　录

第 1 章

脚手架工程的计算

◆ 1.1 脚手架计算模型

1.1.1 悬挑支撑结构的计算模型

钢管脚手架是以钢管为基本杆件组成的钢结构。它和传统的以型钢为基本杆件组成的钢结构之间是既相似又有区别。现以挑架的支撑结构为例来说明。

挑架的支撑结构在实际工程中有由钢管组成的三角形桁架 [图 1-1 (a)]，亦有由型钢组成的三角形桁架 [图 1-1 (b)]，两者的结构型式是相同的，均由四根杆件组成。

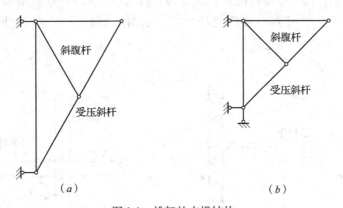

图 1-1 挑架的支撑结构

(a) 钢管组成的桁架；(b) 型钢组成的桁架

首先分析受压斜杆中间节点的受力情况。型钢桁架的受压斜杆是一根连续的型钢。它和斜腹杆的连接是通过一个节点板来实现的。二根杆件分别焊接在节点板上。虽然节点板有一定的刚度，使节点还能承受一定数值的弯矩。考虑到这弯矩对整根杆件的影响主要局限于杆件的端部。所以结构分析时把这种节点假设成为铰节点。即使这杆件是由整根型钢穿过节点，设计时还是按铰节点来计算内力。按铰节点考虑其计算方法简便多了。这也是工程上对钢桁架习惯的处理方法。

钢管桁架的斜压杆是一根连续的钢管，它和斜腹杆的连接是通过一个旋转扣件来实现的。故斜腹杆和斜压杆的连接确实是一个铰。和型钢桁架一样，虽然斜压杆是一个通长的整根钢管，在计算内力时还是把腹杆和受压斜杆的节点整个作为一个铰结点考虑。

这两种桁架的节点均是假设成铰节点，所以这两种桁架的计算简图是一样的，均能认为是一个静定的三角形铰接桁架。

1.1.2 单排外脚手架的计算模型

首先从横向来分析单排外脚手架的传力特点。如图 1-2 所示，小横杆一端搁在墙上，另一端搁在大横杆上，两杆用直角扣件连接，小横杆和立杆没有直接连接。小横杆的计算简图是一根简支梁，搁在墙上的一端是一个不动铰。

小横杆承受的荷载经过大横杆通过一个直角扣件传到立杆上，大横杆的中心线和立杆的中心线之间有一个距离，其数值为 69mm，故立杆承受一个偏心力。在结构组成上大横杆和立杆的相交点，总设置有一个小横杆，这小横杆的中心线和大横杆的中心线之间亦有一个距离，所以小横杆内的轴向力对节点的中心亦有一个偏心距（图 1-3）。虽然大横杆和立杆之间有一个偏心距，但在计算内力时，这个偏心距的影响很小，实际上是忽略不计了。现在以立杆的顶端为例来说明，如图 1-4 所示。大横杆位于立杆内侧，由于偏心距的存在，大横杆传来的竖向力对立杆顶端节点产生一个顺时针方向的力矩，这力矩使立杆顶端内倾。小横杆的存在，顶住立杆，阻止立杆内倾，这时小横杆内出现一个轴向力，这轴力是一个被动的推力，这推力对节点中心产生一个逆时针方向的力矩。这力矩会抵消部分顺时针方向的力矩，可见小横杆的存在使竖向力的偏心距减少，所以实际计算时就不考虑了。当大横杆位于立杆外侧时将使立杆外倾，这时小横杆拉住立杆，同样可以减少偏心距。

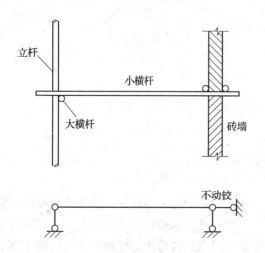

图 1-2　小横杆的计算简图

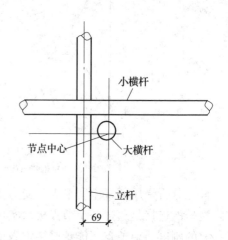

图 1-3　立杆、大横杆和小横杆的连接

如果没有设置小横杆，则大横杆与立杆之间的偏心距还是要考虑的，一般处理办法是，在内力分析时略去偏心距的影响，在截面承载力计算时考虑偏心距的影响。

再从纵向来分析单排外脚手架的传力特点。纵向脚手架是由立杆和大横杆用直角扣件相连接成一整片构架，在节点处立杆和大横杆均是整根钢管连续穿过，所以节点本身具有一定的刚度，能承受少量弯矩，属弹性连接。对这种节点我们建议假设成铰节点，即认为节点处的弯矩为零，其原因是：

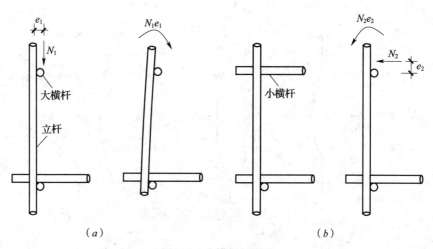

图 1-4　小横杆的影响

（a）无小横杆时；（b）有小横杆时

（1）传统的用型钢制造的钢桁架，其上、下弦杆均是由整根型钢穿过节点的，而设计时这种节点均假设为铰接。脚手架的情况相似，是整根钢管穿过节点，将脚手架的节点假设为铰接是将传统的钢桁架基本假设移植过来。

（2）假设成铰接偏于安全。因脚手架这种结构使用时不确定的因素太多，而又对操作工人的人身安全影响很大，故对脚手架这种很特殊的结构类型，要留有较多的安全余地。

对大横杆来说，它可以假设成连续梁，如图 1-5 所示。当假设成连续梁时，支座和跨中均承受弯矩；当假设为简支梁时，支座处的弯矩被加到跨中弯矩中，而认为支座弯矩为零。这样按简支梁的跨中弯矩设计大横杆，所得的计算结果是偏于安全的。

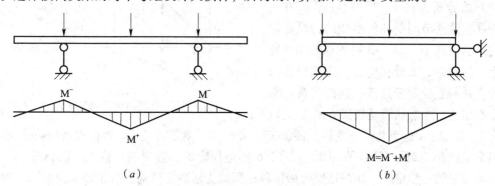

图 1-5　大横杆计算简图比较

（a）连续梁计算简图的弯矩分布图；（b）简支梁计算简图的弯矩

对于立杆，图 1-6 列出节点是刚性连接、弹性连接和铰接三个情况。当节点假设为刚接时，立杆的计算长度 $l_0 = 0.5h$；假定为铰接时 $l_0 = h$；假定时弹性固接时，随固接的程度计算 l_0 在 $0.5h \sim h$ 之间变化。从三种情况的比较可以很容易判断出假定成铰接时，立杆的受压承载力最低，因而按此验算也是偏于安全的。

（3）假设成铰接方便计算：由于脚手架的搭设受人为因素和施工情况的影响大，如

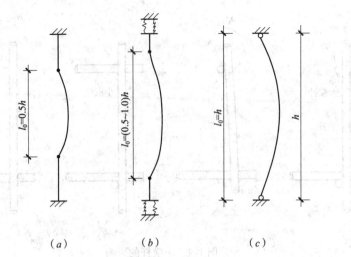

图 1-6 立杆计算简图比较

(a) 刚性连接；(b) 弹性连接；(c) 铰接

扣件拧紧时所用力矩大小不同，嵌固程度就不同。因此，实际工程中要按实际弹性固接来计算是几乎不可能的，假定是刚接则是一个超静定次数很多的超静定结构，内力计算亦相当冗繁。当假定成铰接后，计算就方便多了。

从几何组成观点看，由立杆、大横杆铰接而成的构架是不稳定的，纵向支撑的存在保证了这铰接构架的几何稳定性，当每层只有一根斜杆时，这构架是静定的。图 1-7 列出纵向构架的一角，我们从底层左边开始分析，在 1、2、3、4 节间有一根斜杆，故这节间是几何不变的，且是静定的。通过杆 a1、b1、c3 稳固地连接在地基上（应注意，此处在构造上必须设置扫地杆，并与立杆紧密连接、立杆需有可靠的底座相连，才能认为是铰支在地基上）。

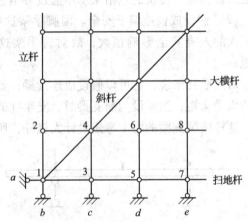

图 1-7 纵向构架的动机分析

再在 1、2、3、4 这个几何不变体上添加 35、d5 二杆，相交于点 5。再依次增加 46、56 二杆相交于点 6。如此，第二节间 3、4、5、6 亦是稳定的、静定的。依此类推，这一层结构均是稳定的、静定的。如在这层再增加斜杆则成为超静定结构，每增加一根斜杆，超静定次数增加一次。

同样原理适用于上面各层分析，只要每层保证有一根斜杆则就是几何不变、静定的，而整个构架的超静定次数是每层斜杆根数减一，各层叠加而得。

为了简化计算，且偏于安全，在计算时考虑每层仅存在一根斜杆，按静定结构计算。

1.1.3 双排外脚手架的计算模型

首先讨论纵向构架，有内外二排。和单排外脚手架一样，可以假设成由立杆、大横杆组成的铰接构架。

外排构架设置有纵向斜撑，是几何稳定结构。内排构架为了保证施工方便不宜设置纵向斜撑，但考虑到内排构架是夹在稳定的外排构架和稳固的房屋之间，有很多横向杆件相连，实际上脚手架已形成了一个稳定的空间桁架，故亦是稳定的。

在纵向平面内，立杆的计算长度即为脚手架的步高。

再来分析横向构架的受力特点。和单排脚手架不同的是，不是每个节点都与房屋的外墙相连，脚手架仅是通过连墙件与房屋相连，连墙件的间距≤4m，所以有一定数量的节点在横向是自由的。图1-8是在有连墙杆处，从上到下横向切出一段，小横杆 ab、ef 处有连墙件与房屋相连，cd 杆没有。但小横杆 cd 是一根零杆。所以在竖向荷载作用时横向构架的计算简图可偏于安全的取图如图1-9所示。这是一个稳定的静定结构，构件平面内立杆的计算长度是由连墙件的间距确定的，一般为步高的 2～3 倍，要大于纵向构架平面内的计算长度，所以立杆破坏主要是发生在横向构架平面内，是起控制作用的。

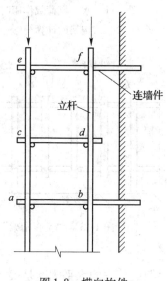

图 1-8　横向构件

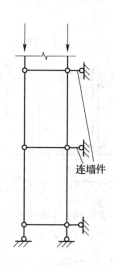

图 1-9　垂直荷载作用时横向
构架的计算简图

当水平风荷载作用于构架时，这时外立杆直接承受水平均布荷载的作用。如图1-10所示，部分荷载通过杆 ab 杆 ef 直接通过连墙件传递到房屋上，另有部分荷载通过小横杆 cd，传递到内立杆，由内立杆再经过连墙件，传递到屋顶上。这时小横杆 cd 不再是零杆。其计算简图如图1-11所示是一个超静定结构。小横杆 cd 是通过铰连接到立杆上，立杆作为一个通长的杆件与小横杆的端头铰接。

我们在有连墙处沿纵向水平切一段（图1-12），可以看到在连墙件之间还有 1～2 榀横向构架，这几榀中间横向构架没有连墙件与房屋相连接；即处于无侧向"支点"的情况。现对此加以分析：考虑到与连墙件相连的大横杆，其跨度≤4m，本身具有一定的刚度。另外，在相邻两榀横向构架之间还要设置小横杆，这些小横杆和内外两排大横杆间组成一个整体结构，可以近似地认为它是一个"空腹桁架"（图1-13）。其水平方向的刚

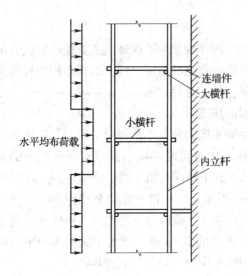

图 1-10　水平均布荷载的传递路线

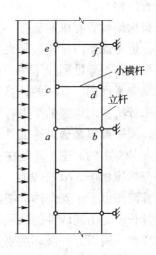

图 1-11　水平风荷载作用时横向
构架的计算简图

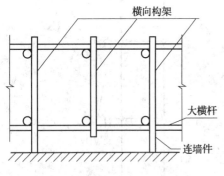

图 1-12　大横杆、连墙件和横向
构架的关系

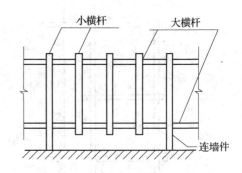

图 1-13　"空腹桁架"

度比单根大横杆要大得多。特别是作业层满铺上脚手架后，它的水平刚度是很大的，故和连墙件相连的大横杆可近似视为横向构架的侧向固定支点。这样无连墙杆的横向构架和有连墙杆处的横向构架可以取用相同的计算简图。

脚手架的步高一般为 1.8m，连墙杆的间距要求小于 4m，所以多数情况下连墙杆的间距取二步高，即 $l_0 = 2h = 3.6m$。在计算横向构架平面内立杆的承载力时，取立杆的计算长度为连墙杆的间距，略去两根连墙杆中间小横杆的影响（此处的小横杆在竖向荷载作用时为零杆），即取计算长度为 $l_0 = 3.6m$。这时，立杆的长细比 $\lambda = \dfrac{l_0}{i} = \dfrac{3600}{16} = 225$（$i$ 为立杆回转半径，$i = 16mm$）。根据《钢结构设计规范》的规定，压杆允许长细比 $[\lambda] = 150$，对临时结构，可以放松到 $[\lambda] = 210$，而目前立杆的长细比稍超出这个允许值。实际上这是因为为了简化计算取 $l_0 = 2h$ 所造成的，而有关单位实验后建议取连墙杆之间的 $l_0 = 1.4 \sim 1.6h$，则 $\lambda = \dfrac{1.6 \times 1800}{16} = 180$。立杆失稳时，由于立杆中间有小横杆、大横杆所组成的水平防止失稳的"空腹桁架"存在，单根立杆的失稳必然会受左邻右舍一群立杆的约束，所以真正的失稳应是一群立杆整体失稳。图 1-14 列出一榀横向构架在立杆失稳时变形的示意图。它表示小横杆的存在，使两根立杆共同变形。实际上，由于大横杆的存在，这榀横向构架相邻两侧的横向构架亦要共同变形。所以大小横杆的存在，相当在立杆的中间作用一个弹性支座 [图 1-15（b）]，我们在竖向荷载作用下所采用的计算简图是假定这个弹性支座的弹簧刚度为零，如图 1-15（a）所示的情况，即不考虑有这一横向约束。如果立杆中间弹性支座的刚度大到一定程度时，则可以假定立杆中间有一个刚性支杆 [图 1-15（c）]。这时立杆可以分为上下二杆，计算长度为一个步高，即 $l_0 = h = 1.8\text{m}$，对 $\phi 48$ 的钢管这时承载力计算值 $N_0 = 48\text{kN}$。对图 1-15（a）的情况，立杆的计算长度为两个步高，即 $l_0 = 2h = 3.6\text{m}$，则其承载力计算值 $N_0 = 15\text{kN}$，两种情况的承载力相差 3.2 倍，对图 1-15（b）的情况，立杆的承载力在 $N_0 = 15 \sim 48\text{kN}$ 之间，其数据与弹性支座的弹性刚度有关。弹性刚度越大，立杆的承载力越高。可以清楚地看到，图 1-15（a）这种情况是这立杆承载的最低值。

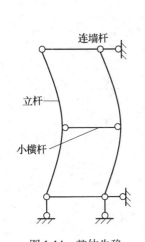

图 1-14　整体失稳

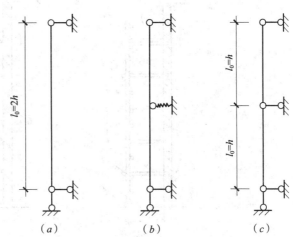

图 1-15　立杆中间弹性支座对计算简图的影响
（a）弹簧刚度为零；（b）弹簧刚度处于中间状态；（c）刚性支杆

我们在确定脚手架的承载能力时，主要不是想知道每根立杆的确切承载能力是多少，关心的是作用在脚手架上的荷载控制在什么范围内可以保证脚手架是安全的。考虑到脚手架在搭设和使用过程中有很多因素不易控制，其承载力计算应该采用一个偏于安全的数据。故略去了立杆中间弹性支座的有利影响，不考虑相邻横向构架的空间作用，亦不考虑同一榀构架中内外立杆的共同作用，仅考虑每根立杆自身的作用。即计算承载力时认为立杆的支座是连墙杆，在构造上必须按规定要求，保证立杆中间的小横杆和大横杆的搭设质量。我们处理的原则，在计算立杆的承载力时，为了简化计算，略去一些有利因素，立杆的计算长度取得较长，求出在最不利情况下承载力计算值；而在构造上立杆的实际长细比不允许超出允许长细比，应尽可能地提高立杆的实际承载力。

由于我们在确定计算简图时，已按最不利的情况考虑，故不必在计算时另加更多的折减系数，以便于计算。

◈ 1.2 扣件式钢管脚手架

扣件式钢管脚手架由于具有节约木材，经久耐用，装拆方便，连接牢固，承载力高，稳定性好等优点，是国内应用最为广泛的脚手架之一。

扣件式钢管脚手架主要由钢管和扣件组成。脚手架的搭设，根据使用不同，分为单排、双排、满堂红等数种。钢管规格一般采用外径48mm、壁厚3.5mm的焊接钢管，或外径51mm、壁厚3～4mm的无缝钢管；整个脚手架系统则由立杆、小横杆、大横杆、剪刀撑、拉撑杆、脚手板以及连接它们的扣件组成。立杆用对接扣件连接，纵向设大横杆连系，与立杆用直角扣件或回转扣件连接，并设适当斜杆以增强稳定性。在顶部横杆上设小横杆，上铺脚手板（图1-16）。一般建筑扣件式钢管脚手架的构造参数见表1-1。

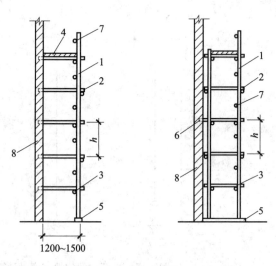

图 1-16 钢管脚手架简图

1—立杆；2—小横杆；3—大横杆；4—脚手板；5—垫木；6—拉撑杆；7—栏杆；8—墙身

扣件式钢管脚手架构造参数（单位：m）　　　　　　　表 1-1

项目	构造形式	立 杆			大横杆步距	操作层小横杆间距	剪刀撑	连墙杆
		内立杆离墙距离	横距	纵距				
砌筑	单排	—	1.0～1.5	1.4～2.0	1.6～1.8	0.67	设置位置： 1. 两端的双跨内； 2. 中间每隔30m净距双跨内； 3. 设在外测与地面成45°～60°角	每隔3步5跨设置一根
	双排	0.5	1.0～1.5	1.4～2.0	1.6～1.8	0.7～1.0		
装修	单排	—	1.0～1.5	1.4～2.0	1.6～1.8	0.7～1.0		
	双排	0.5	1.0～1.5	1.4～2.0	1.6～1.8	0.7～1.0		

1.2.1　杆件承载力计算

作用在脚手架上的荷载，一般有施工荷载（操作人员和材料及设备等重力）和脚手架自重力。各种荷载的作用部位和分布可按实际情况采用。脚手架用小横杆附在砖墙上（单排）或用拉撑件与建筑物拉结。荷载传递程序是：脚手板→小横杆→大横杆→立杆→底座→地基。

扣件是构成架子的连接件和传力件，它通过与立杆之间形成的摩擦阻力将横杆的荷载传给立杆。试验资料表明，由摩阻力产生的抗滑能力约为 10kN，考虑施工中的一些不利因素，可采用安全系数 $K = 2$，取 5kN。表 1-2 为扣件性能试验规定的合格标准。

扣件性能试验的合格标准　　　　　　　　　　　　表 1-2

性能试验名称		直角扣件		旋转扣件		对接扣件	底座
抗滑试验	荷载（N）	7200	10200	7200	10200	—	
	位移值（mm）	$\triangle_1 \leqslant 0.7$	$\triangle_2 \leqslant 0.5$	$\triangle_1 \leqslant 0.7$	$\triangle_2 \leqslant 0.5$		
抗破坏试验（N）		25500		17300		—	
扭转刚度试验	力矩（N·m）	918				—	
	位移值或转角	无规定					
抗拉试验	荷载（N）	—		—		4100	
	位移值（mm）					$\triangle \leqslant 2.0$	
抗压试验（N）		—		—		—	51000

注：1. 试验时采用的螺旋扭力矩为 10N·m。

　　2. 表中 $\triangle_1$ 为横杆的垂直位移值；$\triangle_2$ 为扣件后部的位移值。

脚手架为空间体系，为计算方便，多简化成平面力系。

1. 小横杆计算

1）横杆按简支梁计算。按实际堆放位置的标准计算其最大弯矩，其弯曲强度可按下式计算：

$$\sigma = \frac{M_x}{W_n} \leqslant f \qquad (1\text{-}1)$$

式中　σ——小横杆的弯曲应力；

　　　M_x——小横杆计算的最大弯矩；

　　　W_n——小横杆的净截面抵抗矩；

　　　f——钢管的抗弯、抗压强度设计值，$f = 205\text{MPa}$。

2）换算成等效均布荷载，按下式进行挠度核算：

$$w = \frac{5ql^4}{384EI} \leqslant [w] \qquad (1\text{-}2)$$

式中　　w——小横杆的挠度；

q——脚手板作用在小横杆上的等效均布荷载；

l——小横杆的跨度；

E——钢材的弹性模量；

I——小横杆的截面惯性矩；

$[w]$——受弯构件的容许挠度，取 $\dfrac{l}{150}$。

2. 大横杆计算

1）大横杆按三跨连续梁计算。用小横杆支座最大反力计算值，按最不利荷载布置计算其最大弯矩值，其弯曲强度按下式计算：

$$\sigma = \frac{M_x}{W_n} \leqslant f \tag{1-3}$$

式中　　σ——大横杆的弯曲应力；

M_x——大横杆的最大弯矩；

W_n——大横杆的截面抵抗矩；

f——钢管的抗弯强度设计值。

当脚手架外侧有遮盖物或有六级以上大风时，须按双向弯曲求取最大组合弯矩，再进行核算。

2）用标准值的最大反力值进行最不利荷载计算求其最大弯矩值，然后核算成等效均布值，可按下式进行挠度计算：

$$w = \frac{0.99q'l^4}{100EI} \leqslant [w] \tag{1-4}$$

式中　　w——大横杆的挠度；

q'——大横杆上的等效均布荷载；

l——大横杆的跨矩；

I——大横杆的截面惯性矩；

其他符号意义同前。

3. 立杆计算

1）脚手架立杆的整体稳定，按图 1-17 所示轴心受压格构式压杆计算，其格构式压杆由内、外排立杆及横向水平杆组成。

（1）不考虑风载时，立杆按下式计算：

$$\frac{N}{\varphi A} \leqslant K_A \cdot K_H \cdot f \tag{1-5}$$

其中　　$$N = 1.2\,(n_1 N_{GK1} + N_{GK2}) + 1.4 N_{QK} \tag{1-6}$$

式中　　N——格构式压杆的轴心压力；

N_{GK1}——脚手架自重产生的轴力，高为一步距，宽为一个纵距的脚手架，自重可由表 1-3 查得；

N_{GK2}——脚手架附件及物品重产生的轴力，一个纵距脚手架的附件及物品重可由表1-4查得；

N_{QK}——一个立杆纵距的施工荷载标准值产生的轴力，可由表1-5查得；

n_1——脚手架的步距数；

φ——格构式压杆整体稳定系数，按换算长细比 $\lambda_{ex} = \mu\lambda_x$ 由表1-6查取；

λ_x——格构式压杆长细比，由表1-7查取；

μ——换算长细比系数，由表1-8查取；

A——脚手架内外排立杆的毛截面面积之和；

K_A——与立杆截面有关的调整系数，当内外排立杆均采用两根钢管组合时，取 $K_A = 0.7$；内外排均为单根时，$K_A = 0.5$；

K_H——与脚手架高度有关的调整系数。当 $H \leqslant 25m$ 时，取0.8；$H > 25m$ 时，K_H 按下式计算：

$$K_H = \frac{1}{1 + \dfrac{H}{100}}$$

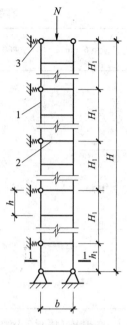

图1-17 钢管脚手架立杆
稳定性计算简图

1—立杆；2—小横杆；

3—弹性支撑；H—搭设高度；

H_1—连墙点竖向间距；

h—步距；b—立杆横距

H——脚手架高度（m）；

f——钢管的抗弯、抗压强度设计值，$f = 205 N/mm^2$。

（2）考虑风载时，立杆按下式核算：

$$\frac{N}{\varphi A} + \frac{M}{b_1 A_1} = K_A K_H f \tag{1-7}$$

式中 M——风荷载作用对格构式压杆产生的弯矩，可按 $M = \dfrac{q_1 H_1^2}{8}$ 计算；

q_1——风荷载作用于格构式压杆的线荷载；

b_1——截面系数，取 $1.0 \sim 1.5$；

A_1——内排或外排的单排立杆危险截面的毛截面面积；

其他符号意义同前。

一步一纵距的钢管扣件重量 N_{GK1}（kN）　　　　　　　　表1-3

立杆纵距（m）	步 距 h（m）				
	1.2	1.35	1.50	1.80	2.00
1.2	0.351	0.366	0.380	0.411	0.431
1.5	0.380	0.396	0.411	0.442	0.463
1.8	0.409	0.425	0.441	0.474	0.496
2.0	0.429	0.445	0.462	0.495	0.517

脚手架一个立杆纵距的附设构件及物品重 N_{GK2}（kN）　　　　表 1-4

立杆横距 b（m）	立杆纵距 l（m）	脚手架上脚手板铺设层数		
		二　层	三　层	四　层
1.05	1.2	1.372	2.360	3.348
	1.5	1.715	2.950	4.185
	1.8	2.058	3.540	5.022
	2.0	2.286	3.933	5.580
1.30	1.2	1.549	2.713	3.877
	1.5	1.936	3.391	4.847
	1.8	2.323	4.069	5.816
	2.0	2.581	4.51	6.492
1.55	1.2	1.725	3.066	4.406
	1.5	2.156	3.832	5.508
	1.8	2.587	4.598	6.609
	2.0	2.875	5.109	7.344

注：本表根据脚手板 0.3kN/m。操作层的挡脚板 0.036N/m，护栏 0.0376N/m，安全网 0.049kN/m（沿脚手架纵向）计算，当实际与此不符时，应根据实际荷载计算。

一个立杆纵距的施工荷载标准值产生的轴力 N_{QK}（kN）　　　　表 1-5

立杆横距 b（m）	立杆纵距 l（l）	均布施工荷载（kN/m²）				
		1.5	2.0	3.0	4.0	5.0
1.05	1.2	2.52	3.36	5.04	6.72	8.40
	1.5	3.15	4.20	6.30	8.40	10.50
	1.8	3.78	5.04	7.56	10.08	12.60
	2.0	4.20	5.60	8.40	11.20	14.00
1.30	1.2	2.97	3.96	5.94	7.92	9.90
	1.5	3.71	4.95	7.43	9.90	12.38
	1.8	4.46	5.94	8.91	11.80	14.85
	2.0	4.95	6.60	9.90	13.20	16.50
1.55	1.2	3.12	4.56	6.84	9.12	11.40
	1.5	4.28	5.70	8.55	11.40	14.25
	1.8	5.13	6.84	10.26	13.68	17.10
	2.0	5.70	7.60	11.40	15.20	19.00

轴心受压构件的稳定系数 φ（Q235 钢）　　　　表 1-6

λ	0	1	2	3	4	5	6	7	8	9
0	1.000	0.997	0.995	0.992	0.989	0.987	0.984	0.981	0.979	0.976
10	0.974	0.971	0.968	0.966	0.963	0.960	0.958	0.955	0.952	0.949
20	0.947	0.944	0.941	0.938	0.936	0.933	0.930	0.927	0.924	0.921

续表

λ	0	1	2	3	4	5	6	7	8	9
30	0.918	0.915	0.912	0.909	0.906	0.903	0.899	0.896	0.893	0.889
40	0.886	0.882	0.879	0.875	0.872	0.868	0.864	0.861	0.858	0.855
50	0.852	0.849	0.846	0.843	0.839	0.836	0.832	0.829	0.825	0.822
60	0.818	0.314	0.810	0.806	0.802	0.797	0.793	0.789	0.784	0.779
70	0.775	0770	0.765	0.760	0.755	0.750	0.744	0.739	0.733	0.728
80	0.722	0.716	0.710	0.704	0.698	0.692	0.686	0.680	0.673	0.667
90	0.661	0.654	0.648	0.641	0.643	0.625	0.618	0.611	0.603	0.595
100	0.588	0.580	0.573	0.566	0.558	0.551	0.544	0.537	0.530	0.523
110	0.516	0.509	0.502	0.496	0.489	0.483	0.476	0.470	0.464	0.458
120	0.452	0.446	0.440	0.434	0.428	0.423	0.417	0.412	0.406	0.401
130	0.390	0.391	0.386	0.381	0.376	0.371	0.367	0.362	0.357	0.353
140	0.349	0.344	0.340	0.336	0.332	0.328	0.324	0.320	0.316	0.312
150	0.308	0.306	0.301	0.298	0.294	0.291	0.287	0.284	0.281	0.277
160	0.274	0.271	0.268	0.265	0.262	0.259	0.256	0.253	0.251	0.248
170	0.245	0.243	0.240	0.237	0.235	0.232	0.230	0.227	0.225	0.223
180	0.220	0.218	0.216	0.214	0.211	0.209	0.207	0.205	0.203	0.201
190	0.199	0.191	0.195	0.193	0.194	0.189	0.188	0.186	0.184	0.182
200	0.180	0.179	0.177	0.175	0.174	0.172	0.171	0.169	0.167	0.166
210	0.164	0.163	0.161	0.160	0.159	0.157	0.156	0.154	0.153	0.152
220	0.150	0.149	0.148	0.146	0.145	0.144	0.143	0.141	0.141	0.139
230	0.138	0.137	0.136	0.135	0.133	0.132	0.131	0.130	0.129	0.128
240	0.127	0.126	0.125	0.124	0.123	0.122	0.121	0.120	0.119	0.118
250	0.117									

格构式压杆的长细比 λ_x　　　　　　　　　　　表 1-7

脚手架的立杆横距（m）	脚手架与主体结构连墙点的竖向间距 H_1（步距数）								
	2.7	3.0	3.6	4.0	4.05	4.5	4.8	5.4	6.0
1.05	5.14	5.71	6.86	7.62	7.71	8.57	9.14	10.28	11.43
1.30	4.15	4.62	5.54	6.15	6.23	6.92	7.38	8.31	9.23
1.55	3.50	3.87	4.65	5.16	5.23	5.81	6.19	6.97	7.7

注：1. 表中数据根据 $\lambda_x = \dfrac{2H_1}{b}$ 计算。H_1 为脚手架连墙点的竖向间距，b 为立杆横距。

　　2. 当脚手架底步以上的步距 h 及 H_1 不同时，应从底步以上的 H_1 作为查表根据。

换算长细比系数 μ 表 1-8

脚手架立杆横距（m）	脚手架与主体结构连墙点的竖向间距 H_1（步距数）		
	$2h$	$3h$	$4h$
1.05	25	20	16
1.30	32	24	19
1.55	40	30	24

注：表中数据是根据脚手架连墙点纵向间距为 3 倍立杆纵距计算所得，若为 4 倍时应乘以 1.03 的增大系数。

2）双排脚手架单杆稳定性按下式核算：

$$\frac{N_1}{\varphi_1 A_1} + \sigma_m \leq K_A K_H f \tag{1-8}$$

式中 N_1——不考虑风荷载时由 N 计算的内排或外排计算截面的轴心压力；

φ_1——按 $\lambda_1 = h_1/i_1$ 查表 1-6 得的稳定系数；

h_1——脚手架底步或门洞处的步距；

A_1、i_1——内排或外排立杆的毛截面积和回转半径；

σ_m——操作处水平对立杆偏心传力产生的附加应力，当施工荷载 $Q_K = 20 \text{kN/m}^2$ 时，取 $\sigma_m = 35 \text{N/m}^2$；当 $Q_K = 30 \text{kN/m}^2$ 时，取 $\sigma_m = 55 \text{N/m}^2$，非施工层的 $\sigma_m = 0$；

其他符号意义同前。

当底部步距较大，而 H 及上部步距较小时，此项计算起控制作用。

4. 脚手架与结构的连接计算

1）连接件抗拉、抗压强度可按下式计算：

$$\sigma = \frac{N_t(N_c)}{A_n} \leq 0.85 f \tag{1-9}$$

2）连接件与脚手架及主体结构的连接强度按下式计算：

$$N_t(N_c) \leq [N_V^C] \tag{1-10}$$

式中 σ——连接杆的抗拉或抗压强度；

$N_t(N_c)$——风荷载作用对连墙点处产生的拉力或压力，可由下式计算：

$$N_t(N_c) = 1.4 H_1 L_1 W$$

H_1、L_1——连墙点的竖向及水平间距；

W——风荷载标准值；

A_n——连接件的净截面积；

$[N_V^C]$——连接件的受压或受拉设计承载力，采用扣件时，$[N_V^C] = 6 \text{kN/只}$；

f——钢管的抗拉、抗压强度设计值。

1.2.2 允许搭设高度的计算

双排扣件式钢管脚手架一般搭设高度不宜超过 50m，超过 50m 时，应采用分段搭设或分段卸载措施。

由地面或挑梁上的每段脚手架最大搭设高度可按下式计算：

$$H_{max} \leq \frac{H}{1 + H/100}$$ (1-11)

其中

$$H = \frac{K_A \varphi_{Af} - 1.3(1.2N_{GK2} + 1.4N_{QK})}{1.2N_{GK1}} \cdot h$$ (1-12)

式中 H_{max}——脚手架最大搭设高度；

φ_{Af}——可由表1-9查取；

h——脚手架的步距；

其他符号意义同前。

格构式牙杆的 φ_{Af}（kN）　　　　　　　　　表1-9

立杆横距（m）	H_1	步距 h（m）				
		1.20	1.35	1.50	1.80	2.00
1.05	2h	97.756	80.876	67.521	48.491	39.731
	3h	72.979	58.808	48.491	34.362	27.971
	4h	64.769	52.217	42.988	30.321	24.714
1.30	2h	92.899	76.511	63.641	45.447	37.345
	3h	76.511	62.159	51.264	36.357	29.783
	4h	69.705	56.465	46.388	32.808	26.743
1.55	2h	86.018	70.532	58.475	41.605	34.124
	3h	70.532	57.110	47.028	33.289	27.232
	4h	62.876	50.664	41.605	29.302	23.925

注：表中钢管截面采用 $\phi 48 \times 3.5mm$，$f = 205N/mm^2$。

【例1-1】 某高层建筑施工，需搭设50.4m高双排钢管外脚手架，已知立杆横距 $b = 1.05m$，立杆纵距 $L = 1.5m$，内立杆距外墙距离 $b_1 = 0.35m$，脚手架步距 $h = 1.8m$，铺设钢脚手板6层，同时进行施工的层数为2层，脚手架与主体结构连接的布置，其竖向间距 $H_1 = 2h = 3.6m$，水平距离 $L_1 = 3L = 4.5m$，钢管为 $\phi 48 \times 3.5$，施工荷载为 $4.0kN/m^2$，试计算采用单根钢管立杆的允许搭设高度。

【解】 根据已知条件分别查表得：

$\varphi_{Af} = 48.491kN$，$N_{GK2} = 4.185kN$，$N_{QK} = 8.40kN$，$N_{GK1} = 0.442kN$，$K_A = 0.85$

因立杆采用单根钢管，则

$$H = \frac{K_A \varphi_{Af} - 1.3(1.2N_{GK2} + 1.4N_{QK})}{1.2N_{GK1}} \cdot h$$

$$= \frac{0.85 \times 48.491 - 1.3(1.2 \times 4.185 + 1.4 \times 8.4)}{1.2 \times 0.442} \times 1.8 = 62.8m$$

最大允许搭设高度为：

$$H_{max} \leq \frac{H}{1 + \frac{H}{100}} = \frac{65.8}{1 + \frac{65.8}{100}} = 39.7m < 50.4m$$

由计算知允许搭设 39.7m 高。

【例 1-2】 已知条件同上例，根据验算单跟钢管作立杆只允许搭设 39.7m 高，现采取措施由顶往下算 39.7～50.4m 之间用双钢管做立杆，试验算脚手架结构的稳定性。

【解】 脚手架上部 39.7m 为单管立杆。其折合步数为 $n_1 = 39.7/1.8 = 22$ 步，实际高为 $22 \times 1.8 = 39.6m$，下部双管立杆的高度为 10.8m，折合步数为 $n_1 = 10.8/1.8 = 6$ 步。

1. 验算脚手架立杆的整体稳定性

1）求 N 值：因底部压杆轴力最大，故验算双钢管部分，每一步一个纵距脚手架的自重为：

$$N'_{GK1} = N_{GK1} + 2 \times 1.8 \times 0.0376 + 0.014 \times 4$$
$$= 0.442 + 0.135 + 0.056 = 0.633 kN$$
$$N = 1.2(n_1 N_{GK1} + n'_1 N'_{GK1} + N_{GK2}) + 1.4 N_{QK}$$
$$= 1.2(22 \times 0.442 + 6 \times 0.633 + 4.185) + 1.4 \times 8.4 = 33 kN$$

2）计算 φ 值：由 $b = 1.05m$，$H_1 = 3.6m$，计算 λ_x：

$$\lambda_x = \frac{H_1}{b/2} = \frac{3.6}{1.05/2} = 6.86$$

由 b、H_1 查表得 $\mu = 25$

∴ $\lambda_{0x} = \mu \lambda_x = 25 \times 6.86 = 171.25$

再由 λ_{0x} 查表 1-6 得 $\varphi = 0.242$

3）验算整体稳定性：因立杆为双钢管，$K_A = 0.7$，计算高度调整系数 K_H，由 $H = 50.4 > 25$，

$$K_H = \frac{1}{1 + \frac{H}{100}} = \frac{1}{1 + \frac{50.4}{100}} = 0.665$$

则

$$\frac{N}{\varphi A} = \frac{33 \times 10^3}{0.242 \times 4 \times 4.893 \times 10^2} = 69.6 N/mm^2$$

$$K_A \cdot K_H \cdot f = 0.7 \times 0.665 \times 205 = 95.4 N/mm^2 > 69.6 N/mm^2 \qquad \therefore 安全。$$

2. 验算单根钢管立杆的局部稳定

单根钢管最不利步距位置为由顶往下数 39.6m 处往上的一个步距，最不利荷载在 39.6m 处，为一个操作层，其往上还有一个操作层，6 层脚手板均在 39.6m 处往上的位置铺设，最不利立杆为内立杆，要多负担小横杆向里挑出 0.35m 宽的脚手板及其上活荷载，故其轴向力 N_1 为：

$$N_1 = \frac{1}{2} \times 1.2 n_1 \times N_{GK1} + \frac{0.5 \times 1.05 + 0.35}{1.40}(1.2 N_{GK2} + 1.4 N_{QK})$$
$$= \frac{1}{2} \times 1.2 \times 22 \times 0.442 + \frac{0.875}{1.40}(1.2 \times 4.185 + 1.4 \times 8.4)$$
$$= 5.834 + 10.489 = 16.32 kN$$

由 $\lambda_1 = h/i = 1800/15.78 = 114$ 查表 1-6 得 $\varphi = 0.489$

由于 $Q_K = 20.0\text{kN/m}^2$ ∴ $\sigma_m = 35\text{N/mm}^2$

单根钢管截面面积 $A_1 = 489\text{mm}^2$

由于计算部分为单管作立杆，∴ $K_A = 0.85$

则 $\dfrac{N_1}{\varphi_1 A_1} + \sigma_m = \dfrac{16320}{0.489 \times 489} + 35 = 68.25 + 35 = 103.25\text{N/mm}^2$

$$K_A \cdot K_H \cdot f = 0.85 \times 0.665 \times 205 = 115.88\text{N/mm}^2$$
$$> 103.25\text{N/mm}^2$$

故安全。

1.2.3 简便计算

扣件式钢管脚手架主要杆件为立杆，其他杆件如小横杆、大横杆等其承受荷载能力均为已知，控制施工荷载不超过其允许承载力即可。为简化计算，一般只需计算立杆的允许承载力即可求得其允许搭设高度，一般可采用以下简单方法计算。

1. 设计荷载计算

立杆的设计荷载可按下式计算：

$$KN = A_n \left[\frac{f_y + (\eta + 1)\sigma}{2} - \sqrt{\left(\frac{f_y + (\eta + 1)\sigma}{2}\right)^2 - f_y \sigma} \right] \tag{1-13}$$

式中 N——立杆的设计荷载；

K——考虑钢管平直度、锈蚀程度等因素影响的附加系数，一般取 $K = 2$；

f_y——立杆的强度设计值；

σ——欧拉临界应力；

η——$0.3\left(\dfrac{1}{100i}\right)^2$

l_0——底层立杆的有效长度，$l_0 = \mu l$；

i——立杆截面的回转半径；

l_0/i——底层立杆长细比；

A_n——立杆的净截面积。

按操作规程要求，安装钢管外脚手架，要在脚手架的两端、转角处以及每隔 6～7 根立杆设剪刀撑和支杆，剪刀撑和支杆与地面角度应大于 60°。同时，每隔 2～3 步距和间距，脚手架必须同建筑物牢固联系，故可将扣件式钢管脚手架视作"无侧移多层刚架"，按《建筑结构计算手册》，无侧移刚架柱的计算长度系数，μ 可取 0.77。

2. 允许搭设高度及安全系数计算

按式（1-13）求得设计荷载后，根据操作层荷载（一般取三层）及安装层（即非操作层）荷载，即可按下式求得允许安装层数和高度：

$$[3W_1 + nW_2]S = N$$
$$n = \frac{N - 3W_1 \cdot S}{W_2 S} \tag{1-14}$$

$$h = n \times b \qquad (1-15)$$

式中　n——安装层层数；

　　　N——立杆设计荷载；

　　　W_1、W_2——分别为操作层和安装层荷载；

　　　S——每根立杆受荷面积；

　　　h——计算安装高度；

　　　b——脚手架步距。

扣件式脚手架在安装时，由于安装偏差，立杆产生初始偏心；在施工时，由于局部超载，以及错误的拆除局部拉杆及支撑，常使立杆的设计荷载降低，且这些因素，随安装高度增高，出现的概率越大。因此在确定安全系数时，必须考虑安装高度的影响。

安全系数 K 一般可按下式计算：

$$K = 1 + \frac{h}{a} \qquad (1-16)$$

式中　h——根据立杆设计荷载求出的脚手架最大安装高度；

　　　a——常数，取值为 200。

【例 1-3】　砌墙用单管双排扣件式脚手架，其步距和间距均为 1.8m，架宽为 1.2m，试计算确定其允许搭设高度。

【解】　1. 荷载计算

1）操作层荷载计算　脚手架上操作层附加荷载不得大于 2700N/m²。考虑动力系数 1.2，超载系数 2，脚手架自身重力 300N/m。操作层附加荷载 W_1 为：

$$W_1 = 2 \times 1.2 \times (2700 + 300) = 7200\text{N/m}^2$$

2）非操作层荷载计算　钢管理论重力为 38.4N/m，扣件重力按 10N/个。剪刀撑长度近似按对角支撑的长度计算：

$$l = \sqrt{1.8^2 + 1.8^2} = 2.55\text{m}$$

每跨脚手架面积　　　　　$S = 1.8 \times 1.2 = 2.16\text{m}^2$

非操作层每层荷载 W_2 为：

$$W_2 = \frac{(1.2 \times 2 + 1.8 \times 2 + 1.2 + 2.54 \times 2) \times 38.4 \times 1.3 + 10 \times 4}{2.16} = 330\text{N/m}^2$$

式中 1.3 为考虑钢管实际长度的系数。

2. 立杆设计荷载计算

计算钢管的截面特征：$A_n = 4.893 \times 10^2 \text{mm}^2$，$i = 15.78\text{mm}$，$l_0 = \mu l = 0.77 \times 1800 = 1386\text{mm}$，$\lambda = l_0/i = 1386/15.78 = 87.83$

欧拉临界应力：

$$\sigma = \frac{\pi^2 E}{\lambda^2} = \frac{\pi^2 \times 210000}{87.83^2} = 269\text{N/mm}^2$$

$$\eta = 0.3 \times \frac{1}{(100i)^2} = 0.3\frac{1}{(100 \times 0.01578)^2} = 0.12$$

设计荷载 N 为：

$$N = \frac{4.89 \times 10^2}{2} \left[\frac{170 + (1 + 0.12) \times 269}{2} - \right.$$

$$\left. \sqrt{\left(\frac{170 + (1 + 0.12) \times 269}{2}\right)^2 - 170 \times 269} \right]$$

$$= 33300\text{N} = 33.3\text{kN}$$

3. 安装高度计算

假设操作层为三层，安装层数按下式计算：

$$S \times [3W_1 + nW_2] = 33.3\text{kN}$$

式中 S 为每根立杆受荷面积，$S = \dfrac{1.2 \times 1.8}{2} = 1.08\text{m}^2$

$$n = \frac{33300 - 3 \times 7200 \times 1.08}{330 \times 1.08} = 27.9 \text{ 层}$$

计算安装高度　　$h = 1.8 \times 27.9 = 50.2\text{m}$

安全系数　　$K = 1 + \dfrac{50.2}{200} = 1.25$

允许安装高度　　$H = \dfrac{50.2}{1.25} = 40.2\text{m}$

故扣件式钢管脚手架的允许搭设高度为40.2m。

1.2.4　立杆底座和地基承载力的计算

脚手架计算除进行大小横杆的强度、挠度，立杆的稳定性和脚手架的整体稳定性验算外，还应对底座和地基承载力按下列公式进行验算：

立杆底座验算：

$$N \leqslant R_\text{d} \tag{1-17}$$

立杆地基承载力验算：

$$\frac{N}{A_\text{d}} \leqslant K \cdot f_\text{K} \tag{1-18}$$

式中　　N——脚手杆立杆传至基础顶面的轴心力设计值；

R_d——底座承载力（抗压）设计值，一般取40kN；

A_d——立杆基础的计算底面积，可按以下情况确定：（1）仅有立杆支座（直座直接放于地面上）时，A_d 取支座板的底面积；（2）在支座下设有厚度为50～60mm的木垫板（或木脚手板），则 $A_\text{d} = a \times b$（a 和 b 为垫板的两个边长，且不小于200mm），当 A_d 的计算值大于0.25m²时，则取0.25m²计算；（3）在支座下采用枕木作垫木时，A_d 按枕木的底面积计算；（4）当一块垫板或垫木上支承二根以上立杆时，$A_\text{d} = \dfrac{1}{n} a \times b$（$n$ 为立杆数），且用木垫板应符合（2）的取值规定；

f_K——地基承载力标准值，按"地基土承载力的计算"有关部分取用；

K——调整系数，碎石土、砂土、回填土取 0.4；黏土取 0.5；岩石、混凝土取 1.0。

1.2.5 配件配备量计算

扣件式钢管脚手架的杆配件配备数量，要有一定的富余量，以适应脚手架搭设时变化的需要，因此可采用近似框算方法，简介于下：

1. 按立柱根数计的配件用量计算

设已知脚手架立柱总数为 n，搭设高度为 H，步距为 h，立杆纵距为 l_a。立杆横距为 l_b，排数为 n_1 和作业层数为 n_2 时，其杆配件用量可按表 1-10 所列公式进行计算。

扣件式钢管脚手架配件用量概算式   表 1-10

项次	计算项目	单位	条件	单排脚手架	双排脚手架	满堂脚手架
1	长杆总长度 L	m	A	$L = 1.1H$ $\cdot\left(n + \dfrac{l_a}{h}\cdot n - \dfrac{l_a}{h}\right)$	$L = 1.1H$ $\cdot\left(n + \dfrac{l_a}{h}\cdot n - 2\dfrac{l_a}{h}\right)$	$L = 1.1H$ $\cdot\left(n + \dfrac{l_a}{h}\cdot n - \dfrac{l_a}{h}\cdot n_1\right)$
			B	$L = (2n-1)H$	$L = (2n-2)H$	$L = (2.2n - n_1)H$
2	小横杆数 N_1	根	C	$N_1 = 1.1\left(\dfrac{H}{h}+2\right)n$	$N_1 = 1.1\left(\dfrac{H}{2h}+1\right)n$	$N_1 = 1.1\left(\dfrac{H}{2h}+1\right)n$
			D	$N_1 = 1.1\left(\dfrac{H}{h}+3\right)n$	$N_1 = 1.1\left(\dfrac{H}{2h}+1.5\right)n$	—
3	直角扣件数 N_2	个	C	$N_2 = 2.2\left(\dfrac{H}{h}+1\right)n$	$N_2 = 2.2\left(\dfrac{H}{h}+1\right)n$	$N_2 = 2.4n\dfrac{H}{h}$
			D	$N_2 = 2.2\left(\dfrac{H}{h}+1.5\right)n$	$N_2 = 2.2\left(\dfrac{H}{h}+1.5\right)n$	$N_2 = 2.4n\dfrac{H}{h}$
4	对接扣件数 N_3	个		$N_3 = \dfrac{L}{l}$ l：长杆的平均长度		
5	旋转扣件数 N_4	个		$N_3 = 0.3\dfrac{L}{l}$ l：长杆的平均长度		
6	脚手板面积 S	m²	C	$S = 2.2(n-1)l_a l_b$	$S = 1.1(n-2)l_a l_b$	$S = 0.55\left(n - n_1 + \dfrac{n}{n_1}+1\right)l_a^2$
			D	$S = 3.3(n-1)l_a l_b$	$S = 1.6(n-2)l_a l_b$	

注：1. 长杆包括立杆、纵向平杆和剪刀撑（满堂脚手架也包括横向平杆）；

    2. A 为原算式，B 为 $\dfrac{l_a}{h}=0.8$ 时的简式；

    3. C 为 $n_2=2$；D 为 $n_2=3$（但满堂架为一层作业）；

    4. 满堂脚手架为一层作业，且按一半作业，且按一半作业层面积计算脚手板。

2. 按面积或体积的杆配件用量计算

设取立杆纵距 $l_a = 1.5m$，立杆横距 $l_b = 1.2m$ 和步距 $h = 1.8m$ 时，每 $100m^2$ 单、双排脚手架和每 $100m^3$ 满堂脚手架的杆配件用量列于表 1-11 中，可供计算参考使用。

按面积或体积的扣件钢管脚手架杆配件用量参考表　　　　　表 1-11

类别	作业层数 n_2	长杆 （m）	小横杆 （根）	直角扣件 （个）	对接扣件 （个）	旋转扣件 （个）	底座 （个）	脚手板 （m²）
单排脚手架 （100m² 用量）	2	137	51	93	28	9	(4)	14
	3		55	97				20
双排脚手架 （100m² 用量）	2	273	51	187	55	17	(7)	14
	3		55	194				20
满堂脚手架 （100m² 用量）	0.5	125	—	81	25	8	(6)	8

注：1. 满堂脚手架按一层作业，且铺占一半面积的脚手架；

　　2. 长杆的平均长度取 5m；

　　3. 底座数量取决于 H，表中（ ）内数字依据为：单、双排架 H 取 20m，满堂架取 10m，所给数字仅供参考。

3. 按长杆重量计的杆配体配备量计算

当施工单位已拥有 100t、长 4～6m 的扣件脚手钢管时，其相应的杆配件的配备量列于表 1-12 中，可供参考。在计算时，取加权平均值，单排架、双排架和满堂红脚手架的使用比例（权值）分别取 0.1、0.8 和 1.0 时，扣件的装配量大致为 0.26～0.27。

扣件式钢管脚手架杆配件的参考配备量表　　　　　表 1-12

项　　次	杆配件名称	单　　位	数　　量
1	4～6m 长杆	t	100
2	1.8～2.1m 小横杆	根（t）	4770（34～41）
3	直角扣件	个（t）	18178（24）
4	对接扣件	个（t）	5271（9.7）
5	旋转扣件	个（t）	1636（2.4）
6	底座	个（t）	600～750
7	脚手板	块（m²）	2300（1720）

【例 1-4】　已知双排扣件式钢管脚手架的立杆数 $n = 30$；搭设高度 $H = 21.6m$，步距 $h = 1.8m$，立杆纵距 $l_a = 1.5m$，立杆横距 $l_b = 1.2m$，钢管长度 $l = 6.5m$，采取二层作业，试框算脚手架杆配件的需用数量。

【解】 由表 1-10 中双排脚手架公式得：

长杆总长度
$$L = 1.1H\left(n + \frac{l_a}{h} \cdot n - 2\frac{l_a}{h}\right)$$

$$= 1.1 \times 21.6\left(30 + \frac{1.5}{1.8} \times 30 - 2 \times \frac{1.5}{1.8}\right) = 1267.1\text{m}$$

小横杆数
$$N_1 = 1.1\left(\frac{H}{2h} + 1\right)n$$

$$= 1.1\left(\frac{21.6}{2 \times 1.8} + 1\right) \times 30 = 231 \text{ 根}$$

直角扣件数
$$N_2 = 2.2\left(\frac{H}{h} + 1\right)n$$

$$= 2.2\left(\frac{21.6}{1.8} + 1\right) \times 30 = 858 \text{ 个}$$

对接扣件数
$$N_3 = \frac{L}{l} = \frac{1287.1}{6.5} = 198 \text{ 个}$$

旋转扣件数
$$N_4 = 0.3\frac{L}{l} = 0.3 \times \frac{1287.1}{6.5} = 59 \text{ 个}$$

脚手板面积
$$S = 1.1(n-2)l_a l_b = 1.1(30-2)1.5 \times 1.2 = 55.4\text{m}^2$$

◆ 1.3 悬挑脚手架

悬挑脚手架是指其垂直方向荷载通过底部型钢支承架传递到主体结构上的施工用外脚手架，它由型钢支承架、扣件式钢管脚手架及连墙件等组合而成。悬挑式脚手架平面示意，如图 1-18 所示。

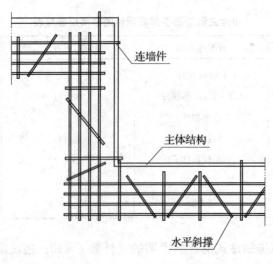

连墙件

主体结构

水平斜撑

图 1-18　悬挑式脚手架平面示意图

1．基本构造及其作用

1）悬挑式脚手架的型钢支承架一般利用建（构）筑物作为锚固结构。型钢支承架的结构形式通常有结构钢梁、附着钢三脚架等。

2）扣件式钢管脚手架一般由立杆、横向水平杆、剪刀撑、横向斜撑、水平斜撑、扫地杆、连墙件、扣件、脚手板（如竹笆等）、栏杆、挡脚板、安全防护网等组成。

3）底支座是用于立杆底部与型钢支承架连接的结构件，底支座应直接固定于型钢支架上，用于控制立杆位置和型钢支承架控制点。

4）连墙件主要用于控制脚手架的水平稳定，传递脚手架的水平荷载，使脚手架与主体结构有可靠的连接。

2．连墙件

1）连墙件的布置间距除应满足计算要求外，尚不应大于表 1-13 规定的最大间距。

连墙件布置最大间距　　　　　　　　　　　　　　　　　　　　　　表 1-13

竖向间距（m）	水平间距（m）	每根连墙件覆盖面积（m²）
≤ 2h	≤ 3l_a	≤ 27

2）连墙件宜靠近主节点设置，偏离主节点的位置不应大于 300mm；连墙件应从底部第一步纵向水平杆开始设置，设置有困难时，应采用其他可靠措施固定，如图 1-19 所示。主体结构阳角或阴角部位，两个方向均应设置连墙件。连墙件的设置点宜优先采用菱形布置，也可采用方形、矩形布置。

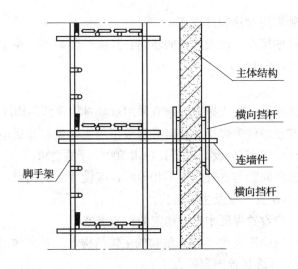

主体结构

横向挡杆

连墙件

横向挡杆

脚手架

图 1-19　连墙件构造图例

3）连墙件必须采用刚性构件与主体结构可靠连接，严禁使用柔性连墙件。连墙件中的连墙杆宜与主体结构面垂直设置，当不能垂直设置时，连墙件与脚手架连接的一端不应高于与主体结构连接的一端。

4）一字型、开口型脚手架的端部应增设连墙件。

3. 防护密网

1）防护密网应在每 100mm×100mm 的面积内至少有两千个网目。

2）脚手架外侧必须用密目安全网围挡并兜过架体底部，底部还必须加设小网眼；密目安全网及小网眼必须可靠的固定在架体上。

4. 剪刀撑与横向斜撑

1）架体外立面必须沿全高和全长连续设置剪刀撑；剪刀撑的斜杆与水平夹角应在 45°~60° 之间。

2）剪刀撑在交接处必须采用旋转扣件相互连接。

3）剪刀撑斜杆应采用旋转扣件与立杆或伸出的横向水平杆进行连接，旋转扣件中心线至主节点的距离不宜大于 150mm；剪刀撑斜杆的接长应采用搭接，搭接长度不应小于 1m，应采用不少于 2 个旋转扣件固定，端部扣件盖板的边缘至杆端距离不应小于 100mm。

4）一字型、开口型脚手架的端部必须设置横向斜撑；中间应每隔 6 个立杆纵距设置一道，同时该位置应设置连墙件；转角位置可设置横向斜撑作为加固。横向斜撑应由底至顶层呈之字型连续布置。

5. 立杆

1）每根立杆底部应与型钢支撑架（或纵向钢梁）可靠固定。

2）脚手架必须设置纵向和横向扫地杆。扫地杆应采用直角扣件固定在距底座高度不大于 200mm 处的立杆上。

3）立杆接长必须采用对接扣件连接。

4）两根相邻立杆的接头不应设置在同步内，且错开距离不应小于 500mm，与最近主节点的距离不宜大于步距的 1/3。

6. 型钢支撑架

1）悬挑式脚手架底部立杆支撑点型钢宜采用双轴对称界面的构件，如工字钢等。

2）型钢支撑架与预埋件等焊接连接时必须采用与主体钢材相适应的焊条，焊缝必须达到设计要求，并符合《钢结构设计规范》（GB 50017）的要求。

3）型钢支撑架纵向间距与立杆纵距不相等时，应设置纵向钢梁，确保立杆上的荷载通过纵向钢梁传递到型钢支撑架及主体结构。

4）型钢支撑架间应设置保证水平向稳定的构造措施。

5）型钢支撑架必须固定在建（构）筑物的主体结构上。与主体混凝土结构的固定可采用预埋件焊接固定、预理螺栓固定等方法。

6）转角等特殊部位应根据现场实际情况采取加强措施，并且在专项方案中应有演算和构造详图。

7）钢丝绳等柔性材料不得作为悬挑结构的受拉杆件。

1.3.1 计算模型

1. 悬挑脚手架的设计应列入单位工程的专项方案，其内容应包括：

1）悬挑脚手架的平面、立面、剖面图。

2）预埋件布置图及其节点详图。

3）连墙件的布置图及构造详图。

4）悬挑脚手架的特殊部位处理（转角、通道洞口处等），必须在专项方案中提出详细技术要求，绘制节点详图指导施工。

5）悬挑脚手架的施工荷载限值。

6）悬挑脚手架的主要构件的受力验算。

7）悬挑脚手架对主体结构相关位置的承载力验算。

2. 悬挑脚手架的架体和型钢支承架结构应按概率理论为基础的极限状态设计方法进行设计计算：

1）纵向、横向水平杆等受弯构件的强度和连接扣件的抗滑承载力计算。

2）连墙件受力计算。

3）立杆的稳定计算。

4）型钢支承架的承载力、变形和稳定性计算。

3. 悬挑脚手架型钢支撑架的形式及其力学模型，如图 1-20 及图 1-21 所示。

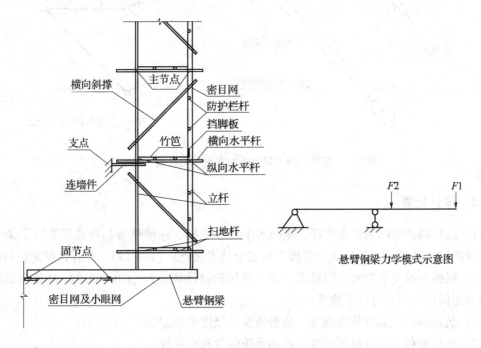

悬臂钢梁力学模式示意图

图 1-20　悬挑式脚手架剖面示意图（悬臂钢梁式）

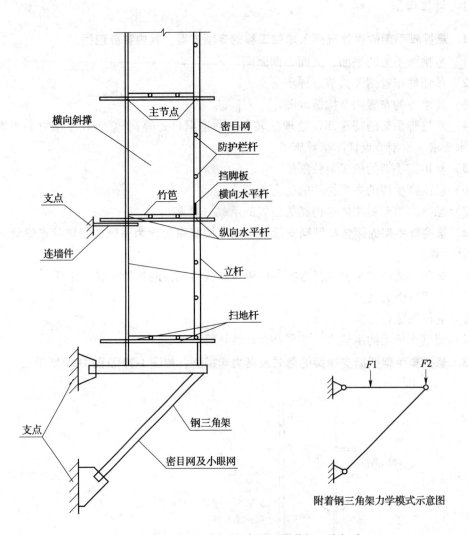

图 1-21　悬挑式脚手架剖面示意图（附着钢三脚架式）

1.3.2　设计计算

1. 悬挑脚手架的纵向水平杆、横向水平杆、立杆、连墙件等扣件式钢管脚手架部分的计算应按《建筑施工扣件式钢管脚手架安全技术规范》（JGJ 130）的有关规定执行。

2. 根据型钢支承架的不同形式，按《钢结构设计规范》（GB 50017）对其主要受力构件和连接件分别进行以下验算：

1）抗弯构件应验算抗弯强度、抗剪强度、挠度和稳定性。

2）抗压构件应验算抗压强度、局部承压强度和稳定性。

3）抗拉构件应验算抗拉强度。

4）当立杆纵距与型钢支承架纵向间距不相等时，应在型钢支承架间设置纵向钢梁，同时计算纵向钢梁的挠度和强度。

5）型钢支承架采用焊接或螺栓连接时，应计算焊缝或螺栓的连接强度。

6）预埋件的抗拉、抗压、抗剪强度。

7）型钢支承架对主体结构相关位置的承载力验算。

3. 传递到型钢支承架上的立杆轴向力设计值 N，应按下列公式计算：

1）不组合风荷载时：

$$N = 1.35(N_{G1K} + N_{G2K}) + 1.4\sum N_{QK} \tag{1-19}$$

2）组合风荷载时：

$$N = 1.35(N_{G1K} + N_{G2K}) + 0.85 \times 1.4\sum (N_{QK} + N_{w}) \tag{1-20}$$

式中　N_{G1K}——脚手架结构自重标准值产生的轴向力；

　　　N_{G2K}——构配件自重标准值产生的轴向力；

　　　N_{QK}——施工荷载标准值产生的轴向力总和，内外立杆可分别按一纵距（跨）内施工荷载总和的 1/2 取值；

　　　N_{w}——风荷载标准值作用下产生的轴向力。

4. 型钢支承架的抗弯强度应按下式计算：

$$\sigma = \frac{M_{max}}{W} \leqslant f \tag{1-21}$$

式中　M_{max}——计算截面弯矩最大设计值；

　　　W——截面模量，按实际采用型钢型号取值；

　　　f——钢材的抗弯强度设计值。

5. 型钢支承架的抗剪强度应按下式计算：

$$\tau = \frac{V_{max}S}{It_{w}} \leqslant f_{v} \tag{1-22}$$

式中　V_{max}——计算截面沿腹板平面作用的剪力最大值；

　　　S——计算剪应力处毛截面面积矩；

　　　I——毛截面惯性矩；

　　　t_{w}——型钢腹板厚度；

　　　f_{v}——钢材的抗剪强度设计值。

6. 当型钢支架同时受到较大的正应力及剪应力时，应根据最大剪应力理论按下式进行折算应力计算：

$$\sqrt{\sigma^2 + 3\tau^2} \leqslant \beta_1 f \tag{1-23}$$

式中　σ、τ——腹板计算高度边缘同一点上同时产生的正应力、剪应力；

　　　β_1——取值 1.1；

　　　τ——应按式（1-22）计算。

σ 应按下式计算：

$$\sigma = \frac{M}{I_n}y_1 \tag{1-24}$$

式中　I_n——梁净截面惯性矩；

　　　y_1——计算点至型钢中和轴的距离。

7. 型钢支承架受压构件的稳定性应按下式计算：

$$\sigma = \frac{N}{\varphi A} \leqslant f \qquad (1\text{-}25)$$

N——计算截面轴向压力；

φ——稳定系数，按《钢结构设计规范》（GB 50017）规定采用或查表 1-6；

A——计算截面面积。

◆ 1.4　木脚手架计算

木脚手架为常用脚手架形式之一，主要由脚手板、小横杆、大横杆、立杆、剪刀撑以及附在脚手架旁的马道组成，如图 1-22 所示。一般建筑常用木脚手架及马道的构造参数见表 1-14。

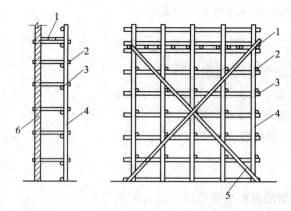

图 1-22　木脚手架构造

1—脚手板；2—小横杆；3—大横杆；4—立柱；5—斜撑；6—砖墙

木脚手架构造参数（单位：m）　　　　　　　　　　　　　　　　表 1-14

项目	构造形式	立杆			大横杆步距	操作层小横杆间距	剪刀撑	连墙杆
		内立杆离墙距离	横距	纵距				
砌筑	单排	—	1.2~1.5	1.5~1.8	1.2~1.4	≤1.0	设置位置： 1. 两端的双跨内； 2. 中间每离 15m 左右的双跨内； 3. 设在外测与地面成 45°~60°角	竖向每隔 3 步，纵向每隔 5 步设置一根
	双排	0.5	1.0~1.5	1.5~1.8	1.2~1.4	≤1.0		
装修	单排	—	1.2~1.5	2.0	1.6~1.8	1.0		
	双排	0.5	1.0~1.5	2.0	1.6~1.8	1.0		

作用在脚手架上的荷载包括：（1）脚手架自重；木脚手架（厚50mm）按 $0.25\text{kN}/\text{m}^2$；钢脚手板 $0.30\text{kN}/\text{m}^2$ 计算，对大小横杆、立杆等可按实际情况计算；（2）活荷载：可按均布荷载 $3.5\text{kN}/\text{m}^2$ 采用（包括施工人员、材料等）；（3）风荷载：$W = W_0 . k_1 . k_2$

（式中 W_0——基本风压，按不同地区选用，k_1——体型系数，可取 $k_1 = 0.6$；k_2——高度变化系数，取值可参照荷载规范选用）。

各种荷载的作用部位和分布亦可按实际情况加以采用。荷载的传递方式和顺序是：脚手板→小横杆→大横杆→立杆→地基。

1. 脚手板计算

脚手板支承在小横杆上，视支承情况可按单跨简支梁或双跨连续梁考虑。作用在脚手板上荷载包括脚手板自重、活荷载、风荷载等，按均匀荷载考虑。

1）当按简支梁时，其最大弯矩、剪力和挠度可按下式计算：

$$M_{max} = \frac{1}{8}ql^2 \tag{1-26}$$

$$V_{max} = \frac{1}{2}ql \tag{1-27}$$

$$w_{max} = \frac{5ql^4}{384EI} \tag{1-28}$$

2）当按双跨连续梁时，其最大弯矩、剪力和挠度可按下式计算：

$$M_{max} = 0.125ql^2 \tag{1-29}$$

$$V_{max} = 0.625ql \tag{1-30}$$

3）脚手板的强度、挠度可按下式验算：

$$w_{max} = \frac{0.521ql^4}{100EI} \tag{1-31}$$

$$\sigma_m = \frac{M}{W_n} \leqslant f_m \tag{1-32}$$

$$\tau = \frac{VS}{bI} \leqslant f_y \tag{1-33}$$

$$w \leqslant [w] \tag{1-34}$$

式中　M_{max}——作用在脚手板的最大弯矩；

　　　q——作用在脚手板上的荷载，如为集中荷载，则分别计算后再叠加；

　　　l——脚手板跨度；

　　　V_{max}——作用在脚手板上的最大剪力；

　　　w_{max}——脚手板的最大挠度；

　　　E——木材的弹性模量；

　　　I——脚手板截面的惯性矩；

　　　σ_m——脚手板的最大弯曲应力设计值；

　　　τ——脚手板的最大剪应力设计值；

　　　S——脚手板剪切面以上的截面对中和轴的面积矩；

b——脚手板的截面宽度；

f_m、f_v——木材抗弯、顺纹抗剪强度设计值；

$[w]$——受弯构件的容许挠度值。

2. 小横杆计算

小横杆承受脚手板传来的荷载，按支承在大横杆上的单跨简支梁考虑，其最大弯矩 M_{max} 和最大剪力 V_{max} 按下式计算：

$$M_{max} = \frac{1}{8}q'l_1^2 \tag{1-35}$$

$$V_{max} = \frac{1}{2}q'l_1 \tag{1-36}$$

式中 q'——脚手板作用在小横杆上的荷载，即传给小横杆的支座反力，如有集中荷载作用，则分别进行计算后再叠加；

l_1——小横杆的计算跨度。

小横杆的强度和挠度验算同脚手板。

3. 大横杆计算

大横杆承受小横杆传来的集中荷载，它支承在立杆上，一般按两跨或三跨连续梁考虑，其最大弯矩 M_{max} 和最大剪力 V_{max} 按下式计算：

1）当按两跨连续梁考虑时，按下式计算：

$$M_{max} = 0.333Fl^2 \tag{1-37}$$

$$V_{max} = 1.333F \tag{1-38}$$

$$w = 1.446\frac{Fl_2^3}{100EI} \tag{1-39}$$

2）当按三跨连续梁考虑时，按下式计算：

$$M_{max} = 0.267Fl^2 \tag{1-40}$$

$$V_{max} = 1.267F \tag{1-41}$$

$$w = 1.883\frac{Fl_2^3}{100FI} \tag{1-42}$$

式中 F——小横杆作用的集中荷载；

l_2——大横杆的计算跨度；

E——木材的弹性模量；

I——大横杆的截面惯性矩。

大横杆强度、挠度验算同脚手板。

4. 立杆计算

立杆承受大横杆传来的荷载，按压杆稳定验算，分别验算立杆平面内和平面外的稳定性。

弯矩作用平面内稳定性按下式计算：

$$\frac{N}{\varphi A_0} + \frac{Mf_c}{W_n f_m} \leqslant f \tag{1-43}$$

弯矩作用平面外的稳定性按下式验算：

$$\frac{N}{\varphi A_0} \leqslant f_c \qquad (1\text{-}44)$$

式中　N——大横杆传给立杆支座反力，并包括立杆验算截面以上的自重力；

　　　φ——轴心受压构件稳定系数，由 $\lambda = \dfrac{l_0}{i}$ 查（表 1-15 ~ 表 1-18）计算求得；

其中　l_0——立杆的计算长度，等于大横杆之间的距离 h，即 $l_0 = h$；当作用于平面外，按每三步设一连杆考虑；$l_0 = 3h$，均按两端绞接考虑；

　　　i——截面的回转半径，对于原木，$i = d_1/4$；

　　　d_1——立杆验算截面的直径；

　　　A_0——截面的净截面积；

　　　M——截面的计算弯矩，$M = Ne_0$；

　　　N——大横杆传给立杆的支座反力；

　　　e_0——计算偏心距，近似取 $e_0 = \dfrac{d_1 + d_2}{2}$；

d_1、d_2——分别为立杆、大横杆的近似直径；

f_c、f_m——分别为木材顺纹抗压、抗弯强度设计值；

　　　W_n——立杆验算截面的净截面的抵抗矩，对于原木，$W_n = \dfrac{\pi d_1^3}{32}$。

a 类截面轴心受压构件的稳定系数 φ　　　　　　　　　　　　表 1-15

$\lambda\sqrt{\dfrac{f_y}{235}}$	0	1	2	3	4	5	6	7	8	9
0	1.000	1.000	1.000	1.000	0.999	0.999	0.998	0.998	0.997	0.996
10	0.995	0.994	0.993	0.992	0.991	0.989	0.988	0.986	0.985	0.983
20	0.981	0.979	0.977	0.976	0.974	0.972	0.970	0.968	0.966	0.964
30	0.963	0.961	0.959	0.957	0.955	0.952	0.950	0.948	0.946	0.944
40	0.941	0.939	0.937	0.934	0.932	0.929	0.927	0.924	0.921	0.919
50	0.916	0.913	0.910	0.907	0.904	0.900	0.897	0.894	0.890	0.886
60	0.883	0.879	0.875	0.871	0.867	0.863	0.858	0.854	0.849	0.844
70	0.839	0.834	0.829	0.824	0.818	0.813	0.807	0.801	0.795	0.789
80	0.783	0.776	0.770	0.763	0.757	0.750	0.743	0.736	0.728	0.721
90	0.714	0.706	0.699	0.691	0.684	0.676	0.668	0.661	0.653	0.645
100	0.638	0.630	0.622	0.615	0.607	0.600	0.592	0.585	0.577	0.570
110	0.563	0.555	0.548	0.541	0.534	0.527	0.520	0.514	0.507	0.500
120	0.494	0.488	0.481	0.475	0.469	0.463	0.457	0.451	0.445	0.440
130	0.434	0.429	0.423	0.418	0.412	0.407	0.402	0.397	0.392	0.387
140	0.383	0.378	0.373	0.369	0.364	0.360	0.356	0.351	0.347	0.343
150	0.339	0.335	0.331	0.327	0.323	0.320	0.316	0.312	0.309	0.305

续表

$\lambda\sqrt{\dfrac{f_y}{235}}$	0	1	2	3	4	5	6	7	8	9
160	0.302	0.298	0.295	0.292	0.289	0.285	0.282	0.279	0.276	0.273
170	0.270	0.267	0.264	0.262	0.259	0.256	0.253	0.251	0.248	0.246
180	0.243	0.241	0.238	0.236	0.233	0.231	0.229	0.226	0.224	0.222
190	0.220	0.218	0.215	0.213	0.211	0.209	0.207	0.205	0.203	0.201
200	0.199	0.198	0.196	0.194	0.192	0.190	0.189	0.187	0.185	0.183
210	0.182	0.180	0.179	0.177	0.175	0.174	0.172	0.171	0.169	0.168
220	0.166	0.165	0.164	0.162	0.161	0.159	0.158	0.157	0.155	0.154
230	0.153	0.152	0.150	0.149	0.148	0.147	0.146	0.144	0.143	0.142
240	0.141	0.140	0.139	0.138	0.136	0.135	0.134	0.133	0.132	0.131
250	0.130	—	—	—	—	—	—	—	—	—

注：见表 1-18 注。

b 类截面轴心受压构件的稳定系数 φ　　　　　　　　　表 1-16

$\lambda\sqrt{\dfrac{f_y}{235}}$	0	1	2	3	4	5	6	7	8	9
0	1.000	1.000	1.000	0.999	0.999	0.998	0.997	0.996	0.995	0.994
10	0.992	0.991	0.989	0.987	0.985	0.983	0.981	0.978	0.976	0.973
20	0.970	0.967	0.963	0.960	0.957	0.953	0.950	0.946	0.943	0.939
30	0.936	0.932	0.929	0.925	0.922	0.918	0.914	0.910	0.906	0.903
40	0.899	0.895	0.891	0.887	0.882	0.878	0.874	0.870	0.865	0.861
50	0.856	0.852	0.847	0.842	0.838	0.833	0.828	0.823	0.818	0.813
60	0.807	0.802	0.797	0.791	0.786	0.780	0.774	0.769	0.763	0.757
70	0.751	0.745	0.739	0.732	0.726	0.720	0.714	0.707	0.701	0.694
80	0.688	0.681	0.675	0.668	0.661	0.655	0.648	0.641	0.635	0.628
90	0.621	0.614	0.608	0.601	0.594	0.588	0.581	0.575	0.568	0.561
100	0.555	0.549	0.542	0.536	0.529	0.523	0.517	0.511	0.505	0.499
110	0.493	0.487	0.481	0.475	0.470	0.464	0.458	0.453	0.447	0.442
120	0.437	0.432	0.426	0.421	0.416	0.411	0.406	0.402	0.397	0.392
130	0.387	0.383	0.378	0.374	0.370	0.365	0.361	0.357	0.353	0.349
140	0.345	0.341	0.337	0.333	0.329	0.326	0.322	0.318	0.315	0.311
150	0.308	0.304	0.301	0.298	0.295	0.291	0.288	0.285	0.282	0.279
160	0.276	0.273	0.270	0.267	0.265	0.262	0.259	0.256	0.254	0.251
170	0.249	0.246	0.244	0.241	0.239	0.236	0.234	0.232	0.229	0.227
180	0.225	0.223	0.220	0.218	0.216	0.214	0.212	0.210	0.208	0.206
190	0.204	0.202	0.200	0.198	0.197	0.195	0.193	0.191	0.190	0.188
200	0.186	0.184	0.183	0.181	0.180	0.178	0.176	0.175	0.173	0.172

续表

$\lambda\sqrt{\dfrac{f_y}{235}}$	0	1	2	3	4	5	6	7	8	9
210	0.170	0.169	0.167	0.166	0.165	0.163	0.162	0.160	0.159	0.158
220	0.156	0.155	0.154	0.153	0.151	0.150	0.149	0.148	0.146	0.145
230	0.144	0.143	0.142	0.141	0.140	0.138	0.137	0.136	0.135	0.134
240	0.133	0.132	0.131	0.130	0.129	0.128	0.127	0.126	0.125	0.124
250	0.123	—	—	—	—	—	—	—	—	—

注：见表 1-18 注。

c 类截面轴心受压构件的稳定系数 φ 表 1-17

$\lambda\sqrt{\dfrac{f_y}{235}}$	0	1	2	3	4	5	6	7	8	9
0	1.000	1.000	1.000	0.999	0.999	0.998	0.997	0.996	0.995	0.993
10	0.992	0.990	0.988	0.986	0.983	0.981	0.978	0.976	0.973	0.970
20	0.966	0.959	0.953	0.947	0.940	0.934	0.928	0.921	0.915	0.909
30	0.902	0.896	0.890	0.884	0.877	0.871	0.865	0.858	0.852	0.846
40	0.839	0.833	0.826	0.820	0.814	0.807	0.801	0.794	0.788	0.781
50	0.775	0.768	0.762	0.755	0.748	0.742	0.735	0.729	0.722	0.715
60	0.709	0.702	0.695	0.689	0.682	0.676	0.669	0.662	0.656	0.649
70	0.643	0.636	0.629	0.623	0.616	0.610	0.604	0.597	0.591	0.584
80	0.578	0.572	0.566	0.559	0.553	0.547	0.541	0.535	0.529	0.523
90	0.517	0.511	0.505	0.500	0.494	0.488	0.483	0.477	0.472	0.467
100	0.463	0.458	0.454	0.449	0.445	0.441	0.436	0.432	0.428	0.423
110	0.419	0.415	0.411	0.407	0.403	0.399	0.395	0.391	0.387	0.383
120	0.379	0.375	0.371	0.367	0.364	0.360	0.356	0.353	0.349	0.346
130	0.342	0.339	0.335	0.332	0.328	0.325	0.322	0.319	0.315	0.312
140	0.309	0.306	0.303	0.300	0.297	0.294	0.291	0.288	0.285	0.282
150	0.280	0.277	0.274	0.271	0.269	0.266	0.264	0.261	0.258	0.256
160	0.254	0.251	0.249	0.246	0.244	0.242	0.239	0.237	0.235	0.233
170	0.230	0.228	0.226	0.224	0.222	0.220	0.218	0.216	0.214	0.212
180	0.210	0.208	0.206	0.205	0.203	0.201	0.199	0.197	0.196	0.194
190	0.192	0.190	0.189	0.187	0.186	0.184	0.182	0.181	0.179	0.178
200	0.176	0.175	0.173	0.172	0.170	0.169	0.168	0.166	0.165	0.163
210	0.162	0.161	0.159	0.158	0.157	0.156	0.154	0.153	0.152	0.151
220	0.150	0.148	0.147	0.146	0.145	0.144	0.143	0.142	0.140	0.139
230	0.138	0.137	0.136	0.135	0.134	0.133	0.132	0.131	0.130	0.129
240	0.128	0.127	0.126	0.125	0.124	0.124	0.123	0.122	0.121	0.120
250	0.119	—	—	—	—	—	—	—	—	—

注：见表 1-18 注。

d 类截面轴心受压构件的稳定系数 φ
表 1-18

$\lambda\sqrt{\dfrac{f_y}{235}}$	0	1	2	3	4	5	6	7	8	9
0	1.000	1.000	0.999	0.999	0.998	0.996	0.994	0.992	0.990	0.987
10	0.984	0.981	0.978	0.974	0.969	0.965	0.960	0.955	0.949	0.944
20	0.937	0.927	0.918	0.909	0.900	0.891	0.883	0.874	0.865	0.857
30	0.848	0.840	0.831	0.823	0.815	0.807	0.799	0.790	0.782	0.774
40	0.766	0.759	0.751	0.743	0.735	0.728	0.720	0.712	0.705	0.697
50	0.690	0.683	0.675	0.668	0.661	0.654	0.646	0.639	0.632	0.625
60	0.618	0.612	0.605	0.598	0.591	0.585	0.578	0.572	0.565	0.559
70	0.552	0.546	0.540	0.534	0.528	0.522	0.516	0.510	0.504	0.498
80	0.493	0.487	0.481	0.476	0.470	0.465	0.460	0.454	0.449	0.444
90	0.439	0.434	0.429	0.424	0.419	0.414	0.410	0.405	0.401	0.397
100	0.394	0.390	0.387	0.383	0.380	0.376	0.373	0.370	0.366	0.363
110	0.359	0.356	0.353	0.350	0.346	0.343	0.340	0.337	0.334	0.331
120	0.328	0.325	0.322	0.319	0.316	0.313	0.310	0.307	0.304	0.301
130	0.299	0.296	0.293	0.290	0.288	0.285	0.282	0.280	0.277	0.275
140	0.272	0.270	0.267	0.265	0.262	0.260	0.258	0.255	0.253	0.251
150	0.248	0.246	0.244	0.242	0.240	0.237	0.235	0.233	0.231	0.229
160	0.227	0.225	0.223	0.221	0.219	0.217	0.215	0.213	0.212	0.210
170	0.208	0.206	0.204	0.203	0.201	0.199	0.197	0.196	0.194	0.192
180	0.191	0.189	0.188	0.186	0.184	0.183	0.181	0.180	0.178	0.177
190	0.176	0.174	0.173	0.171	0.170	0.168	0.167	0.166	0.164	0.163
200	0.162	—	—	—	—	—	—	—	—	—

注：1. 表 1-15 ~ 表 1-18 中的 φ 值系按下列公式算得：

当 $\lambda_n = \dfrac{\lambda}{\pi}\sqrt{f_y/E} \leqslant 0.215$ 时：

$$\varphi = 1 - \alpha_1 \lambda_n^2$$

当 $\lambda_n > 0.215$ 时：

$$\varphi = \frac{1}{2\lambda_n^2}\left[(\alpha_2 + \alpha_3\lambda_n + \lambda_n^2) - \sqrt{(\alpha_2 + \alpha_3\lambda_n + \lambda_n^2)^2 - 4\lambda_n^2}\right]$$

式中，α_1、α_2、α_3 为系数，根据《钢结构设计规范》GB 50017—2003 表 5.1.2 的截面分类，按表 1-19 采用。

2. 当构件的 $\lambda\sqrt{f_y/235}$ 值超出表 1-15 ~ 表 1-18 的范围时，则 φ 值按注 1 所列的公式计算。

系数 α_1、α_2、α_3
表 1-19

截 面 类 别	α_1	α_2	α_3
a 类	0.41	0.986	0.152
b 类	0.65	0.965	0.300

截面类别		α_1	α_2	α_3
c 类	$\lambda_n \leqslant 1.05$	0.73	0.906	0.595
	$\lambda_n > 1.05$		1.216	0.302
d 类	$\lambda_n \leqslant 1.05$	1.35	0.868	0.915
	$\lambda_n > 1.05$		1.375	1.432

◈ 1.5　装饰用简易脚手架

1.5.1　悬挂式简易脚手架的计算

悬挂式吊篮脚手架在建筑工程中主要用于外墙的勾缝和装修。具有节省大量脚手材料，搭拆方便，费用较低等优点。

悬挂式吊篮脚手架，由吊篮、悬挂钢绳、挑梁、顶端杉木等组成。常用吊篮脚手架构造及尺寸如图 1-23 所示。使用时用倒链或卷扬机将吊篮提升到最上层，然后逐层下放，装修自上而下进行。

吊篮架由吊篮片、钢管借钢管卡箍组合而成。吊篮片之间用 $\phi48\text{mm}$ 钢管连接组成整体桁架体系。

计算时，将吊篮视作由两榀纵向桁架组成，取其中一榀分析内力进行强度验算（图 1-24）。

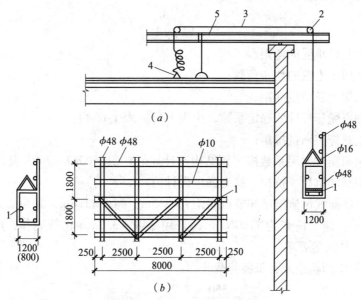

图 1-23　悬挂式吊篮架构造及尺寸

（a）悬挂式吊篮装置构造；（b）吊篮架尺寸

1—吊篮；2—杉杆包铁皮；3—钢丝绳；4—钢丝绳固定环；5—挑梁

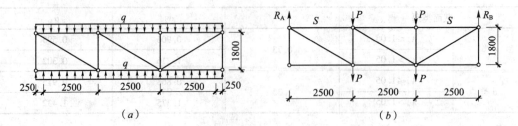

图 1-24　吊篮计算简图

（a）组合吊篮计算简图；（b）吊篮桁架内力计算简图

吊篮荷载 q：包括吊篮自重 q_1 和施工荷载 q_2。

桁架内力分析时可将均布荷载 q 化为节点集中荷载 F（作用于上弦）和 P（作用于下弦），按铰接桁架计算，各杆件仅承受轴向力作用。拉杆应力按下式计算：

$$\sigma_1 = \frac{S}{A} \tag{1-45}$$

式中　σ_1——杆件的拉应力；

　　S——杆件的轴心拉力；

　　A——杆件的净截面积。

上弦受压同时受均布荷载作用，上弦弯矩按下式计算：

$$M = \frac{1}{8}ql^2 \tag{1-46}$$

其强度按下式验算：

$$\sigma = \frac{S}{\varphi A} + \frac{M}{\gamma W} \le f \tag{1-47}$$

式中　M——上弦杆承受的弯矩；

　　q——作用于上弦的均布荷载；

　　l——桁架上弦节点间距；

　　φ——轴心受压杆件的稳定系数，由表 1-15 ~ 表 1-18 得；

　　W——上弦杆截面抵抗矩；

　　γ——截面塑性发展系数按《钢结构设计规范》GB 50017—2003 表 5.2.1 取用；

　　f——钢材的抗压、抗拉、抗弯强度设计值。

【例 1-5】　悬挂式吊篮架已知节点间距 $l = 2.5\text{m}$，高 $h = 1.8\text{m}$，宽为 1.2m，吊篮架自重力为 550N/m²，施工荷载为 1200N/m²，采用 $\phi 48 \times 3.5\text{mm}$ 钢管制作，$f = 215\text{N/mm}^2$，试验算上弦强度是满足要求。

【解】　桁架由两榀组成，每榀荷载分为：

$$q_1 = \frac{550 \times 1.2}{2} = 330\text{N/m}$$

$$q_2 = \frac{1200 \times 1.2}{2} = 720\text{N/m}$$

总荷载
$$q = q_1 + q_2 = 330 + 720 = 1050\text{N/m}$$

桁架内力将均布荷载化为集中荷载，按铰接桁架计算：
$$P = 2.5 \times 1050 = 2625\text{N}$$

吊索拉力
$$R_A = R_B = 2P = 5250\text{N}$$

上弦内力
$$S = R_A \times \frac{2.5}{1.8} = 5250 \times \frac{2.5}{1.8} = 7292\text{N}$$

上弦弯矩
$$M = \frac{1}{8}ql^2 = \frac{1}{8} \times 1050 \times 2.5^2 = 820\text{N} \cdot \text{m}$$

$\phi 48 \times 3.5\text{mm}$ 钢管：$A = 489\text{mm}^2$；截面抵抗矩 $W = 5075\text{mm}^3$；钢管外径 $D = 48\text{mm}$；内径 $d = 41\text{mm}$

$$i = 0.25\sqrt{D^2 + d^2} = 0.25\sqrt{48^2 + 41^2} = 15.78\text{mm}$$

$\lambda = l_0/i = \dfrac{2500}{15.78} = 158.5$，查表 1-15 得 $\varphi = 0.307$，查《钢结构设计规范》GB 50017—2003 表 5.2.1 得 $\gamma = 1.15$

上弦强度为：
$$\sigma = \frac{S}{\varphi A} + \frac{M}{W} = \frac{7292}{0.307 \times 489} + \frac{820000}{1.15 \times 5075}$$
$$= 48.6 + 140.5 = 189.1\text{N/mm}^2 < f(=215\text{N/mm}^2)$$

1.5.2　扶墙三角挂脚手架计算

扶墙三角挂脚手架是建筑工程常用简单工具式脚手架之一，主要用于外墙的勾缝或装饰粉刷。它具有制作、装拆、搬运方便，节省脚手材料和劳力等优点。但在使用时，要求墙体达到一定强度（上层最好已安装好预制楼板），脚手架之间应用钢管或杉木杆连接，用卡具或钢丝绑扎牢固，上铺脚手板使形成整体。常用钢管三角挂脚手架构造如图 1-25 所示。

扶墙三角挂脚手架计算包括荷载计算、内力计算和杆件截面验算等。

1. 荷载计算

作用在三角挂脚手架上的荷载有：

1）操作人员荷载：按每一个开间（3.3m 左右）脚手架上最多可能有 5 人同时操作，每人按 750N 计；

2）工具荷载：按机械喷涂考虑。每一操作人员携带的灰浆、管子和零星工具重量按 500N 计；

3）脚手架自重：架子上面铺的钢管、脚手板（宽 1m 左右）等自重，每副按 1000N 计。

2. 内力计算

三角挂脚手架内力计算，系以单榀三角架为计算单元，视各杆件之间的节点为铰接点，各杆件只承受轴力作用。在计算时，将作用于水平杆上的均布荷载转化为作用于杆件节点的集中力。先根据外力的平衡条件（即 $\sum X = 0$、$\sum Y = 0$ 和 $\sum M = 0$），求出桁架在荷

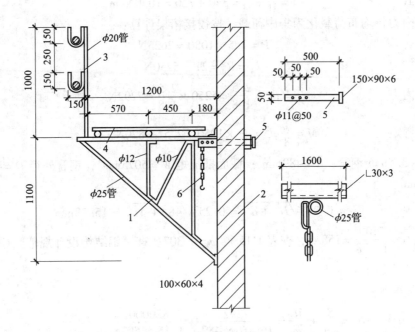

图 1-25 钢管三角挂脚手架构造

1—三脚架；2—墙身；3—扶手栏杆；4—脚手板；5—扁钢销片；6—插扁钢销片用 $\phi 10mm$ 钩子

载作用下的支座反力。当无拉杆设置时，上弦支座 A 在水平方向受拉，下弦支座（下弦斜杆底端）B 沿斜杆方向受压，然后计算各杆件的轴力，可自三角形桁架的外端节点 C 开始，用节点力系平衡 $\sum X_i = 0$、$\sum Y_i = 0$）条件，依次求出各杆件的内力。

常用三角挂脚手架的荷载及内力公式列于表 1-20 可供参考。

常用三角挂脚手架的内力分析   表 1-20

项　次	荷　载　图　示	内　力　计　算　式
1		$R_{AV} = 2(p_1 + p_2)$ $R_{AH} = -R_{BH} = \dfrac{l_2}{h}(p_1 + p_2) + \dfrac{l}{h}p_1$ $S_1 = S_2 = p_1 \operatorname{ctg}\theta_1$ $S_3 = -p_1 \csc\theta_1$ $N_5 = -(p_1 + p_2)$ $S_4 = R_{BH}\sec\theta_1$ $S_7 = S_4\sin\theta_1 = R_{BH}\operatorname{tg}\theta_1$ $S_6 = \dfrac{S_7 + R_{AV} - p_2}{\sin\theta_2}$

续表

项 次	荷 载 图 示	内 力 计 算 式
2	荷载图示同 "1", 且取 $p_1 = p_2 = 0.5p$ $p_1 + p_2 = p$ $l_1 = l_2 = 0.5l$ $h = l$ $\theta_1 = \theta_2 = 45°$	$R_{AV} = 2p$ $R_{AH} = -R_{BH} = p$ $S_1 = S_2 = 0.5p$ $S_3 = -0.707p$ $S_5 = -p$ $S_4 = -1.414p$ $S_7 = -p$ $S_6 = 0.707p$
3		$R_{AV} = 2p$ $R_{AH} = -R_{BH} = \dfrac{p}{h}(l + l_2)$ $S_1 = S_2 = p\,ctg\theta_2$ $S_3 = -p\,csc\theta_2$ $S_5 = -p$ $S_4 = R_{BH}\sec\theta_1$ $S_7 = R_{BH}\,tg\theta_1$ $S_6 = \dfrac{S_7 + R_{AV}}{\sin\theta_2}$
4	荷载图示同 "3", 且取 $l_1 = l_2 = 0.5l$ $h = l$ $\theta_1 = \theta_2 = 45°$	$R_{AH} = 2p$ $R_{AH} = -R_{BH} = 1.5p$ $S_1 = S_2 = p$ $S_3 = -1.414p$ $S_5 = -p$ $S_4 = -2.12p$ $S_7 = -1.5p$ $S_6 = 0.707p$

3. 截面强度验算

三角挂脚手架拉杆应力按下式计算:

$$\sigma = \frac{S}{A} \leqslant f \tag{1-48}$$

式中　σ——杆件拉应力;

　　　S——杆件的轴向拉力;

　　　A——杆件的净截面积;

f——钢材的抗拉、抗压强度设计值。

三角挂脚手架压杆强度验算：

$$\sigma = \frac{S}{\varphi A} \le f \qquad (1-49)$$

式中　σ——杆件压应力；

　　　　S——杆件的轴向压力；

　　　　A——杆件的截面积；

　　　　φ——纵向弯曲系数，可根据 l_0/i_{min} 值查表求得；

　　　　l_0——杆件计算长度，一般取节点之间的距离；

　　　　f——钢材的抗拉、抗压强度设计值。

其他符号意义同前。

【例1-6】　扶墙三角挂脚手架，尺寸及荷载布置如图1-25所示，间距3.3m，脚手架上由5人操作进行外墙机械喷涂饰面作业，试计算三角挂脚手架各杆件的内力并选用杆件截面，验算强度是否满足要求。

【解】　1. 荷载计算简图

脚手架上的荷载有：

1）操作人员荷载 q_1，每人按750N计，则

$$q_1 = \frac{5 \times 750}{3.3 \times 1.0} = 1136\text{N/m}^2$$

2）工具荷载 q_2　每一操作人员机具重按500N计，则

$$q_2 = \frac{5 \times 500}{3.3 \times 1.0} = 758\text{N/m}^2$$

3）脚手架自重 q_3　每副架按1000N计，则

$$q_3 = \frac{1000}{3.3 \times 1.0} = 303\text{N/m}^2$$

4）总荷载 q

$$q = q_1 + q_2 + q_3 = 1136 + 758 + 303$$
$$= 2197\text{N/m}^2$$

计算简图如图1-26所示，计算时考虑两种情况：

1）脚手架上的荷载为均匀分布 [图1-26（a）]，化为节点集中荷载，则为：

$$p = \frac{2197 \times 3.3 \times 1.0}{2} = 3625\text{N}$$

2）荷载的分布偏于脚手架外侧 [图1-26（b）]，此时单位面积上的荷载为：$2197 \times 2 = 4394\text{N/m}^2$，化为节点集中荷载，则为：

$$p = \frac{4394 \times 3.3 \times 0.5}{2} = 3625\text{N}$$

2. 内力计算

按桁架进行计算，内力值选用杆件规格，截面积列于表1-21中。

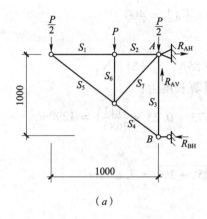
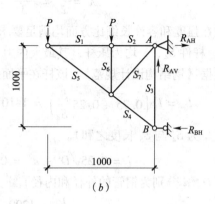

(a) 　　　　　　　　　　　　　　　(b)

图 1-26　扶墙三角挂脚手架计算简图

(a) 荷载均布时；(b) 荷载分部偏于外侧时

桁架杆件内力表　　　　　　　　　　　　　　　　　表 1-21

内力系数及内力值（N）		选用杆件规格	杆件截面面积
荷载均匀分布时	荷载偏于外侧时	（mm）	（mm²）
$S_1 = 0.5p = 1813$	$S_1 = 1.0p = 3625$	$\phi25$ 钢管（壁厚3）	207
$S_2 = 0.5p = 1813$	$S_2 = 1.0p = 3625$	$\phi25$ 钢管（壁厚3）	207
$S_3 = -1.0p = -3625$	$S_3 = -1.5p = -5438$	$\phi12$ 圆钢	113
$S_4 = -1.41p = -5111$	$S_4 = -2.12p = -7685$	$\phi25$ 钢管	207
$S_5 = -0.7p = -2538$	$S_5 = -1.41p = -5111$	$\phi25$ 钢管	207
$S_6 = -1.0p = -3625$	$S_6 = -1.0p = -3625$	$\phi12$ 圆钢	113
$S_7 = 0.7p = 2538$	$S_7 = 0.707p = 2563$	$\phi12$ 圆钢	113
支座 $R_{AV} = 2.0p = 7250$	支座 $R_{AV} = 2.0p = 7250$		
$R_{AH} = 1.0p = 3625$	$R_{AH} = 1.5p = 5438$		
$R_{BH} = 1.0p = 3625$	$R_{BH} = 1.5p = 5438$		

3. 截面强度验算

1）杆件 $S_1 = S_2 = 3625\text{N}$，选用 $\phi25$ 钢管，$A = 207\text{mm}^2$。

考虑钢管与销片连接有一定偏心，其容许应力乘以 0.95 折减系数。

$$\sigma = \frac{S_1}{A} = \frac{3625}{207} = 0.75\text{N} < 0.95f = 0.95 \times 215$$

$$= 204\text{N/mm}^2$$

2）杆件 S_3、S_7 均为拉杆，其最大内力 $S = 5438\text{N}$，均选用 $\phi12$ 圆钢，则

$$\sigma = \frac{S_3}{A} = \frac{5438}{113} = 48.1\text{N/mm}^2 < 204\text{N/mm}^2$$

$$i = \frac{d}{4} = \frac{12}{4} = 3\text{mm}, l_0 = 1000\text{mm}$$

$$\lambda = \frac{l_0}{i} = \frac{1000}{3} = 333 < [\lambda] = 400$$

故在强度和容许长细比方面均满足要求。

3）杆件 S_4、S_5 均为压杆，其最大内力 $S_4 = 7685N$，$S_5 = 5111N$。

根据《钢结构设计规范》，该杆在平面外的计算长度为：

$$l_0 = l_1 \left(0.75 + 0.25 \frac{S_5}{S_4} \right) = 1410 \times \left(0.75 + 0.25 \times \frac{5111}{7685} \right) = 1290mm$$

（l_1 为 S_4 与 S_5 长度之和）。

$$i = 0.25\sqrt{D^2 + d^2} = 0.25\sqrt{25^2 + 19^2} = 7.85mm$$

（D、d 分别为钢管的外径和内径）。

$$\lambda = \frac{l_0}{i} = \frac{1290}{7.85} = 164 > [\lambda] = 150$$

查表 1-15 得

$$\varphi = 0.289$$

$$\sigma = \frac{S_4}{\varphi A} = \frac{7685}{0.289 \times 207} = 129N/mm^2 < 204N/mm^2$$

此两根压杆强度均满足要求，长细比略大于容许长细比，经使用无问题。可不更换规格。

4）压杆 $S_6 = 3625N$，选用 $\phi12$ 圆钢

计算长度 $l_0 = 500mm$，$i = 0.25d = 0.25 \times 12 = 3mm$

$$\lambda = \frac{l_0}{i} = \frac{500}{3} = 166 > [\lambda] = 150$$

根据 $\lambda = 166$，查表 1-15 得 $\varphi = 0.282$，所以

$$\sigma = \frac{S_6}{\varphi A} = \frac{3625}{0.282 \times 113}$$
$$= 114N/mm^2 < 204N/mm^2$$

4. 焊缝强度验算

取腹杆中内力最大杆件 S_3（$= 5438N$）计算，焊缝厚度 h_f 取 4mm，则焊缝有效厚度 $h_e = 0.7h_f = 0.7 \times 4 = 2.8mm$。焊缝长度应为：

$$l_f = \frac{S_3}{h_e \tau_f} = \frac{5438}{2.8 \times 160} = 12.1mm$$

考虑焊接方便，取焊缝长度为 40mm。

5. 支座强度验算

1）支座 A 采用—50×6 扁钢销片，上面开有 $\phi11mm$ 孔。

销片受拉验算：

$$R_{AH} = 5438N, \quad A_j = 50 \times 6 - 11 \times 6 = 234mm^2$$

$$\sigma = \frac{R_{AH}}{A_j} = \frac{5438}{234} = 23.2N/mm^2 < f = 215N/mm^2$$

销片受剪验算：

$$R_{AV} = 7250N \qquad A_j = 234mm^2$$

$$\tau = \frac{R_{AV}}{A_j} = \frac{7250}{234} = 31N/mm^2 < f_V^w = 125N/mm^2$$

2）支座 B　采用 $60 \times 60 \times 6$ 的垫板支撑在墙面上。

墙面承压演算：

$$R_{BH} = 5400N, \quad A = 60 \times 60 = 3600mm^2$$

$$\sigma = \frac{R_{BH}}{A} = \frac{5400}{3600} = 1.5N/mm^2 < f = 2.1N/mm^2$$

1.5.3　插口飞架脚手架计算

插口飞架脚手架系在有窗洞口的建筑，根据工程的特点（主要指平面结构形式及外墙洞口尺寸），将整体式悬挑架子化整为零，先在地面上用 $\phi48mm$ 钢管和扣件组成单体脚手架，借助工程使用的塔吊将单体脚手架插入建筑物的窗洞口内，并同室内横向挡固杆（别杠）连接固定，而后将单体脚手架用杆件连接组成整体挑脚手架（图1-27）。脚手架随主体施工逐层上提直至工程完成。这种脚手架施工法的优点是：集悬挑架、插口架于一体，利用常规材料和设备，脚手架解体、提升、固定简单易行，使用安全可靠，操作方便，经济效果显著。适用于外墙有窗洞口（不受建筑物外形限制）的中、高层、超高层全现浇结构应用。

插口飞架脚手架的计算包括荷载计算、内力计算和杆件截面验算等。

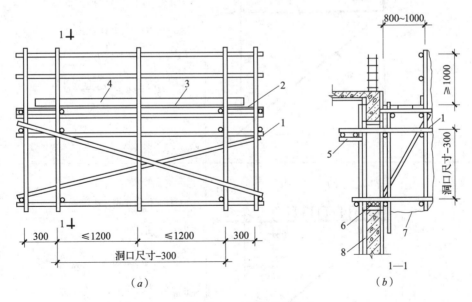

图1-27　插口飞架脚手架构造

（a）外立面；（b）侧立面

1—钢管插口飞架；2—压花钢板；3—木脚手架；4—挡脚板；5—档固杆或钢管桁架；

6—木垫块；7—安全网；8—组合式钢模板

1. 荷载计算

荷载计算同"三角挂脚手架",包括操作人员荷载、工具荷载和脚手架自重等,或按实际荷载再乘以超重系数1.2。

2. 内力计算

插口飞架脚手架受力为简单的拉撑杆体系,由作为承载主体的水平梁或杆件与支撑斜杆组成。水平杆件受拉或受拉弯作用,斜杆相当于说在水平杆件悬挑一端的支座,承受压力作用,计算简图如图1-28所示,θ角一般取45°~75°之间。脚手架在不同荷载作用下的内力计算公式示于表1-22中。表中所示内力分别为简支梁或者为其在不同荷载作用下的内力。斜支杆上端对水平杆的反力的垂直分力为R_{AV},而其水平分力即为水平杆

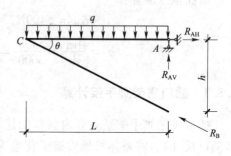

图 1-28 飞架计算简图

所受拉力R_{AH},在表中公式计算时还应另乘以钢管及扣件强度计算系数1.5。

上拉下支式杆件体系的内力计算   表 1-22

项　次	荷　载　图　示	内　力　计　算　式
1		AC杆受拉, CB杆受压 $R_A = p \cdot \text{ctg}\theta = \dfrac{1}{h}p$ $R_B = P \cdot \csc\theta = \dfrac{\sqrt{l^2 + h^2}}{h}p$
2		AC杆受拉弯作用,CB杆受压 $R_{AV} = \dfrac{1}{2} \cdot ql$ $R_B = \dfrac{1}{2}ql \cdot \csc\theta = \dfrac{\sqrt{l^2 + h^2}}{2h} \cdot ql$ $R_{AH} = \dfrac{1}{2}ql \cdot \text{ctg}\theta = \dfrac{1}{2h} \cdot ql$ AC杆跨中最大弯矩: $M_{\max} = \dfrac{1}{8}ql^2$

项　次	荷　载　图　示	内　力　计　算　式
3		AC 杆受拉弯作用，CB 杆受压 $$R_{AV} = \frac{a^2}{2l} \cdot q$$ $$R_B = \frac{qa}{2}\left(2 - \frac{a}{l}\right)\csc\theta = \frac{\sqrt[a]{l^2 + h^2}}{2h} \times \left(2 - \frac{a}{l}\right)q$$ $$R_{AH} = \frac{qa}{2}\left(2 - \frac{a}{l}\right)\text{ctg}\,\theta = \frac{al}{2h}\left(2 - \frac{a}{l}\right)q$$ AC 杆最大弯矩$\left(当\ x = b + \frac{a^2}{2l}\ 时\right);$ $$M_{\max} = \frac{a^2}{8}\left(2 - \frac{a}{l}\right)^2 q$$
4		AC 杆受拉弯作用，CB 杆受压 $$R_{AV} = \frac{a}{l}p$$ $$R_B = \left(p + \frac{b}{l}p\right)\csc\theta$$ $$= \frac{\sqrt{l^2 + h^2}}{h}\left(1 + \frac{b}{l}\right)p$$ $$R_{AH} = \left(p = \frac{b}{l}p\right)\text{ctg}\theta$$ $$= \frac{1}{h}\left(1 + \frac{b}{l}\right)p$$ AC 杆最大弯矩（在 D 处） $$M_{\max} = \frac{ab}{l}p$$
5		AC 杆受拉弯作用，CB 杆受压 $$R_{AV} = \frac{a}{l}\left(\frac{a}{2}q + p\right)$$ $$R_B = \frac{\sqrt{l^2 + h^2}}{2}$$ $$\left[\frac{q(2l - a)}{2l}q + \left(1 + \frac{b}{l}\right)p\right]$$ $$R_{AB} = \frac{l}{h}\left[\frac{q(2l - a)}{2l}q + \left(1 + \frac{b}{l}\right)p\right]$$ AC 杆最大弯矩 M_1、M_2 中大者： $$M_1 = M_E + pa\left(1 - \frac{2lb + a^2}{2l^2}\right) + \frac{a^2}{8}\left(2 - \frac{a}{l}\right)^2 q$$ $$M^2 = M_D = \frac{ab}{l}p + \frac{a}{2}(l - a)q_0$$

项 次	荷 载 图 示	内 力 计 算 式
6		AC 杆受拉弯作用，CB 杆受压 $$R_{AV} = \frac{a^2}{2l} \cdot q$$ $$R_B = \frac{\sqrt{l^2 + h^2}}{h}\Big[p + \frac{a(2l - b)}{2l}q \Big]$$ $$R_{AH} = \frac{l}{h}\Big[p + \frac{a(2l - b)}{2l}q \Big]$$ AC 杆最大弯矩： $$M_{max} = M_E = \frac{a^2}{8}\Big(2 - \frac{b}{l}\Big)^2 q$$

3. 截面强度验算

1）插口飞架脚手架水平拉弯杆件应力按下式验算：

$$\sigma = \frac{R_{AH}}{A} + \frac{M}{\gamma_x W} \leqslant f \qquad (1\text{-}50)$$

式中　σ——杆件的拉应力或拉弯应力；

　　R_{AH}——杆件的拉应力

　　A——杆件的净截面积；

　　M——杆件承受的弯矩；

　　W——杆件的截面抵抗矩；

　　γ_x——截面塑性发展系数，对钢管一般取 $\gamma_x = 1.15$；

　　f——钢材的抗拉、抗弯、抗压强度设计值。

2）插口飞架脚手架斜杆受压强度验算

$$\sigma = \frac{R_B}{\varphi A} \leqslant f \qquad (1\text{-}51)$$

式中　σ——杆件的压应力；

　　R_B——杆件的轴向压力；

　　A——杆件的净截面积；

　　φ——纵向弯曲系数，可根据 l_0/i_{min} 值查表 1-15 ~ 表 1-18 得；

　　l_0——斜杆计算长度，一般取节点之间的距离；

　　i_{min}——杆件截面最小回转半径，根据选用的钢管由钢管规格表查得；

其他符号意义同前。

3）洞口内横向挡固杆的抗弯强度及挠度验算

挡固杆受水平的拉力作用（图 1-29），其承受的弯矩 M 和产生的挠度 w 按下式计算：

$$M = R_{AH} \cdot a \tag{1-52}$$

$$w = \frac{R_{AH} \cdot a}{24EI}(3l^2 - 4a^2) \tag{1-53}$$

式中　l——窗洞口宽度（mm）；

　　　E——钢材的弹性模量，一般取 $206 \times 10^5 \text{N/mm}^2$；

　　　I——挡固板的惯性矩（mm^4）。

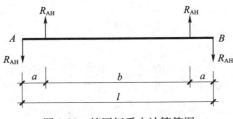

图 1-29　挡固杆受力计算简图

挡固杆的抗弯强度及挠度按下式验算：

$$\sigma = \frac{M}{\gamma_x M} \le f \tag{1-54}$$

$$w \le [w] \tag{1-55}$$

式中　σ——杆件的抗弯强度；

　　　M——杆件承受的弯矩；

　　　W——杆件的截面抵抗矩；

　　　w——杆件的挠度；

　　　$[w]$——容许变形值，取杆件受弯跨度的 1/300。

4）扣件抗滑移承载力验算

$$R \le R_C \tag{1-56}$$

式中　R——扣件节点处的支座反力计算值；

　　　R_C——扣件抗滑移承载力设计值，每个直角扣件和旋转扣件取 8.5kN。

【例 1-7】　插口飞架脚手架，构造尺寸如图 1-27 所示，采用 $\phi48 \times 3.5\text{mm}$ 钢管搭设，用扣件连接，已知钢管截面积 $A = 489\text{mm}^2$，截面抵抗矩 $W = 5000\text{mm}^3$，飞架 $\theta = 60°$，$l = 1.0\text{m}, h = 1.75\text{m}$，均布荷载 $q = 2.5\text{kN/m}^2$，窗洞宽 $l_0 = 2.4\text{m}$，钢管及扣件强度计算系数为 1.5，$\gamma_x = 1.15$，试验算杆件及其连接强度是否满足要求。

【解】　1. 内力计算

由表 1-18 第 2 项公式

$$R_{AH} = \frac{l}{2h} \cdot ql \times 1.5 = \frac{1}{2 \times 1.75} \times 2.5 \times 1 \times 1.5$$

$$= 1.08\text{kN} = 1080\text{N}$$

$$R_{AV} = \frac{1}{2}ql \times 1.5 = \frac{1}{2} \times 2.5 \times 1 \times 1.5$$

$$= 1.875\text{kN} = 1875\text{N}$$

$$R_B = \frac{\sqrt{l^2 + h^2}}{2h} \cdot ql \times 1.5 = \frac{\sqrt{1^2 + 1.75^2}}{2 \times 1.75} \times 2.5 \times 1 \times 1.5$$

$$= 4.03\text{kN} = 4030\text{N}$$

AC 杆跨中最大弯矩为:

$$M = \frac{1}{8}ql^2 \times 1.5 = \frac{1}{8} \times 2.5 \times 1^2 \times 1.5 = 0.47\text{kN} \cdot \text{m} = 47000\text{N} \cdot \text{mm}$$

2. 截面强度的验算

1) 水平杆强度验算

由式 (1-50)

$$\sigma = \frac{R_{AH}}{A} + \frac{M}{\gamma_x W} \leqslant f = \frac{1080}{489} + \frac{47000}{1.15 \times 5000}$$

$$= 8.39\text{N/mm}^2 < f(= 205\text{N/mm}^2)$$

2) 斜杆强度验算

钢管外径 $D = 48\text{mm}$, 内径 $d = 41\text{mm}$

$$i = 0.25\sqrt{D^2 + d^2} = 0.25\sqrt{48^2 + 41^2} = 15.78\text{mm}$$

$$l_0 = \sqrt{l^2 + h^2} = \sqrt{1.0^2 + 1.73^2} \approx 2.0$$

$$\lambda = \frac{2000}{15.78} = 126.7 \qquad 查表 1-15 得 \varphi = 0.453$$

由式 (1-51) 斜杆强度为:

$$\sigma = \frac{R_B}{\varphi A} = \frac{403}{0.453 \times 489} = 1.8\text{N/mm}^2 < 205\text{mm}^2$$

3) 挡固杆抗弯及挠度验算

挡固杆受水平拉力作用, 其产生的弯矩和挠度, 由式 (1-52) 和式 (1-53) 得:

已知 $\phi48 \times 3.5\text{mm}$ 钢管的 $I = 12.19 \times 10^4\text{mm}^4$, 窗洞宽 $l = 2400\text{mm}$, 水平杆作用点离窗洞边 $a = 150\text{mm}$

$$M = R_{AH} \cdot a = 108 \times 150 = 16200\text{N} \cdot \text{mm}$$

$$w = \frac{R_{AH} \cdot a}{24EI}(3l^2 - 4a^2)$$

$$= \frac{108 \times 150}{24 \times 206 \times 10^3 \times 12.19 \times 10^4} \times (3 \times 2400^2 - 4 \times 150^2)$$

$$= 0.46\text{mm}$$

挡固杆的抗弯强度为:

$$\sigma = \frac{M}{\gamma_x W} = \frac{16200}{1.15 \times 5000} = 2.8\text{N/mm}^2 < f(= 205\text{N/mm}^2)$$

挡固杆的挠度为:

$$w = 0.46\text{mm} < [w]\left(= \frac{2400}{300} = 8\text{mm}\right) \qquad 可。$$

4) 扣件抗滑移承载力验算

扣件节点处主要承受 R_{AH} 和 R_B 的作用, 其值分别为 108N 和 403N, 均小于 R_C ($=850$N), 故满足要求。

1.5.4 桥式脚手架计算

桥式脚手架常用于六层及六层以下民用建筑外装修, 在结构施工阶段亦可支挂安全网作外防护架用, 它具有制作简便, 安装快速, 稳定性好, 提升、固定简单, 使用安全可靠等优点。

1. 型式与构造

桥式脚手架由桥架和支承架（立柱）组合而成。桥架又称桁架式工作平台（图1-30a）, 一般由两个单片型钢桁架用水平横杆和剪刀撑连接组装, 并在上面铺脚手板而成。其跨度在

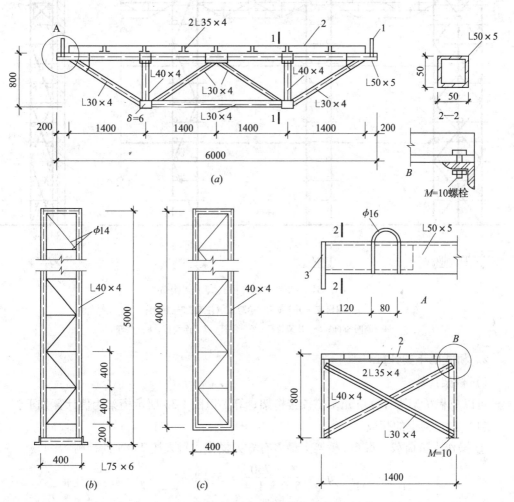

图 1-30 格构式型钢立柱桥式脚手架构造

(a) 型钢桁架式桥梁; (b) 首节格构式型钢支撑架; (c) 标准节格构式型钢支承架

1—吊环; 2—脚手架; 3—防滑挡板—50mm×6mm×100mm

3.6～8.0m，最长可达 16m，以 6m 使用最多，宽度在 1.0～1.4m，桁架搁置部分长度为 200mm，加焊短角钢使之成为方形，端部焊以 $\phi16mm$ 钢筋吊环作为升降吊挂之用。支承架型式多样，使用较广的有格构式型钢支架和扣件式钢管支架两类。前者支承架截面尺寸为 400mm×400mm，立杆用 ∟40×4mm 角钢，缀板用 $\phi18mm$ 圆钢，缀条用 $\phi14mm$ 圆钢。支承架采取分节制作，用螺栓法兰连接。首节支撑架用 ∟75×50×6 角钢框作底座 [图 1-30（b）、（c）]；后者用扣件和钢管搭设方形支承井架，在两支承架中间搁置桥架，在脚手架的尽端（建筑物拐角处）用双跨井架。支承井架的立杆间距为 1.6m，横杆间距为 1.2～1.4m，支承架每隔三步设置二根连墙杆与建筑物连接牢固，如图 1-31 所示。

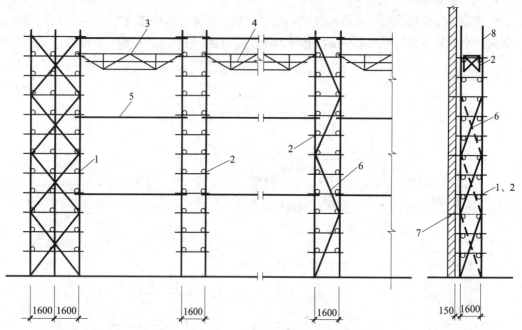

图 1-31　扣件式钢管桥式脚手架构造

1—双跨支承井架；2—单跨支承井架；3—桥架；

4—临时拉杆；5—井架拉杆；6—斜杆；7—连墙杆；8—栏杆

2. 桥式脚手架计算

1）桥架计算

可以单榀桥架为计算单元，按铰接桁架计算，以图 1-30 所示桁架为例计算如下：

（1）脚手架上的荷载

① 操作人员荷载　每 6m 桥架上最多有 6 人操作，每人按 750N 计，则

$$q_1 = \frac{6 \times 750}{5.6 \times 1.4} = 574N/m^2$$

② 工具荷载　每一操作人员使用机具重按 500N 计，则

$$q_2 = \frac{6 \times 500}{5.6 \times 1.4} = 383N/m^2$$

③ 脚手架自重力 每副架按 3100N 计,则

$$q_3 = \frac{3100}{5.6 \times 1.4} = 395\text{N/m}^2$$

总荷载 $\quad q = q_1 + q_2 + q_3 = 574 + 383 + 395 = 1352\text{N/m}^2$

(2) 内力计算

按桁架进行计算,计算结果见表 1-23。

桁架杆件内力　　　　　　　　　表 1-23

项　　次	内力系数及内力值（N）	选用杆件规格（mm）	杆件截面面积（mm²）
1	$S_1 = 2.63p = 3485$	∟ 50×5	480.3
2	$S_2 = 2.63p = 3485$	∟ 50×5	480.3
3	$S_3 = 3p = 3975$	∟ 30×4	227.6
4	$S_4 = p = 1325$	∟ 40×4	308.6
5	$S_5 = p = 1325$	∟ 30×4	227.6
6	$S_6 = 3.5p = 4638$	∟ 30×4	227.6

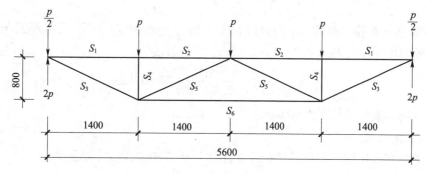

图 1-32 桥架受力计算简图

(3) 截面验算

① 杆件 $S_1 = S_2 = 3485\text{N}$,均为压杆,选用 ∟ 50×5 角钢,$A = 480.3\text{mm}^2$,$i_x = i_y = 15.3\text{mm}$,$W = 3130\text{mm}^3$,因中间节点无支撑,$l_0 = 2800\text{mm}$,又因上弦除承受节点集中荷重外,实际还有均布荷载作用,承受弯矩作用,实为压弯杆件。

S_1、S_2 杆承受的弯矩为:

$$M = \frac{1}{8}ql^2 = \frac{1}{8} \times 0.7 \times 1352 \times 1.4^2$$

$$= 231.87\text{N} \cdot \text{m} = 23187\text{N} \cdot \text{mm}$$

又 $\quad \dfrac{l_0}{i_x} = \dfrac{2800}{15.3} = 183 \quad$ 查《钢结构设计规范》附录三得 $\quad \varphi = 0.236$

$$\sigma = \frac{S}{\varphi A} + \frac{M}{\gamma_x W}$$

$$= \frac{3485}{0.236 \times 480.3} + \frac{23187}{1.05 \times 3130}$$

$$= 30.75 + 7.06 = 37.8\text{N/mm}^2 < f(= 205\text{N/mm}^2)$$

$$\lambda = 183 < [\lambda](=400) \qquad 可。$$

② 杆件 $S_3 = 3975\text{N}$，$S_6 = 4638\text{N}$，均为拉杆。为制作方便均选用∟30×4 角钢，$A = 227.6\text{mm}^2$，$i_x = i_y = 9.0$，则

$$\sigma = \frac{S_6}{A} = \frac{4638}{227.6} = 20.4 \text{ N/mm}^2 < f(=205 \text{ N/mm}^2)$$

$$\lambda = \frac{l_0}{i_x} = \frac{2800}{9.0} = 311 < 400 \qquad 可。$$

③ 杆件 $S_4 = S_5 = 1325\text{N}$，选用∟40×4 角钢，$A = 308.6\text{mm}^2$，$i_x = i_y = 12.2\text{mm}$，取其最大计算长度 $l_0 = 1.61\text{m}$ 进行验算

$$\frac{l_0}{i_x} = \frac{l_0}{i_y} = \frac{1610}{12.2} = 132 \qquad 查表得 \qquad \varphi = 0.243$$

$$\sigma = \frac{S}{\varphi A} = \frac{1325}{0.423 \times 308.6} = 10.2 \text{ N/mm}^2 < 205 \text{ N/mm}^2$$

$$\lambda = \frac{l_0}{i_x} = 132 < 400 \qquad 可。$$

④ 焊缝强度验算 取桁架中内力最大杆件 S_6（$= 4639\text{N}$）计算。焊缝厚度 h_f 取 4mm，则焊缝有效厚度 $h_e = 0.7h_f = 0.7 \times 4 = 2.8\text{mm}$。焊缝长度为：

$$l_w = \frac{S}{h_e \cdot f_1^w} = \frac{4638}{2.8 \times 160} = 10.4\text{mm}$$

考虑焊接方便，取焊缝长度为 40mm。

2）支承架计算

支承架计算方法同"格构式型钢井架计算"和"扣件式钢管脚手架"。

◆ 1.6 脚手架工程的安全管理

房屋在施工过程中因脚手架出现事故的概率是相当高的，所以在脚手架的设计、架设、使用和拆卸中均需十分重视安全防护及管理问题。脚手架不安全因素一般有：① 不重视脚手架施工方案设计，对超常规的脚手架仍按经验搭设；② 不重视外脚手架的连墙件的设置及地基基础的处理；③ 对脚手架的承载力了解不够，施工荷载过大。所以脚手架的搭设应该严格遵守安全技术要求。

1．一般要求

架子工作业时，必须戴安全帽、系安全带、穿软底鞋。脚手材料应堆放平稳，工具应放入工具袋内，上下传递物件时不得抛掷。

不得使用腐朽和严重开裂的竹、木脚手板，或虫蛀、枯脆、劈裂的材料。

在雨、雪、冰冻的天气施工，架子上要有防滑措施，并在施工前将积雪、冰碴清除干净。

复工工程应对脚手架进行仔细检查，发现立杆沉陷、悬空、节点松动、架子歪斜等情

况，应及时处理

2. 脚手架的搭设

脚手架的搭设应符合前面几节所述的内容，并且与墙面之间应设置足够和牢固的拉结点，不得随意加大脚手杆距离或不设拉结。

脚手架的地基应整平夯实或加设垫木、垫板，使其具有足够的承载力，以防止发生整体或局部沉陷。

脚手架斜道外侧和上料平台必须设置 1m 高的安全栏杆和 18cm 高的挡脚板或挂防护立网，并随施工升高而升高。

脚手板的铺设要满铺、铺平或铺稳，不得有悬挑板。

脚手架的搭设过程中要及时设置连墙杆、剪刀撑，以及必要的拉绳和吊索，避免搭设过程中发生变形、倾倒。

3. 防电、避雷

脚手架与电压为 1~20kV 以下架空输电线路的距离应不小于 2m，同时应有隔离防护措施。

脚手架应有良好的防电避雷装置。钢管脚手架、钢塔架应有可靠的接地装置，每 50m 长应设一处，经过钢脚手架的电线要严格检查，谨防破皮漏电。

施工照明通过钢脚手架时，应使用 12V 以下的低压电源。电动机具必须与钢脚手架接触时，要有良好的绝缘。

4. 脚手架应有牢固的骨架、可靠的联结、稳妥的基底。

并需按正确的顺序架设和拆卸，这些均是保证安全的重要环节。除此之外，尚需重视在使用过程中出现的防护问题，主要有：

1）避免人员在脚手架上坠落；

2）避免人员受外来坠落物的伤害。

相应的防护措施是：

1）阻止人和物从高处坠落下来；

2）阻止高处坠落下来的物件砸伤在地面活动的人员；

3）使高处坠落下来的人能安全地软着陆。

组织人和物从高处坠落的措施，除了在作业面正确铺设脚手架和安装防护栏杆和挡脚板外，尚可在脚手架外侧挂设立网。

对高层建筑，高耸构筑物、悬挑结构和临街房屋最好采用全封闭的立网。立网可以采用塑料编制布、竹篾、席子、篷布，还可采用小眼安全网。这样可以完全防止人员从脚手架上闪出和坠落。

立网亦可采用半封闭设置，即仅在作业层设置，但在立网的上边高度距作业面应有 1.2m。

避免高处坠落物品砸伤地面活动人群的主要措施是设置安全的人行通道或运输通道。通道的顶盖应满铺脚手板或其他能可靠承接落物的板篷材料，篷顶临街的一侧尚应设高于篷顶不少于 0.8m 的挡墙，以免落物又反弹到街上。

　　脚手架不能采用全封闭立网时，还有可能出现人员从高处闪出和坠落的情况，应该设置能用于承接坠落人和物的安全平网，使高处坠落人员能安全软着陆。对高层房屋，为了确保安全则应设置多道防线，安全平网有下列三种：

　　1）首层网。在离地面 3～5m 处设立的第一道安全网。

　　当施工高度在六层以下或总高 ≤18m 时，平网伸出作业层外边缘的宽度为 3～5m；≥18m时，伸出宽度 >5m。

　　2）随层网。当作业层在首层网以上超过 3m 时，随作业层设置的安全网。

　　3）层间网。对房屋层数较多时，施工作业已离地面较高时，尚需每隔 3～4 层设置一道层间网，网的外挑宽度为 2.5～3m。

第 2 章

模　板

◈ 2.1　模板基本计算模型

2.1.1　模板荷载计算及组合

1. 模板的基本构造及传力路线

模板和支架的设计，包括选型、选材、荷载计算、结构计算、拟定制作安装和拆除方案、绘制模板图。

一般模板都由面板、次肋、主肋、对销螺栓、支撑系统等几部分组成，作用于模板的荷载传递路线一般为面板——→次肋——→主肋——→对销螺栓（支撑系统）。设计时可根据荷载作用状况及各部分构件的结构特点进行计算。

2. 模板设计荷载

1）模板及支架自重

模板及支架的自重，可按图纸或实物计算确定，或参考表 2-1：

<table>
<tr><td colspan="3">楼板模板自重标准值</td><td>表 2-1</td></tr>
<tr><td>模 板 构 件</td><td>木模板（kN/m²）</td><td colspan="2">定型组合钢模板（kN/m²）</td></tr>
<tr><td>平板模板及小楞自重</td><td>0.3</td><td colspan="2">0.5</td></tr>
<tr><td>楼板模板自重（包括梁模板）</td><td>0.5</td><td colspan="2">0.75</td></tr>
<tr><td>楼板模板及支架自重（楼层高度 4m 以下）</td><td>0.75</td><td colspan="2">1.1</td></tr>
</table>

2）新浇筑混凝土的自重标准值

普通混凝土用 $24kN/m^3$，其他混凝土根据实际重力密度确定。

3）钢筋自重标准值

根据设计图纸确定。一般梁板结构每立方米混凝土结构的钢筋自重标准值：楼板 1.1kN；梁 1.5kN。

4）施工人员及设备荷载标准值

计算模板及直接支承模板的小楞时：均布活荷载 2.5kN/m²，另以集中荷载 2.5kN 进行验算，取两者中较大的弯矩值；

计算支承小楞的构件时：均布活荷载 1.5kN/m²；

计算支架立柱及其他支承结构构件时：均布活荷载 1.0kN/m²。

对大型浇筑设备（上料平台等）、混凝土泵等按实际情况计算。木模板板条宽度小于

150mm 时，集中荷载可以考虑由相邻两块板共同承受。如混凝土堆集料的高度超过 100mm 时，则按实际情况计算。

5）振捣混凝土时产生的荷载标准值

水平面模板 2.0kN/m²；垂直面模板 4.0kN/m²（作用范围在有效压头高度之内）。

6）新浇筑混凝土对模板侧面的压力标准值

影响混凝土侧压力的因素很多，如与混凝土组成有关的骨料种类、配筋数量、水泥用量、外加剂、坍落度等都有影响。此外还有外界影响，如混凝土的浇筑速度、混凝土的温度、振捣方式、模板情况、构件厚度等。

混凝土的浇筑速度是一个重要影响因素，最大侧压力一般与其成正比。但当其达到一定速度后，再提高浇筑速度，则对最大侧压力的影响就不明显。混凝土的温度影响混凝土的凝结速度，温度低、凝结慢，混凝土侧压力的有效压头高，最大侧压力就大。反之，最大侧压力就小。模板情况和构件厚度影响拱作用的发挥，因之对侧压力也有影响。

由于影响混凝土侧压力的因素很多，想用一个计算公式全面加以反映是有一定困难的。国内外研究混凝土侧压力，都是抓住几个主要影响因素，通过典型试验或现场实测取得数据，再用数学方法分析归纳后提出公式。

我国目前采用的计算公式为，采用内部振动器时，新浇筑的混凝土作用于模板的最大侧压力，按下列两式计算，并取两式中的较小值（图 2-1）：

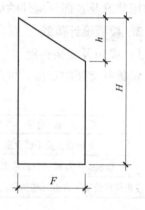

$$F = 0.22\gamma_c t_0 \beta_1 \beta_2 V^{\frac{1}{2}} \qquad (2-1)$$

$$F = \gamma_c H \qquad (2-2)$$

式中　F——新浇混凝土对模板的最大侧压力（kN/m²）；

γ_c——混凝土的重力密度（kN/m³）；

t_0——新浇混凝土的初凝时间（h），可按实测确定。当缺乏试验资料时，可采用 $t_0 = 200/(t+15)$ 计算（t 为混凝土的温度，℃）；

V——混凝土的浇筑速度（m/h）；

图 2-1　混凝土侧压力计算分布图
h—有效压头高度，$h = F/\gamma_0$（m）

H——混凝土的侧压力计算位置处至新浇混凝土顶面的总高度（m）；

β_1——外加剂影响修正系数，不掺外加剂时取 1.0，掺具有缓凝作用的外加剂时取 1.2；

β_2——混凝土坍落度影响修正系数，当坍落度小于 30mm 时，取 0.85；当坍落度为 50～90mm 时，取 1.0；坍落度为 110～150mm 时，取 1.15。

7）倾倒混凝土时产生的荷载标准值

倾倒混凝土时对垂直面模板产生的水平荷载标准值，按表 2-2 采用。

计算模板及其支架时的荷载设计值，应采用荷载标准值乘以相应的荷载分项系数求得，荷载分项系数按表 2-3 采用。

向模板中倾倒混凝土时产生的水平荷载标准值   表 2-2

项 次	向模板中供料方法	水平荷载标准（kN/m²）
1	用溜槽、串筒或由导管输出	2
2	用容量为 <0.2m³ 的运输器具倾倒	2
3	用容量为 0.2~0.8m³ 的运输器具倾倒	4
4	用容量为 >0.8m³ 的运输器具倾倒	6

注：作用范围在有效压头高度以内。

荷载分项系数   表 2-3

项 次	荷 载 类 别	γ_i
1	模板及支架自重	
2	新浇筑混凝土自重	1.2
3	钢筋自重	
4	施工人员及施工设备荷载	
5	振捣混凝土时产生的荷载	1.4
6	新浇筑混凝土对模板侧面的压力	1.2
7	倾倒混凝土时产生的荷载	1.4

3. 荷载组合

参与模板及其支架荷载效应组合的各项荷载，应符合表 2-4 的规定。

参与模板及其支架荷载效应组合的各项荷载   表 2-4

模 板 类 别	参与组合的荷载项	
	计算承载能力	验算刚度
平板和薄壳的模板及支架	1, 2, 3, 4	1, 2, 3
梁和拱模板的底板及支架	1, 2, 3, 5	1, 2, 3
梁、拱、柱（边长≤300mm）、墙（厚≤100mm）的侧面模板	5, 6	6
大体积结构、柱（边长>300mm）、墙（厚>100mm）的侧面模板	6, 7	6

4. 模板设计的有关计算规定

1）计算钢模板、木模板及支架时都要遵守相应结构的设计规范。

2）验算模板及其支架的刚度时，其最大变形值不得超过下列允许值：

对结构表面外露的模板，为模板构件计算跨度的 1/400；

对结构表面隐蔽的模板，为模板构件计算跨度的 1/250；

对支架的压缩变形值或弹性挠度，为相应的结构计算跨度的 1/1000。

3）支架的立柱或桁架应保持稳定，并用撑拉杆件固定。验算模板及其支架在自重和风荷载作用下的抗倾倒稳定性时，应符合有关的专门规定。

2.1.2 模板用量计算

在现浇混凝土和钢筋混凝土结构施工中，为了进行施工准备和实际支模，常需估量模板需用量和耗费，即计算每立方米混凝土结构的展开面积用量，再乘以混凝土总量，即可得模板需用总量，一般每立方米混凝土结构的展开面积模板用量 U（m^2）的基本表达式为：

$$U = \frac{A}{V} \tag{2-3}$$

式中　A——模板的展开面积（m^2）；

　　　V——混凝土的体积（m^3）。

1. 各种截面柱模板用量

1）正方形截面柱　其边长为 $a \times a$ 时，每立方米混凝土模板用量 U_1（m^2）按下式计算：

$$U_1 = \frac{4}{a} \tag{2-4}$$

2）圆形截面柱　其直径为 d 时，每立方米混凝土模板用量 U_2（m^2）按下式计算：

$$U_2 = \frac{4}{d} \tag{2-5}$$

表 2-5 为正方形或圆形截面柱，边长 a（或 d）由 0.3～2.0 时的 U 值。

正方形或圆形截面柱的模板用量值　　　　　　　表 2-5

柱模板尺寸 $a \times a$（m^2）	模板用量 $U = \frac{4}{a}$（m^2）	柱模板尺寸 $a \times a$（m^2）	模板用量 $U = \frac{4}{a}$（m^2）
0.3×0.3	13.33	0.9×0.9	4.44
0.4×0.4	10.00	1.0×1.0	4.00
0.5×0.5	8.00	1.1×1.1	3.64
0.6×0.6	6.67	1.3×1.3	3.08
0.7×0.7	5.71	1.5×1.5	2.67
0.8×0.8	5.00	2.0×2.0	2.00

3）矩形截面柱　其边长为 $a \times b$ 时，每立方米混凝土模板用量 U_3（m^2）按下式计算：

$$U_3 = \frac{2(a+b)}{ab} \tag{2-6}$$

矩形截面柱子的模板用量 U 值　　　　　　　表 2-6

柱模板尺寸 $a \times b$（m^2）	模板用量 $U = \frac{2(a+b)}{ab}$（m^2）	柱模板尺寸 $a \times b$（m^2）	模板用量 $U = \frac{2(a+b)}{ab}$（m^2）
0.4×0.3	11.67	0.8×0.6	5.83
0.5×0.3	10.67	0.9×0.45	6.67
0.6×0.3	10.00	0.9×0.60	6.56
0.7×0.35	8.57	1.0×0.50	6.00
0.8×0.40	7.50	1.0×0.70	4.86

2. 主梁和次梁模板用量

钢筋混凝土主梁和次梁，每立方米混凝土的模板用量 U_4（m^2）按下式计算：

$$U_4 = \frac{2h+b}{bh} \tag{2-7}$$

式中　b——主梁或次梁的宽度（m）；

　　　h——主梁或次梁的高度（m）。

表2-7为长用矩形截面主梁及次梁的 U 值。

矩形截面主梁及次梁之模板用量 U 值 表2-7

梁截面尺寸 $h \times b$（m）	模板用量 $U = \dfrac{2(a+b)}{ab}$（m²）	梁截面尺寸 $h \times b$（m）	模板用量 $U = \dfrac{2(a+b)}{ab}$（m²）
0.30×0.20	13.33	0.80×0.40	6.25
0.40×0.20	12.50	1.00×0.50	5.00
0.50×0.25	10.00	1.20×0.60	4.17
0.60×0.30	8.33	1.40×0.70	3.57

3. 楼板模板用量

钢筋混凝土楼板，每立方米混凝土模板用量 U_5（m²）按下式计算：

$$U_5 = \frac{1}{d_1} \tag{2-8}$$

式中 d_1——楼板的厚度（m）。

肋形楼板的厚度，一般由 $0.06 \sim 0.14$m；无梁楼板的厚度，由 $0.17 \sim 0.22$m，其每立方米混凝土模板用量 U_5 见表2-8。

肋形楼板和无梁楼板的模板用量 U 值 表2-8

板厚（m）	模板用量 $U = \dfrac{1}{d_1}$（m²）	板厚（m）	模板用量 $U = \dfrac{1}{d_1}$（m²）
0.06	16.67	0.14	7.14
0.08	12.50	0.17	5.88
0.10	10.00	0.19	5.26
0.12	8.33	0.22	4.55

4. 墙模板用量

混凝土和钢筋混凝土墙，每立方米混凝土模板用量 U_6（m²）按下式计算：

$$U_6 = \frac{2}{d_2} \tag{2-9}$$

式中 d_2——墙的厚度（m）。

常用的墙厚与相应的模板用量 U_6 值见表2-9。

墙模板用量 U 值 表2-9

墙厚（m）	模板用量 $U = \dfrac{2}{d_2}$（m²）	墙厚（m）	模板用量 $U = \dfrac{2}{d_2}$（m²）
0.06	33.33	0.18	11.11
0.08	25.00	0.20	10.00
0.10	20.00	0.25	8.00
0.12	16.67	0.30	6.67
0.14	14.29	0.35	5.71
0.16	12.50	0.40	5.00

【例2-1】 住宅楼工程钢筋混凝土柱截面为 $0.7m \times 0.7m$ 和 $0.7m \times 0.35m$；梁高 $h = 0.6m$；宽 $b = 0.30m$；楼板厚 $d_1 = 0.08m$；墙厚 $d_2 = 0.25m$，试计算每立方米混凝土柱、梁、楼板和墙的模板用量。

【解】 1. 柱模板

正方形柱模板按式（2-4）得：

$$U_1 = \frac{4}{a} = \frac{4}{0.7} = 5.71m^2$$

矩形柱模板按式（2-6）得：

$$U_3 = \frac{2(a+b)}{ab} = \frac{2(0.70+0.35)}{0.70 \times 0.35} = 8.57m^2$$

2. 梁模板

梁模板按式（2-7）得：

$$U_4 = \frac{2h+b}{bh} = \frac{2 \times 0.6 + 0.3}{0.6 \times 0.3} = 8.33m^2$$

3. 楼板模板

楼板模板按式（2-8）得：

$$U_5 = \frac{1}{d_1} = \frac{1}{0.08} = 12.5m^2$$

4. 墙模板

墙模板按式（2-9）得：

$$U_6 = \frac{2}{d_2} = \frac{2}{0.25} = 8.0m^2$$

◆ 2.2 现浇混凝土构件模板的计算

2.2.1 基础模板的计算

各种混凝土基础的支模形式大致可以分为三类：一为条形基础，如墙基；二为独立基础，如柱基；三为大块基础，如构筑物的厚大底板和一般设备基础。至于框架基础和箱形基础，是厚大的底板、墙、柱和顶板所组成，可以参照有关墙、柱、楼板的模板进行设计。

1. 基础模板的组合原则

一般混凝土基础的模板组合，有下列共同特点：

1）基础模板都为竖向，配板高度可以高出混凝土灌筑面，所以配板有较大的灵活性。钢模板一般宜横向拼配，高度为 600 或 900mm 的模板，虽也符合竖排条件，但因这些尺寸较短的钢模板，主要用于拼配模板尺寸，置备的数量一般不多，不够大量使用。

2）模板高度由两块以上钢模板拼成时，应有竖向钢楞连固。在钢模板端头接缝齐平布置的情况下，竖楞间距一般宜为 750mm；在接缝错开布置的情况下，竖楞间距最大可到 1200mm。

3）基础模板都有条件在基槽设置垫板或锚固桩作为支撑的着力点，或在混凝土垫层预埋锚固件以支承混凝土侧压力，可以不用或少用穿过钢模板的拉筋。

4）高度在 1400mm 以内的侧面模板，所受的侧压力和竖楞间距，可从表 2-10 取用。竖楞顶部和底部的拉筋或支撑，可按表中竖楞所受的总荷载数值布置，竖楞均可采用 $1-\phi48\times3.5$ 钢管。高度在 1500mm 以上的侧面模板，支撑系统的布置应按墙模板进行设计计算。

侧模板上的侧压力及竖楞间距   表 2-10

模板高度（mm）	最大侧压力（kgf/m²）	竖楞间距（mm）	竖楞上的总荷载（kgf）
300	750	—	—
400	1000	1200	240
500	1250	1050	328
600	1500	1050	473
700	1750	900	551
800	2000	900	720
900	2250	900	911
1000	2500	900	1125
1200	3000	750	1350
1400	3500	750	1838

注：本表按三角形荷载计算

2. 带形基础

带形基础两边为通长的侧面模板，钢模板横向拼配，竖楞用 $1-\phi48\times3.5$ 钢管，用 U 形钩与钢模板连固。宽度和高度在 600mm 以内的条形基础，利用梁夹具代替纵横楞条，可节省支模工料。有台阶的条形基础，按台阶分层灌筑，可使支模大为简化。

【例 2-2】 单阶带形基础

图 2-2 所示为一宽 800mm 高 400mm 带形基础，从表 2-10 查得最大侧压力为 1000kgf/m²，竖楞用 $1-\phi48\times3.5$ 钢管，间距可取 1200mm，上端高出模板 200mm，两对面模板的竖楞可以对拉固定，下端用通长横楞连固，并与预先埋设的锚固件锁紧，布置如图 2-2 所示。对钢模板及楞条的应力和挠度，进行验算，计算简图见图 2-3。

1. 验算最低一块钢模板

钢模板宽 100mm，最大侧压力 1000kgf/m²，支承跨度 1200mm，计算简图见图 2-3（a）。

$$q = \frac{1000}{10000} \times 10 = 1.0 \text{kgf/cm}$$

最大应力 $\sigma = \frac{ql^2}{8W} = \frac{1 \times 120^2}{8 \times 3.46} = 520 \text{kgf/cm}^2$

最大挠度 $f = \frac{5ql^4}{384 \times EI} = \frac{5 \times 1 \times 120^4}{384 \times 14.11 \times 2.1 \times 10^6} = 0.091 \text{cm} = 0.91 \text{mm}$

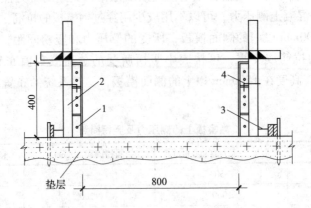

图 2-2 单阶基础支模布置

1—钢模板；2—竖楞；3—横楞；4—U 形钩

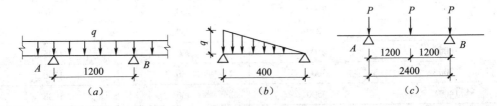

图 2-3 单阶基础支模计算简图

（a）钢模板；（b）竖楞；（c）横楞

2. 验算竖楞

竖楞为 $1-\phi48\times3.5$ 钢管，间距为 1200mm，两端有横楞支承，计算简图见图 2-3（b）。竖楞上承受三角形荷载，最大荷载为

$$q = 0.1\text{kgf/cm}^2 \times 120\text{cm} = 12\text{kgf/cm}$$

最大弯矩 $\qquad M = \dfrac{ql^2}{9\sqrt{3}} = \dfrac{12\times40^2}{9\sqrt{3}} = 1232\text{kgf}\cdot\text{cm}$

最大应力 $\qquad \sigma = \dfrac{M}{W} = \dfrac{1232}{5.08} = 243\text{kgf/cm}^2 < 2100\text{kgf/cm}^2 \qquad$ 可以

最大挠度 $\qquad f = 0.00652\dfrac{ql^4}{EI} = \dfrac{0.00652\times12\times40^4}{12.19\times2.1\times10^6}$

$$= 0.008\text{cm} = 0.08\text{mm} < 1.5\text{mm} \qquad 可以$$

竖楞下端支点反力 $\qquad R_A = \dfrac{ql}{3} = \dfrac{12\times40}{3} = 160\text{kgf}$

3. 验算横楞

横楞用 $1-\square100\times50\times3$ 的方管，先试验每隔一个竖楞设一支点，则横楞每一跨中有一集中荷载 $P = R_A$，计算简图见图 2-3（c）。横楞的最大挠度为：

$$f = \frac{Pl^3}{24EI} = \frac{160 \times 240^3}{24 \times 112.12 \times 2.1 \times 10^6} = 0.4 \text{cm} = 4\text{mm} > 3\text{mm}$$

横楞挠度超过允许限度，所以在每一竖楞位置都需设支点，使横楞成为不受力的杆件，模板如能保持平直度，这横楞可以不用。

3. 独立基础

独立基础可以柱基为代表，多数为台阶式，也有带坡面的单阶基础和带短柱的基础。独立基础的模板布置有下列特点：

1）各阶模板由连接角模组合成方框，钢模板宜横排，不足的尺寸由钢模板竖排拼配，可以高出混凝土灌筑面。

2）四边模板的竖楞间距及侧压力数值，可按表 2-10 取用。竖楞用 $1 - \phi 48 \times 3.5$ 钢管。

3）横楞采用 $1 - \phi 48 \times 3.5$ 钢管，四角钢管交点用钢管扣件连固成箍框，使横楞既是受弯杆件又作为拉杆，拉固方框模板，每个扣件容许受力 500kgf。

4）上阶模板钢楞的布置方法与下阶相同，并用抬杠法使上阶模板固定在下阶模板上，抬杠可用钢楞或用 P1015 钢模板与两对面的模板相组合。

5）下阶模板尽量在基底设锚固桩作为支撑着力点；在模板外侧没有条件设支撑时，则用对拉螺栓承受侧压力。

【例 2-3】 一台阶式柱基，下阶平面尺寸为 2500mm × 2300mm，高 400mm；上阶为 1450mm × 1250mm，高 400mm；杯口尺寸为 750mm × 550mm，深 600mm。从表 2-10 得知各阶模板的最大侧压力为 1000kgf/m²，竖楞可用 $1 - \phi 48 \times 3.5$ 钢管，竖楞间距可取 1200mm。上阶模板采用 P1015 钢模板做抬杠，延长搁置在下阶模板上，并用卡具或其他方法定位固定。支模布置如图 2-4 所示。对模板横楞的应力和挠度进行验算。

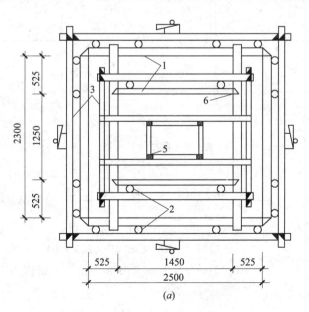

(a)

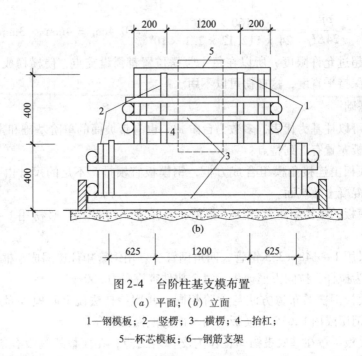

图 2-4 台阶柱基支模布置

（a）平面；（b）立面

1—钢模板；2—竖楞；3—横楞；4—抬杠；

5—杯芯模板；6—钢筋支架

1. 验算下阶模板横楞

横楞采用两道 $1 - \phi 48 \times 3.5$ 钢管，四边模板的钢管，交点用管扣连固，形成为上下两个方框，把四边模板箍紧。下面方框靠紧垫层，垫层预埋锚固桩作为横楞的中间支点，连同两端的扣件，使这条横楞成为两跨连续梁，每跨中各有一集中荷载，即竖楞上的混凝土侧压力，从表 2-10 得知为 240kgf。横楞的计算简图如图 2-5（a）所示。

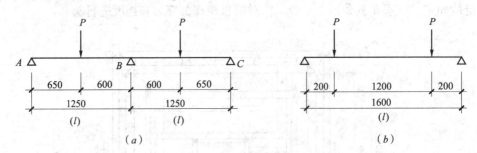

图 2-5 横楞计算简图

（a）下阶模板横楞；（b）上阶模板横楞

横楞的最大应力
$$\sigma = \frac{M}{W} = \frac{0.188Pl}{W} = \frac{0.188 \times 240 \times 125}{5.08} = 1110 \text{kgf/cm}^2$$

横楞的最大挠度
$$f = \frac{0.911Pl^3}{100EI} = \frac{0.911 \times 240 \times 125^3}{100 \times 12.19 \times 2.1 \times 10^6}$$
$$= 0.17 \text{cm} = 1.7 \text{mm} < 3 \text{mm} \qquad 可以$$

横楞的支点反力为

$$R_A = R_C = 0.312 \times 240 = 75 \text{kgf}$$

$$R_{\mathrm{B}} = 2 \times 0.688 \times 240 = 330\mathrm{kgf}$$

2. 验算上阶模板横楞

上阶长边模板长 1450mm，高 400mm，横楞采用两道 1-φ48×3.5 钢管。用钢管扣件连固成两个方框，把方形模板箍紧，两道钢管各端由扣件支承成为简支梁，跨中由竖楞传给两个几种荷载，竖楞上的混凝土侧压力为 160kgf。楞条布置简图见图 2-4（b）。横楞的计算简图见图 2-5（b），$\alpha = \dfrac{a}{l} = \dfrac{200}{1600} = 0.125$。

横楞最大应力为

$$\sigma = \frac{M}{W} = \frac{Pa}{W} = \frac{160 \times 20}{2 \times 5.08} = 315\mathrm{kgf/cm^2}$$

横楞最大挠度为

$$f = \frac{Pal^2(3 - 4\alpha^2)}{24EI} = \frac{160 \times 20 \times 160^2(3 - 4 \times 0.125^2)}{24 \times 2 \times 12.19 \times 2.1 \times 10^6} = 0.20\mathrm{cm} = 2\mathrm{mm} < 3\mathrm{mm}, 可以$$

两端支点的反力各为 100kgf，由钢管扣件承受，每个扣件容许承载力 500kgf。

4. 大块基础

大块基础四周模板相距很远，不宜对拉固定，成为需要独立固定的单侧模板。高度在 1400mm 以内的模板，侧压力及钢楞间距可参照表 2-10 数值进行布置，用斜拉筋在模板内侧拉固，或在基础外侧设置支撑以承受侧压力并保持模板的垂直度。高度在 1500mm 以上的单侧模板，配板设计及支架布置的要点如下：

1）确定模板的荷载

大体积基础，混凝土都应水平分层浇筑，混凝土对模板的侧压力数值除按公式计算之外，尚应考虑插入式振动器每次振捣能使混凝土局部液化深度达到 1mm 左右，所以模板应考虑能受 1m 高的混凝土压头，即最大侧压力不小于 2500kgf/m²。

2）钢模板的拼配

钢模板一般宜横排，端头接缝错开布置。模板高度符合为主钢模板（即长度为 1500 和 1200mm）的长度时，也可竖排。

3）楞条布置

由于钢模板需要承受最大侧压力 2500kgf/m²，直接支撑钢模不含内楞时，间距可固定为 750mm。对于钢模板是单块就位安装的情况，又是横排错缝布置时，可以省去外楞。拉筋或支撑可以着力在内楞上。如有必要增加模板的整体刚度，可以加设外楞。

4）拉筋或支撑的间距

大体积基础高度在 1m 以上时，模板都有可能承受 2500kgf/m² 的侧压力。更大的侧压力也可以避免。所以模板的支承可以有固定的方式。内楞的规格如采用 2-φ48×3.5 钢管，则外楞、拉筋或支撑的间距可以固定为 900mm。

【例 2-4】某大体积混凝土，平面尺寸为 3000mm×6000mm，高 2400mm，需要做配板设计和楞条布置。

对于大面积的侧面钢模板、楞条和拉筋的布置，按模板高度而有所不同，在长度上可只取一个节间进行计算，使用于全部长度。

1. 配板

模板高度为2400mm，钢模板竖排或横排都能适合模数。图2-6为钢模板横向错缝排列，如果是单块就位安装，只需竖楞连接，模板自身整体刚度已能保持稳固架设，不需要加设外楞。图2-8是钢模板纵向齐缝排列，由P3015加P3012钢模板拼成，模板高出混凝土灌筑面300mm。如果P3009钢模板有足够的置备量，也可由P3015加P3009钢模板拼成合适的高度，端缝也可错开布置。

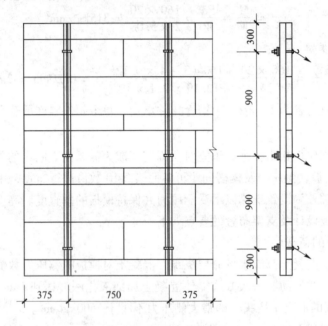

图 2-6 单侧模板组合布置（一）

2. 钢模板横排时的内楞布置和验算

钢模板横排时，内楞间距可以固定为750mm，采用 $2-\phi48\times3.5$ 钢管，支点间距为900mm。内楞高度为2400mm，承受最大侧压力 2500kgf/m²，内楞的计算简图见图2-7。

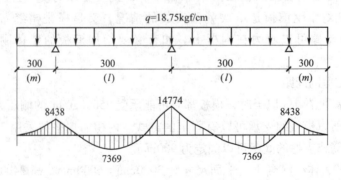

图 2-7 内楞计算简图

内楞上的均布荷载为

$$q = \frac{2500}{10000} \times 75 = 18.75 \text{kgf/cm}$$

$$\lambda = \frac{m}{l} = \frac{300}{900} = 0.333$$

支座反力

$$R_A = \frac{ql}{8}(3 + 8\lambda + 6\lambda^2) = \frac{18.75 \times 90}{8}(3 + 8 \times 0.333 + 6 \times 0.333^2)$$

$$= 1335 \text{kgf}$$

$$R_B = \frac{2ql}{8}(5 - 6\lambda^2) = \frac{2 \times 18.75 \times 90}{8}(5 - 6 \times 0.333^2)$$

$$= 1828.7 \text{kgf}$$

支座弯矩

$$M_A = -\frac{qm^2}{2} = \frac{18.75 \times 30^2}{2} = 8437.5 \text{kgf} \cdot \text{cm}$$

$$M_B = -\frac{ql^2}{8}(1 - 2\lambda^2) = -\frac{18.75 \times 90^2}{8}(1 - 2 \times 0.333^2) = 14774 \text{kgf} \cdot \text{cm}$$

内楞最大应力

$$\sigma = \frac{M}{W} = \frac{14774}{2 \times 5.08} = 1454 \text{kgf/cm}^2$$

内楞最大挠度 $\quad f_D = \frac{qml^3}{48EI}(-1 + 6\lambda^2 + 6\lambda^3)$

$$= \frac{18.75 \times 30 \times 90^3 (-1 + 6 \times 0.333^2 + 6 \times 0.333^3)}{48 \times 2 \times 12.19 \times 2.1 \times 10^6} = 0.019 \text{cm}$$

$$= 0.19 \text{mm}$$

内楞支点 B 处的反力为 1828.7kgf，采用 M14 螺栓和拉筋；其他两个支点的反力各为 1335kgf，采用 M12 螺栓和拉筋。

3. 钢模板竖排齐缝布置时的内楞布置和验算

对于高度为 2400mm 的模板，用 P3015 加 P3012 钢模板进行齐缝竖排时，直接支承钢模板的内楞间距为 750mm 及 600mm，如图 2-8 所示。为加强模板的整体刚度，加设外楞，内、外楞均用 2 - φ48 × 3.5 钢管。外楞间距亦即内楞跨度为 900mm，内楞成为承受均布荷载的等跨连续梁，其上的均布荷载为 $q = 0.25 \times 75 = 18.75 \text{kgf/cm}$，应力和挠度用连续梁的简化公式验算如下：

内楞的最大应力 $\quad \sigma = \frac{ql^2}{10W} = \frac{18.75 \times 90^2}{10 \times 2 \times 5.08} = 1495 \text{kgf/cm}^2$

内楞的最大挠度 $\quad f = \frac{ql^4}{150EI} = \frac{18.75 \times 90^4}{150 \times 2 \times 12.19 \times 2.1 \times 10^6}$

$$= 0.16 \text{cm} = 1.6 \text{mm} < 3 \text{mm} \qquad 可以。$$

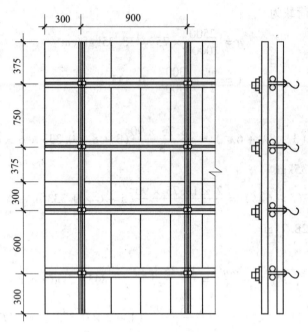

图 2-8　单侧模板组合布置（二）

2.2.2　柱模板的计算

1.　柱模板计算

柱常用截面为正方形或矩形，模板的一般构造如图 2-9a 所示。柱模板主要承受混凝土的侧压力和倾倒混凝土的荷载，荷载计算和组合与梁的侧模基本相同，倾倒混凝土时产生的水平荷载标准值一般按 $2kN/m^2$ 采用。

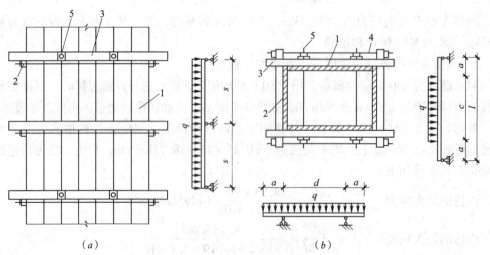

（a）　　　　　　　　　　　　（b）

图 2-9　柱模板构造及计算简图

（a）柱模板构造及计算简图；（b）柱箍长、短边计算简图

1—柱模板；2—柱短边方木或钢楞；3—柱箍长边方木或钢楞；4—拉杆螺栓或钢筋箍；5—对拉螺栓

1）柱箍计算

（1）柱箍间距计算

柱箍为模板的支撑和支承件，其间距 s 按柱的侧模板刚度来控制。按两跨连续梁计算，其挠度应满足以下条件：

$$w = \frac{K_w q s^4}{100 E_t I} \leqslant [w] \tag{2-10}$$

式中　E_t——木材的弹性模量，$E_t = (9 \sim 10) \times 10^2 \mathrm{N/mm^2}$；

　　　I——柱模板截面的惯性矩，$I = \frac{bh^3}{12}(\mathrm{mm^4})$；

　　　b——模板的宽度（mm）；

　　　h——模板的厚度（mm）；

　　　K_w——系数，两跨连续梁，$K_w = 0.521$；

　　　q——侧压力线荷载，如模板每块拼板宽度为 100mm，则 $q = 0.1F + 2$；

　　　F——柱模受到混凝土侧压力（$\mathrm{N/mm^2}$）。

（2）柱箍截面选择

对于长边（图 2-9b），假定设置钢拉杆，则按悬臂简支梁计算，不设钢拉杆，则按简支梁计算。其最大弯矩 M_{max} 按下式计算：

$$M_{max1} = (1 - 4\lambda^2)\frac{qd^2}{8} \tag{2-11}$$

式中　d——跨中长度；

　　　q——作用于长边上的线荷载；

　　　λ——悬臂部分长度 a 与跨中长度 d 的比值，即 a/d。

柱箍长边需要的截面抵抗矩：

$$W_1 = \frac{M_{max1}}{f_m}$$

对于短边（图 2-9b），按简支梁计算，其最大弯矩 M_{max2} 按下式计算；

$$M_{max2} = (2 - \eta)\frac{qcl}{8} \tag{2-12}$$

式中　q——作用于短边上的线荷载；

　　　c——线荷载分布长度；

　　　l——短边长度；

　　　η——c 与 l 的比值，即 c/l。

柱箍短边需要的截面抵抗矩：

$$W_2 = \frac{M_{max2}}{f_m} \tag{2-13}$$

柱箍的做法有两种：① 用单根方木及矩形钢箍加锲块夹紧；② 用两根方木，在中间用拉杆螺栓夹紧。螺栓受到的拉力 N，等于柱箍处的反力。

拉杆螺栓的拉力 N（N）和需要的截面 A_0（$\mathrm{mm^2}$）按下式计算：

$$N = \frac{ql}{2}$$

$$A_0 = \frac{N}{f} \tag{2-14}$$

式中　　q——作用于柱箍上的线荷载；

　　　　l——柱箍的计算长度；

　　　　A_0——拉杆螺栓需要的截面面积；

　　　　f——钢材的抗拉强度设计值，采用 Q235 钢，$f = 215\text{N/mm}^2$。

2）柱模板计算

柱模板受力按简支梁分析。模板承受的弯矩 M，需要的截面惯性矩、挠度控制值分别按以下公式计算：

弯矩　　　　　　　　　　　$M = \frac{1}{8}ql^2 \tag{2-15}$

截面抵抗矩　　　　　　　　$W = \frac{M}{f_m} \tag{2-16}$

挠度　　　　　　　$w_A = \frac{5ql^4}{384EI} \leqslant [w] = \frac{l}{400} \tag{2-17}$

符号意义同前。

当柱模板采用组合钢模板时，其计算荷载与木模板相同，计算方法亦同 "2.2.5 现浇混凝土板模板计算" 中有关组合钢模板计算部分（略）。

【例 2-5】　柱截面尺寸 600mm × 800mm，柱高 4m，每节模板高 2m，采取分节浇筑混凝土，每节浇筑高度为 2m，浇筑速度 $V = 2\text{m/h}$，浇筑时气温 $T = 30°C$，$E = 9.5 \times 10\text{N/mm}^2$，试计算确定柱箍尺寸、间距和模板截面。

【解】　柱模板计算简图如图 2-10 所示。

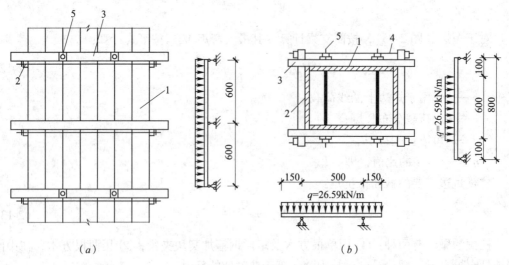

图 2-10　柱模板构造及计算简图

（a）柱侧模计算简图；（b）柱箍长短边计算简图

1．荷载计算

柱模受到混凝土的侧压力为：

$$F = 0.22 \times 25 \times \frac{200}{30 + 15} \times 1 \times 1 \times \sqrt{2} = 34.6 \text{kN/m}^2$$

$$F = \gamma_c H = 25 \times 2 = 50 \text{kN/m}^2$$

取 F 值较小者，$F = 34.6 \text{kN/m}^2$ 作为标准值，并考虑倾倒混凝土产生的水平荷载 2kN/m^2，则

$$总侧压力 = 34.6 \times 1.2 + 2 \times 1.4 = 44.32 \text{kN/m}^2$$

2．柱箍间距计算

假定模板厚 30mm，每块拼板宽 100mm，则侧压力的线分布荷载：$q = 44.32 \times 0.1 = 4.432 \text{kN/m}^2$，又两跨连续梁的挠度系数 $K_w = 0.521$，由式（2-10）将 $[\omega] = \dfrac{S}{400}$ 代入化简得：

$$S = \sqrt[3]{\frac{E_t I}{4 K_w q}} = \sqrt{\frac{9.5 \times 10^3 \times \frac{1}{12} \times 100 \times 30^3}{4 \times 0.521 \times 4.432}}$$

$$= 614 \text{mm}$$

据计算选用柱箍间距 $S = 600 \approx 614 \text{mm}$　　　　　可以

3．柱箍截面计算

柱箍受到的侧压力 $F = 44.32 \text{kN/m}^2$，现柱箍间距 $S = 600 \text{mm}$，线布荷载 $q = 44.32 \times 0.6 = 26.59 \text{kN/m}^2$。对于长边（图2-10），假定设二根拉杆，两边悬臂 150mm，则承受的最大弯矩由式（2-11）得：

$$M_{\max 1} = (1 - 4\lambda^2) \frac{q d^2}{8} = \left[1 - 4 \times \left(\frac{0.15}{0.50}\right)^2\right] \frac{26.59 \times 0.5^2}{8}$$

$$= 0.532 \text{kN} \cdot \text{m}$$

长边柱箍需截面抵抗矩：

$$W_1 = \frac{M_{\max 1}}{f_m} = \frac{532000}{13} = 40923 \text{mm}^3$$

选用 80mm×60mm（$b \times h$）截面，$W = 48000 \text{mm}^3 > W_1$，符合要求。

对于短边（图2-10），按简支梁计算，其最大弯矩由式（2-12）得：

$$M_{\max 2} = (2 - \eta) \frac{q c l}{8} = \left(2 - \frac{600}{800}\right) \frac{26.59 \times 0.6 \times 0.8}{8}$$

$$= 1.99 \text{kN} \cdot \text{m}$$

短边柱箍需要截面抵抗矩：

$$W_2 = \frac{M_{\max 2}}{f_m} = \frac{1990000}{13} = 153076 \text{mm}^3$$

选用 100mm×100mm（$b \times h$）截面，$W = 166667 \text{mm}^3 > W_2$，符合要求

4．模板计算

柱模板按简支梁计算，其最大弯矩按式（2-15）得：

$$M = \frac{1}{8}ql^2 = \frac{1}{8} \times 4.432 \times 0.6^2 = 0.199 \text{kN} \cdot \text{m}$$

模板需要截面抵抗矩

$$W = \frac{M}{f_m} = \frac{199000}{13} = 15307 \text{mm}^3$$

假定模板截面为$100\text{mm} \times 30\text{mm}$，$W_n = \frac{1}{6} \times 100 \times 30^2 = 15000 \text{mm}^3 < W$，改用$100\text{mm} \times 35\text{mm}$，$W_n = 20416 > W$ 满足要求。

刚度验算：

不考虑振动荷载，其标准荷载$q = 34.6 \times 0.1 = 3.46 \text{kN/m}$，由式（2-17）模板的挠度为：

$$\omega = \frac{5ql^4}{384EI} = \frac{5 \times 3.46 \times 600^4}{384 \times 9.5 \times 10^3 \times \frac{1}{12} \times 100 \times 35^3}$$

$$= 1.7 \text{mm} \approx [\omega] = \frac{600}{400} = 1.5 \text{mm}$$

基本满足刚度要求。

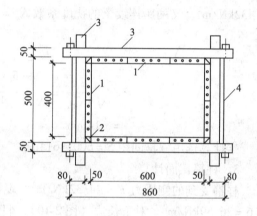

图 2-11　柱模板支模配板图
1—组合钢模 P2012；2—角模；
3—2[$100 \times 50 \times 20 \times 3\text{mm}$ 内卷边槽钢；
4—$\phi16\text{mm}$ 对拉螺栓

【例 2-6】　写字楼现浇钢筋混凝土柱截面$400\text{mm} \times 600\text{mm}$，楼面至上层梁底的高度为$3.3\text{m}$。混凝土浇筑速度为$2\text{m/h}$，混凝土入模温度为$20℃$，采用组合式钢模板支模配板如图 2-11，试对柱模板、钢楞、螺栓拉力进行验算。

【解】　1. 柱模板验算

1）模板标准荷载

新浇混凝土对模板的侧压力

取　　　　　　$\gamma_c = 25 \text{kN/m}^3$，$\beta_1 = \beta_2 = 1$

$$F = 0.22\gamma_c \left(\frac{200}{T+15}\right)\beta_1\beta_2 V^{\frac{1}{2}}$$

$$= 0.22 \times 25 \times \left(\frac{200}{20+15}\right) \times 1 \times 1 \times \sqrt{2} = 44.43 \text{kN/m}^2$$

$$F = \gamma_c H = 25 \times 3.3 = 82.5 \text{kN/m}^2$$

取二式中的较小值，$F = 44.43 \text{kN/m}^2$

其有效压头高度　　　　　$h = \frac{44.43}{25} = 1.78 \text{m}$

倾倒混凝土时对模板产生的水平荷载取2.0kN/m^2

2）柱模板强度验算

强度验算时，永久荷载分项系数取1.2，可变荷载分项系数取1.4，柱模板用 P2012 纵向配置，柱箍间距为0.6m，计算简图如图 2-12（a）所示。

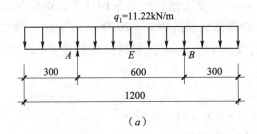

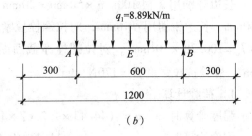

（a）　　　　　　　　　　　　　　　　　（b）

图 2-12　柱模板计算简图

（a）强度验算计算简图；（b）刚度验算计算简图

强度设计荷载为：$q_1 = (44.43 \times 1.2 + 2 \times 1.4) \times 0.2 = 11.22 \text{kN/m}$

支座弯矩　　　$M_A = -\dfrac{1}{2} q_1 l_1^2 = \dfrac{1}{2} \times 11.2 \times (0.30)^2 = -0.505 \text{kN/m}$

跨中弯矩　　　　　　　　　　　　　$M_E = 0$

模板选用 P2012 钢面板厚度 2.3mm，自重 0.330kN/m^2，$W_x = 3.65 \times 10^3 \text{mm}^3$，$I_x = 16.62 \times 10^4 \text{mm}^4$，钢材强度设计值为 215N/mm^2，弹性模量为 2.1×10^5 N/mm^2，故柱模强度为：

$$\sigma_A = \frac{M_A}{W_x} = \frac{0.505 \times 10^6}{3650}$$
$$= 138 \text{N/mm}^2 < 215 \text{N/mm}^2$$

故强度满足要求。

3）柱模板刚度验算

刚度计算简图如图 2-12b 所示，$l_1 = 300 \text{mm}$，$l = 600 \text{mm}$，$n = \dfrac{l_1}{l} = \dfrac{300}{600} = 0.5$

柱模板刚度计算标准荷载为：

$$q_2 = 44.43 \times 0.20 = 8.89 \text{kN/m}$$

端部挠度　　$w_c = \dfrac{q_2 l_1 l^3}{24EI}(-1 + 6n + 3n^2)$

$$= \frac{8.89 \times 300 \times (600)^3}{24 \times 2.1 \times 10^5 \times 16.62 \times 10^4}[-1 + 6 \times (0.5)^2 + 3(0.5)^3]$$

$$= 0.3 \text{mm} < \frac{l}{400} = \frac{600}{400} = 1.5 \text{mm}$$

跨中挠度　　$w_E = \dfrac{q_2 l^4}{384EI}(5 - 24n^2)$

$$= \frac{8.89 \times (600)^4}{384 \times 2.1 \times 10^5 \times 16.62 \times 10^4}[5 - 24(0.5)^2]$$

$$= -0.27 \text{mm} < 1.5 \text{mm}$$

故刚度满足要求。

2. 钢楞验算

长边分别用 2 根 100mm × 50mm × 20mm × 3mm 的卷边槽钢组成钢楞柱箍。钢楞间距 600mm，长边钢楞用 $\Phi16mm$，对拉螺栓拉紧，钢楞截面抵抗矩 $W = 20.06 \times 10^3 mm^3$，惯性矩 $I_x = 100.28 \times 10^4 mm^4$，对拉螺栓净截面面积 $A_0 = 144.1 mm^2$。钢材抗拉强度 $f = 215 N/mm^2$，螺栓抗拉强度 $f_t^b = 170 N/mm^2$

1) 荷载计算

强度验算时 $q = (44.43 \times 1.2 + 2 \times 1.4) \times 0.6 = 33.67 kN/m$

刚度验算时 $q = 44.43 \times 0.6 = 26.66 kN/m$

2) 强度验算

长边钢楞支承长度 $l = 860mm$，按简支梁计算，其最大弯矩为：

$$M_{max} = \frac{1}{8}ql^2 = \frac{1}{8} \times 33.67 \times (0.86)^2$$
$$= 3.11 kN \cdot m$$

钢楞承受应力为：

$$\sigma = \frac{M}{W} = \frac{3.11 \times 10^6}{2 \times 20.06 \times 10^3} = 78 N/mm^2 < 215 N/mm^2$$

故强度满足要求。

3) 刚度验算

长边钢楞的最大挠度为：

$$w = \frac{5ql^4}{384EI} = \frac{5 \times 26.66 \times (860)^4}{384 \times 2.1 \times 10^5 \times 100.28 \times 10^4}$$
$$= 0.902mm < \frac{860}{400} = 2.15mm$$

故刚度满足要求。

3. 对拉螺栓拉力验算

对拉螺栓的最大拉力为：

$$N = (44.43 \times 1.2 + 2 \times 1.4) \times 0.60 \times 0.86 \times \frac{1}{2} = 14.18 kN$$

每根螺栓可承受拉力为：

$$S = Af = 144 \times 170 = 24480 N = 24.48 kN > 14.48 kN$$

故螺栓拉力满足要求。

2. 柱模板简易计算

柱模板由四侧竖向模板和柱箍组成。模板主要承受新浇混凝土的侧压力和倾倒混凝土的振动荷载，荷载计算与梁的侧模相同。倾倒混凝土时对侧面模板产生的水平荷载按 $2kN/m^2$ 采用。

1) 柱箍及拉紧螺栓

柱箍为模板的支撑和支承，其间距 S 由柱侧模板刚度来控制。按两跨连续梁计算，其挠度按下式计算，并满足以下条件：

$$w = \frac{K_w q S^2}{100 E_t I} \leq [w] = \frac{S}{400}$$

整理得：

$$S = \sqrt[3]{\frac{E_t I}{4 K_w q}} \tag{2-18}$$

式中 S——柱箍的间距（mm）；

　　　w——柱箍的挠度（mm）；

　　$[w]$——柱箍的容许挠度值（mm）；

　　　E_t——木材的弹性模量，取 $E_t = 9.5 \times 10^3 \text{N/mm}^2$；

　　　I——柱模板截面的惯性矩，$I = \dfrac{bh^3}{12}$（mm^4）；

　　　b——柱模板宽度（mm）；

　　　h——柱模板厚度（mm）；

　　　K_w——系数，两跨连续梁，$K_w = 0.521$；

　　　q——侧压力线荷载，如模板每块拼板宽度为100mm，则 $q = 0.1F$；

　　　F——柱模受到的混凝土侧压力（kN/m^2）。

柱箍的截面选择：如图2-13所示，对于长边，假定设置钢拉杆，则按悬臂简支梁计算，不设钢拉杆，则按简支梁计算：

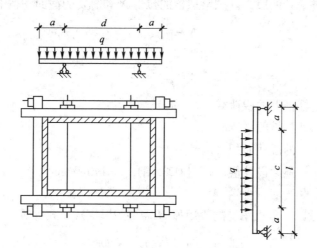

图2-13 柱箍长短边计算简图

$$M_{max} = (1 - 4\lambda^2) \frac{q_1 d}{8} \tag{2-19}$$

柱箍长边需要的截面抵抗矩：

$$W = \frac{M_{max}}{f_m} = (d^2 - 4a^2) \frac{q_1}{104} \tag{2-20}$$

对于短边按简支梁计算，其最大弯矩按下式计算：

$$M_{\max} = (2 - \eta) \frac{q_2 cl}{8} \tag{2-21}$$

柱箍短边需要的截面抵抗矩：

$$W = \frac{M_{\max}}{f_m} = (2l - c) \frac{q_2 c}{104} \tag{2-22}$$

式中　$M_{\max}$——柱箍长、短边最大弯矩（N·mm）；

　　　d——长边跨中长度（mm）；

　　　λ——悬臂部分长度 a 与跨中长度 d 的比值，即 $\lambda = \dfrac{a}{d}$；

　　　q_1——作用于长边的线荷载（N/mm）；

　　　q_2——作用于短边上的线荷载（N/mm）；

　　　c——短边线荷载分布长度（mm）；

　　　l——短边计算长度（mm）；

　　　η——c 与 l 的比值，即 $\eta = \dfrac{c}{l}$；

　　W_1、W_2——柱箍长、短边截面抵抗矩（mm³）；

　　　f_m——木材抗弯强度设计值，取 13N/mm²。

柱箍多采用单根方木及矩形钢箍加楔块夹紧，或用两根方木中间用螺栓夹紧。螺栓受到的拉力 N，等于柱箍处的反力。拉紧螺栓的拉力 N 和需要的截面积按下式计算：

$$N = \frac{1}{2} q_3 l_1 \tag{2-23}$$

$$A_0 = \frac{N}{f_t^b} = \frac{q_3 l_1}{170} \tag{2-24}$$

式中　q_3——作用于柱箍上的线荷载（N/mm）；

　　　l_1——柱箍的计算长度（mm）；

　　　A_0——螺栓需要的截面面积（mm²）；

　　　f_t^b——螺栓抗拉强度设计值，采用 Q235 钢，$f = 170$N/mm²。

2）模板截面尺寸

模板按简支梁考虑，模板承受的弯矩值 M 需要的厚度按下式计算：

$$M = \frac{1}{8} q_1 S^2 = f_m \cdot \frac{1}{6} bh^2$$

整理得

$$h = \frac{S}{4.2} \sqrt{\frac{q_1}{b}} \tag{2-25}$$

按挠度需要的厚度按下式计算：

$$w_A = \frac{5 q_2 S^4}{384 EI} \leqslant [w] = \frac{S}{400}$$

整理得

$$h = \frac{S}{5.3} \cdot \sqrt[3]{\frac{q_2}{b}} \tag{2-26}$$

式中 M——柱模板承受得弯矩（N·mm）；

　　q_1、q_2——分别为柱模所受得设计和标准线荷载（N·mm）；

　　　　S——柱箍间距（mm）；

　　　　b——柱模板宽度（mm）；

　　　　h——柱模板厚度（mm）；

　　　　E——木材弹性模量，取 $9.5 \times 10^3 \text{N/mm}^2$；

　　　　I——柱模截面惯性矩，$I = \dfrac{1}{12} bh^3$（mm^4）。

【例2-7】 厂房矩形柱，截面尺寸为 800mm×1000mm，柱高6m，每节模板高6m，采用木模板，每节模板高3m，采取分节浇筑混凝土，每节浇筑高度为3m，浇筑速度 $V = 3\text{m/h}$，浇筑时气温 $T = 25°$，试计算柱箍尺寸和间距。

【解】 柱模板计算简图如图 2-9a 所示。

1. 柱模受到的混凝土侧压力

$$F = 0.22 \times 25 \times \frac{200}{25 + 15} \times 1 \times 1 \times \sqrt{2} = 38.8 \text{kN/m}^2$$

$$F = \gamma_o H = 25 \times 3 = 75 \text{kN/m}^2$$

取二者中的较小值，$F = 38.8 \text{kN/m}^2$，并考虑倾倒混凝土的水平荷载标准值 4kN/m^2，分别取分项系数 1.2 和 1.4，则设计荷载值：

$$q = 38.8 \times 1.2 + 4 \times 1.4 = 52.2 \text{kN/m}^2$$

2. 柱箍间距 S 计算

假定模板厚 35mm，每块拼板宽 150mm，则侧压力的线布荷载 $q = 52.2 \times 0.15 = 7.83 \text{kN/m}$，柱箍需要间距由式（2-18）得：

$$S = \sqrt[3]{\frac{E_t I}{4 K_w q}} = \sqrt[3]{\frac{9.5 \times 10^3 \times \frac{1}{12} \times 150 \times 35^3}{4 \times 0.521 \times 7.83}}$$

$$= 678 \text{mm}$$

根据计算选用柱箍间距 $S = 600\text{mm} < 678\text{mm}$，满足要求。

3. 柱箍截面计算

柱箍受到均布荷载 $q = 52.2 \times 0.6 = 31.3 \text{kN/m}$

对于长边（图 2-9b），假定设二根拉杆，两边悬臂 200mm，则需要截面抵抗矩由式（2-20）得：

$$W = (d^2 - 4a^2) \frac{q_1}{104}$$

$$= (600^2 - 4 \times 200^2) \times \frac{31.3}{104}$$

$$= 60192 \text{mm}^3$$

柱箍短边需要的截面抵抗矩，由式（2-22）得：

$$W = (2l - c) \frac{q_1 c}{104}$$

$$= (2 \times 1000 - 800) \times \frac{31.3 \times 800}{104}$$

$$= 288923 \mathrm{mm}^3$$

柱箍长边选用 $80\mathrm{mm} \times 80\mathrm{mm}$（$b \times h$），截面 $W = 85333 \mathrm{mm}^3$；

柱箍短边选用 $120\mathrm{mm} \times 120\mathrm{mm}$（$b \times h$），截面 $W = 288000 \mathrm{mm}^3$，均满足要求。

长边柱箍用二根螺栓固定，每根螺栓收到的拉力为

$$N = \frac{1}{2} q l = \frac{1}{2} \times 31.3 \times 1.0 = 15.65 \mathrm{kN}$$

螺栓需要净截面积 $\qquad A_0 = \frac{N}{f_t^b} = \frac{15650}{170} = 92.0 \mathrm{mm}^2$

选用 $\varPhi 14\mathrm{mm}$ 螺栓 $\qquad A_0 = 105\mathrm{mm}^2$

4. 模板计算

柱模板受到线均布荷载 $\quad q_1 = 52.2 \times 0.6 \times 0.15 4.7 \mathrm{kN/m}$

按强度要求需要模板厚度，由式（2-25）得：

$$h = \frac{S}{4.2} \sqrt{\frac{q_1}{b}} = \frac{600}{4.2} \sqrt{\frac{4.7}{500}}$$

$$= 25.3 \mathrm{mm} < 35 \mathrm{mm}$$

按刚度要求需要模板厚度，由式（2-26）得：

$$h = \frac{S}{5.3} \sqrt[3]{\frac{q}{b}} = \frac{600}{5.3} \sqrt[3]{\frac{3.5}{150}}$$

$$= 32.4 \mathrm{mm} < 35 \mathrm{mm}$$

故满足要求。

2.2.3 现浇混凝土梁模板的计算

1. 梁模板计算

梁模板的计算包括：模板底板、侧模板和底板下的顶撑计算。

1）梁模板底板计算

梁模板的底板一般支承在楞木或顶撑上，楞木或顶撑的间距多为 $1.0\mathrm{m}$ 左右，一般按多跨连续梁计算（图 2-14），可按结构力学方法求得它的最大弯矩、剪力和挠度，再按以下公式分别进行强度和刚度验算：

截面抵抗矩 $\qquad W_{ij} \geqslant \dfrac{M}{f_m}$ $\qquad\qquad$ (2-27)

剪应力 $\qquad \tau_{\max} = \dfrac{3V}{2bh} \leqslant f_v$ $\qquad\qquad$ (2-28)

挠度 $\qquad w_A = \dfrac{K_w q l^4}{100 EI} \leqslant [w] = \dfrac{l}{400}$ $\qquad\qquad$ (2-29)

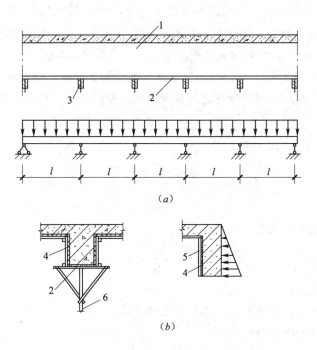

图 2-14　梁模板构造和计算简图

（*a*）梁模底板计算简图；（*b*）梁模侧板计算简图

1—大梁；2—底模板；3—楞木；4—侧模板；5—立档；6—木顶撑

式中　　M——计算最大弯矩；

$\quad\quad f_m$——木材抗弯强度设计值，施工荷载的调整系数 $m = 1.3$；

$\quad\quad V$——计算最大剪力，$V = K_V ql$，K_V 为剪力系数；

$\quad\quad b$——底板的宽度；

$\quad\quad h$——底板的厚度；

$\quad\quad f_v$——木材顺纹抗剪强度设计值；

$\quad\quad K_w$——挠度系数，一般按四跨连续梁考虑，$K_w = 0.967$；

$\quad\quad q$——作用于底板上的均布荷载；

$\quad\quad l$——计算跨度，等于顶撑间距；

$\quad\quad E$——木材的弹性模量，$E = (9 \sim 12) \times 10^3 \text{N/mm}^2$；

$\quad\quad I$——底板截面惯性矩，$I = \dfrac{1}{12}bh^3$。

2）梁侧模板计算

梁侧模板受到新浇筑混凝土侧压力的作用（图 2-14*b*），侧压力计算方法和公式参见"混凝土对模板的侧压力计算"。

梁侧支承在竖向立档上，其支承跨度由立档的间距所确定。一般按三或四跨连续梁计算，求出其最大弯矩，剪力和挠度值，然后再用底板计算同样的方法进行强度和刚度的验算。

3）木顶撑计算

木顶撑（立柱）主要承受梁的底板或楞木传来的竖向荷载的作用。木顶撑一般按两端铰接轴心受压杆件来验算。当顶撑中间不设纵横向拉条时，其计算长度 $l_0 = l$（l 为木顶撑的长度）；当顶撑中间两个方向设水平拉条时，计算长度 $l_0 = l/2$。

木顶撑的间距一般为 $800 \sim 1250\text{mm}$，顶撑头截面为 $50\text{mm} \times 100\text{mm}$，顶撑立柱截面为 $100\text{mm} \times 100\text{mm}$，顶撑承受两根顶撑之间的梁荷载。按轴心受压杆件计算。

1. 强度验算

顶撑的受压强度按下式验算：

$$\sigma = \frac{N}{A_n} \le f_c \tag{2-30}$$

2. 稳定性验算

顶撑的稳定性按下式验算：

$$\sigma = \frac{N}{\varphi A_0} \le f_c \tag{2-31}$$

式中　　σ——顶撑的压应力；

　　　　N——轴向压力，即两根顶撑之间承受的荷载；

　　　　A_n——木顶撑的净截面面积；

　　　　f_c——木材顺纹抗压强度设计值；

　　　　A_0——木顶撑截面的计算面积，当木材无缺口时，$A_0 = A$（A 为木顶撑的毛截面面积）；

　　　　φ——轴心受压构件稳定系数，根据顶撑木的长细比 λ 求得，$\lambda = l_0/i$；

　　　　l_0——受压构件的计算长度；

　　　　i——构件截面的回转半径，对于圆木，$i = d/4$；对于方木，$i = \dfrac{b}{\sqrt{2}}$；

　　　　d——圆截面的直径；

　　　　b——方截面的短边。

由 λ 可查表 2-11、表 2-12 或有关公式求得 φ 值。

TC17、TC15 及 TB20 级木材的 φ 值表　　　　表 2-11

λ	0	1	2	3	4	5	6	7	8	9
0	1.000	1.000	0.999	0.998	0.998	0.996	0.994	0.992	0.990	0.988
10	0.985	0.981	0.978	0.974	0.970	0.966	0.962	0.957	0.952	0.947
20	0.941	0.936	0.930	0.924	0.917	0.911	0.904	0.898	0.891	0.884
30	0.877	0.869	0.862	0.854	0.847	0.839	0.832	0.824	0.816	0.808
40	0.800	0.792	0.784	0.776	0.768	0.760	0.752	0.743	0.735	0.727
50	0.719	0.711	0.703	0.695	0.687	0.679	0.671	0.663	0.665	0.648
60	0.640	0.632	0.625	0.617	0.610	0.602	0.595	0.588	0.580	0.573
70	0.566	0.559	0.552	0.546	0.529	0.532	0.519	0.506	0.493	0.481

续表

λ	0	1	2	3	4	5	6	7	8	9
80	0.469	0.457	0.446	0.435	0.425	0.415	0.406	0.396	0.387	0.379
90	0.370	0.362	0.354	0.347	0.340	0.332	0.326	0.319	0.312	0.306
100	0.300	0.294	0.288	0.283	0.277	0.272	0.267	0.262	0.257	0.252
110	0.248	0.243	0.239	0.235	0.231	0.227	0.223	0.219	0.215	0.212
120	0.208	0.205	0.202	0.198	0.195	0.192	0.189	0.186	0.183	0.180
130	0.178	0.175	0.172	0.170	0.167	0.165	0.162	0.160	0.158	0.155
140	0.153	0.151	0.149	0.147	0.145	0.143	0.141	0.139	0.137	0.135
150	0.133	0.132	0.130	0.128	0.126	0.125	0.123	0.122	0.120	0.119
160	0.117	0.116	0.114	0.113	0.112	0.110	0.109	0.108	0.106	0.105
170	0.104	0.102	0.101	0.100	0.0991	0.0980	0.0968	0.0958	0.0947	0.0936
180	0.0926	0.0916	0.0906	0.0896	0.0886	0.0876	0.0867	0.0858	0.0849	0.0840
190	0.0831	0.0822	0.0814	0.0805	0.0797	0.0789	0.0781	0.0773	0.0765	0.0758
200	0.0750									

注：表中的 φ 值系按下列公式算得：

当 $\lambda \leqslant 75$ 时

$$\varphi = \frac{1}{1 + \left(\dfrac{\lambda}{80}\right)^2}$$

当 $\lambda > 75$ 时

$$\varphi = \frac{3000}{\lambda^2}$$

TC13、TC11、TB17、TB15、TB13 及 TB11 级木材的 φ 值表　　表 2-12

λ	0	1	2	3	4	5	6	7	8	9
0	1.000	1.000	0.999	0.998	0.996	0.994	0.992	0.988	0.985	0.981
10	0.977	0.972	0.967	0.962	0.956	0.949	0.943	0.936	0.929	0.921
20	0.914	0.905	0.897	0.889	0.880	0.871	0.862	0.853	0.843	0.834
30	0.824	0.815	0.805	0.795	0.785	0.775	0.765	0.755	0.745	0.735
40	0.725	0.715	0.705	0.696	0.686	0.676	0.666	0.657	0.647	0.638
50	0.628	0.619	0.610	0.601	0.592	0.583	0.574	0.565	0.557	0.548
60	0.540	0.532	0.524	0.516	0.508	0.500	0.492	0.485	0.477	0.470
70	0.463	0.456	0.449	0.442	0.436	0.429	0.422	0.416	0.410	0.404
80	0.398	0.392	0.386	0.380	0.374	0.369	0.364	0.358	0.353	0.348
90	0.343	0.338	0.331	0.324	0.317	0.310	0.304	0.298	0.292	0.286
100	0.280	0.274	0.269	0.264	0.259	0.254	0.249	0.244	0.240	0.236

λ	0	1	2	3	4	5	6	7	8	9
110	0.231	0.227	0.223	0.219	0.215	0.212	0.208	0.204	0.201	0.198
120	0.194	0.191	0.188	0.185	0.182	0.179	0.176	0.174	0.171	0.168
130	0.166	0.163	0.161	0.158	0.156	0.154	0.151	0.149	0.147	0.145
140	0.143	0.141	0.139	0.137	0.135	0.133	0.131	0.130	0.128	0.126
150	0.124	0.123	0.121	0.120	0.118	0.116	0.115	0.114	0.112	0.111
160	0.109	0.108	0.107	0.105	0.104	0.103	0.102	0.100	0.0992	0.0980
170	0.0969	0.0958	0.0946	0.0936	0.0925	0.0914	0.0904	0.0894	0.0884	0.0874
180	0.0864	0.0855	0.0845	0.0836	0.0827	0.0818	0.0809	0.0801	0.0792	0.0784
190	0.0776	0.0768	0.0760	0.0752	0.0744	0.0736	0.0729	0.0721	0.0714	0.0707
200	0.0700									

注：表中的 φ 值系按下列公式算得：

当 $\lambda \leqslant 91$ 时

$$\varphi = \frac{1}{1 + \left(\dfrac{\lambda}{65}\right)^2}$$

当 $\lambda > 91$ 时

$$\varphi = \frac{2800}{\lambda^2}$$

根据经验，顶撑截面尺寸的选定，一般以稳定性来控制。

当梁模板采用组合钢模板时，其计算荷载与木模板相同，计算方法同"2.2.5 现浇混凝土板模板计算"中有关组合钢模板计算部分（略）。

【例 2-8】 商住楼矩形大梁，长 6.8m，高 0.6m，宽 0.25m，离地面高 4m。模板底楞木和顶撑间距为 0.85m，侧模板立档间距 500mm，木材料用白松，$f_c = 10\text{N/mm}^2$，$f_v = 1.410\text{N/mm}^2$，$f_m = 1310\text{N/mm}^2$，$E = 9.5 \times 10^3\text{N/mm}^2$，混凝土重力密度 $\lambda_c = 25\text{ kN/m}^3$，试计算确定梁模板底板、侧模板和顶撑的尺寸。

【解】 1. 底板计算

1）强度验算

底板承受标准荷载：

底板自重力　　　　　　$0.3 \times 0.25 = 0.075\text{kN/m}$

混凝土自重力　　　　　$25 \times 0.25 \times 0.6 = 3.75\text{kN/m}$

钢筋自重力　　　　　　$1.5 \times 0.25 \times 0.6 = 0.225\text{kN/m}$

振捣混凝土荷载　　　　$2.0 \times 0.25 \times 1 = 0.5\text{kN/m}$

总竖向设计荷载　　$q = (0.075 + 3.75 + 0.225) \times 1.2 + 0.5 \times 1.4 = 5.56\text{kN/m}$

梁长 6.8m 考虑中间设一接头，按四跨连续梁计算，按最不利荷载布置，$K_m = -0.121$；$K_w = 0.967$

$$M_{\max} = K_m q l^2 = -0.121 \times 5.56 \times 0.85^2 = -0.49\text{kN/m}$$

需要截面抵抗矩 $\qquad W_n = \dfrac{M}{f_m} = \dfrac{0.49 \times 10^6}{13} = 36792 \text{ mm}^2$

选用底板截面为 $\qquad 250\text{mm} \times 35\text{mm}$，$W_n = 51041 \text{mm}^2$，可以

2）剪应力验算

$$V = K_v q l = 0.620 \times 5.56 \times 0.85 = 2.93 \text{kN}$$

剪应力 $\qquad \tau_{\max} = \dfrac{3V}{2bh} = \dfrac{3 \times 2.93 \times 10^3}{2 \times 250 \times 35} = 0.50 \text{ N/mm}^2$

$$f_v = 1.4\text{N/mm}^2 > \tau_{\max} = 0.50\text{N/mm}^2 \qquad \text{满足要求。}$$

3）刚度验算

刚度验算时按标准荷载，同时不考虑振动荷载，所以 $q = 0.075 + 3.75 + 0.225 = 4.05\text{kN/m}$

由式（2-29）得：

$$w_A = \frac{K_w q l^4}{100EI} = \frac{0.967 \times 4.05 \times 850^4}{100 \times 9.5 \times 10^3 \times \frac{1}{12} \times 250 \times 35^3}$$

$$= 2.40\text{mm} \approx [w] = \frac{850}{400} = 2.13\text{mm}$$

比较接近，基本满足要求。

2. 侧模板计算

1）侧压力计算

分别按式（2-1）、式（2-2）计算 F 值，设已知 $T = 30°$，$V = 2\text{m/h}$，$\beta_1 = \beta_2 = 1$，则

$$F = 0.22 \times 25 \times \left(\frac{200}{20 + 15}\right) \times 1 \times 1 \times \sqrt{2} = 34.5 \text{ kN/m}^2$$

$$F = 25 \times 0.6 = 15\text{kN/m}^2$$

取二者较小 15kN/m^2 计算。

2）强度验算

立档间距为 500mm，设模板按四跨连续梁计算，同时知梁上混凝土楼板厚 100mm，梁底模板厚 35mm。梁承受倾倒混凝土时产生的水平荷载 4kN/m^2 和新浇筑混凝土对模板的侧压力。设侧模板宽度为 200mm，作用在模板上下边沿处，混凝土侧压力相差不大，可近似取其相等，故计算简图如图 2-15 所示，设计荷载为：

$$q = (15 \times 1.2 + 4 \times 1.4) \times 0.2 = 4.72\text{kN/m}$$

弯矩系数与模板底板相同。

$$M_{\max} = K_m q l^2 = -0.121 \times 4.72 \times 0.5^2 = -0.143\text{kN} \cdot \text{m}$$

$$W_n = \frac{M}{f_m} = \frac{0.143 \times 10^6}{13} = 11000 \text{ mm}^3$$

选用侧模板的截面尺寸为 $200\text{mm} \times 25\text{mm}$，截面抵抗矩

$$W = \frac{200 \times 25^2}{6} = 20833\text{mm}^2 > W_n，可满足要求。$$

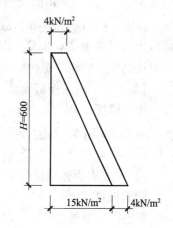

图 2-15 梁侧模荷载图

3）剪力验算

剪力 $\quad V = 0.62ql = 0.62 \times 4.72 \times 0.5 = 1.463\text{kN}$

剪应力 $\quad \tau_{max} = \dfrac{3V}{2bh} = \dfrac{3 \times 1.463 \times 10^3}{2 \times 200 \times 25} = 0.44 \text{ N/mm}^2$

4）挠度验算

挠度验算不考虑振动荷载，其标准荷载为：

$$q = 15 \times 0.2 = 3.0\text{kN/m}$$

$$w_A = \frac{K_w q l^4}{100EI} = \frac{0.967 \times 3.0 \times 500^4}{100 \times 9.5 \times 10^3 \times \frac{1}{12} \times 200 \times 25^3}$$

$$= 0.73\text{mm} < [w] = \frac{500}{400} = 1.25\text{mm} \qquad 符合要求$$

3. 顶撑计算

假设顶撑截面为 80mm × 80mm，间距为 0.85m，在中间纵横各设一道水平拉条，$l_0 = \dfrac{l}{2} = \dfrac{4000}{2} = 2000\text{mm}$，$d = \dfrac{80}{\sqrt{2}} = 56.76\text{mm}$，$i = \dfrac{56.57}{4} = 14.14\text{mm}$，则 $\lambda = \dfrac{l_0}{i} = \dfrac{2000}{14.14} = 141.4$

1）强度验算

已知 $\quad N = 5.56 \times 0.85 = 4.726\text{kN}$

$$\frac{N}{A_n} = \frac{4.726 \times 10^3}{80 \times 80} = 0.74 \text{ N/mm}^2 < 10 \text{ N/mm}^2 \text{ 符合要求。}$$

2）稳定性验算

$$\lambda > 91, \varphi = \frac{2800}{\lambda^2} = \frac{2800}{141.4^2} = 0.14$$

$$\frac{N}{\varphi A_0} = \frac{4.726 \times 10^3}{0.14 \times 80 \times 80} = 5.3 \text{ N/mm}^2 < 10 \text{ N/mm}^2 \text{ 符合要求。}$$

【例2-9】 高层建筑底层钢筋混凝土梁，截面尺寸为 0.5m × 2.0m，采用组合钢模板支模，用普通 C25 混凝土浇筑，坍落度为 7cm，混凝土浇筑速度 $V = 3\text{m/h}$，混凝土入模温度 $T = 30℃$，钢模板配板设计如图 2-16，试对梁模板、钢楞、螺栓拉力进行验算。

【解】 1. 梁底模板验算

梁底模板用 P2515，用 2 根 100mm × 50mm × 20mm × 3mm 内卷边槽钢支承，间距为 0.75m，计算简图如图 2-17 所示。$n = 0.375/0.75 = 0.5$

1）梁底模板标准荷载

梁模板自重力　　　　　　　　　0.352kN/m^2

梁混凝土自重力　　　$25 \times 2.0 \times 1.0 = 50.0\text{kN/m}^2$

梁钢筋自重力　　　　$1.5 \times 2.0 \times 1 = 3.0\text{kN/m}^2$

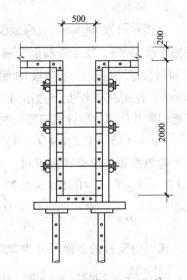

图 2-16　钢模板配板设计

振捣混凝土产生荷载　　　　　　　　　　2.0kN/m²

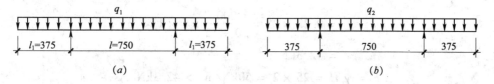

图 2-17　梁底模板与侧模板计算简图

（a）强度计算简图；（b）刚度计算简图

2）梁底模板强度验算

梁底模板强度验算的设计荷载：

$$q_1 = \left[(0.352 + 50.0 + 3.0) \times 1.2 + 2.0 \times 1.4 \right] \times 0.25$$
$$= 16.706 \text{kN/m}$$

支座弯矩　$M_A = -\dfrac{1}{2} q_1 l_1^2 = -\dfrac{1}{2} \times 16.706 \times (0.375)^2 = -1.175 \text{kN} \cdot \text{m}$

跨中弯矩　　　　　　　　　　　　　　$M_B = 0$

底模应力　$\sigma_A = \dfrac{M_A}{W} = -\dfrac{1.175 \times 10^6}{5.78 \times 10^3} = 203 \text{ N/mm}^2 < 215 \text{ N/mm}^2$

故强度满足要求

3）梁底模刚度验算

梁底模刚度验算的标准荷载

$$q_2 = (0.352 + 50.0 + 3.0) \times 0.25 = 13.338 \text{kN/m}$$

端部挠度　$w_c = \dfrac{q_2 l_1 l^3}{24EI} (-1 + 6n^2 + 3n^3)$

$$= \dfrac{13.838 \times 375 \times (750)^3}{24 \times 2.1 \times 10^5 \times 25.38 \times 10^4} \left[-1 + 6 \times (0.5)^2 + 3 \times (0.5)^3 \right]$$

$$= 1.44 \text{mm} < [w] = \dfrac{750}{400} = 1.875 \text{mm}$$

跨中挠度　$w_E = \dfrac{q_2 l^4}{384EI} (5 - 24n^2)$

$$= \dfrac{13.838 \times (750)^4}{384 \times 2.1 \times 10^5 \times 25.38 \times 10^4} \left[5 - 24 (0.5)^2 \right]$$

$$= -0.206 \text{mm} < -1.875 \text{mm}$$

故刚度满足要求。

2. 梁侧模板验算

梁侧模板采用 P3015。

1）梁侧模板的标准荷载

新浇筑混凝土对模板产生的侧压力：

$$F = 0.22 \times \gamma_c \frac{200}{T+15} \cdot \beta_1 \cdot \beta_2 \cdot V^{\frac{1}{2}}$$

$$= 0.22 \times 25 \times \frac{200}{30+15} \times 1 \times 1 \times \sqrt{3}$$

$$= 42.3 \text{kN/m}^2$$

$$F = \gamma_c H = 25 \times 2 = 50 \text{kN/m}^2 > 42.3 \text{kN/m}^2$$

取二者较小值 $\qquad\qquad F = 42.3 \text{kN/m}^2$

混凝土侧压力的有效高度 $\qquad h = \dfrac{42.3}{25} = 1.69 \text{m}$

倾倒混凝土产生的水平荷载取 4kN/m^2

梁侧模板的侧压力图形如图 2-18 所示。应验算承受最大侧压力的一块模板，由于模板宽度不大，按均匀分布考虑，其计算简图见图 2-19。

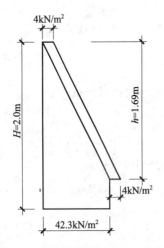

图 2-18　大梁侧模板的侧压力图形

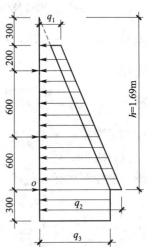

图 2-19　梁侧模板竖向钢楞计算简图

2）梁侧模板的强度验算

梁侧模板强度验算的设计荷载（不考虑荷载设计值折减系数 0.85）：

$$q_1 = (42.3 \times 1.2 + 4 \times 1.4) \times 0.3 = 16.91 \text{kN/m}$$

支座弯矩 $\quad M_A = -\dfrac{1}{2} q_1 l_1^2 = -\dfrac{1}{2} \times 16.91 \times (0.375)^2 = -1.189 \text{kN} \cdot \text{m}$

跨中弯矩 $\qquad\qquad\qquad\qquad M_E = 0$

$$\sigma_A = \frac{M_A}{W_X} = \frac{1.189 \times 10^6}{5.86 \times 10^3} = 203 \text{N/mm}^2 < 215\ \text{mm}^2$$

故强度满足要求。

3）侧模板的刚度验算

梁侧模板刚度验算的标准荷载：

$$q_2 = 42.3 \times 0.3 = 12.69 \text{kN/m}$$

端部挠度 $\qquad w_{c} = \dfrac{q_2 l_1 l^3}{24EI}(-1+6n^2+3n^3)$

$$= \frac{12.69 \times 375 \times (750)^3}{24 \times 2.1 \times 10^5 \times 26.39 \times 10^4} \times [-1+6 \times (0.5)^2+3 \times (0.5)^3]$$

$$= 1.32\text{mm} < 1.875\text{mm}$$

跨中挠度 $\qquad w_{E} = \dfrac{q_2 l^4}{384EI}(5-24n^2)$

$$= \frac{12.69 \times (750)^4}{384 \times 2.1 \times 10^5 \times 26.39 \times 10^4} \times [5-24 \times (0.5)^2]$$

$$= -0.189\text{mm} < -1.875\text{mm}$$

故刚度满足要求。

3. 梁侧模板钢楞的验算

梁侧模板用 2 根 $\phi48 \times 3.5\text{mm}$ 钢管（$W=5.08 \times 10^3\text{mm}^3$）组成的竖向及水平楞夹牢，钢楞外用三道对拉螺栓拉紧。取竖向钢楞间距为 0.75m，上端距混凝土顶面 0.3m，其计算简图如图 2-19 所示。

钢楞设计荷载为：

$$q_1 = (25 \times 0.3 \times 1.2 + 4 \times 1.4) \times 0.75 = 10.95\text{kN/m}$$

$$q_2 = (42.3 \times 1.2 + 4 \times 1.4) \times 0.75 = 42.27\text{kN/m}$$

$$q_3 = 42.3 \times 1.2 \times 0.75 = 38.07\text{kN/m}$$

竖向钢楞按连续梁计算，经过计算，以 O 点的弯矩值最大，其值为：

$$M_0 = -\frac{1}{2}q_3 l^2 = -\frac{1}{2} \times 38.07 \times (300)^2 = -1.713 \times 10^6 \text{N} \cdot \text{mm}$$

$$\sigma_0 = \frac{M_0}{W} = \frac{1.713 \times 10^6}{2 \times 5.08 \times 10^3} = 169 \text{ N/mm}^2 < 215 \text{ N/mm}^2$$

故满足要求。

4. 对拉螺栓计算

对拉螺栓取横向间距为 0.75m，竖向为 0.6m，按最大侧压力计算，每根螺栓承受的拉力为：

$$N = (42.3 \times 1.2 + 4 \times 1.4) \times 0.75 \times 0.6 = 25.36\text{kN}$$

采用直接 $\phi16\text{m}$ 对拉螺栓，净截面积 $A=144.1\text{mm}^2$，每根螺栓可承受拉力为：

$$S = 144.1 \times 215 = 30982\text{N}$$

$$= 30.98\text{kN} > 25.36\text{kN}$$

故满足要求。

2. 梁模板简易计算

1）梁模采用木模板计算

（1）木模底模

梁木模板的底模一般支承在顶撑或楞木上，顶撑或楞木间距 1.0m 左右（图 2-20），底板可按连续梁计算，底板上所受荷载按均布荷载考虑，则底板按强度和刚度需要的厚度，可按以下简化公式计算：

按强度要求：

$$M = \frac{1}{10}q_1 l^2 = [f_m] \cdot \frac{1}{6}bh^2$$

$$h = \frac{l}{4.65}\sqrt{\frac{q_1}{b}} \qquad (2\text{-}32)$$

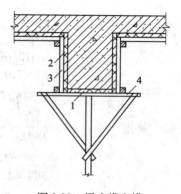

图 2-20　梁木模底模
1—梁底模；2—梁侧模；3—立档；4—顶撑

按刚度要求：

$$w = \frac{q_1 l^4}{150EI} = [w] = \frac{l}{400}$$

$$h = \frac{l}{6.67} \cdot \sqrt[3]{\frac{q_1}{b}} \qquad (2\text{-}33)$$

式中　M——计算最大弯矩（N·mm）；

　　　q_1——作用在梁木模底板上的均布荷载（N·mm）；

　　　l——计算跨矩，对底板为顶撑或楞木间距（mm）；

　　$[f_m]$——木材抗弯强度设计值，采用松木模板取 13N/mm^2；

　　　b——梁木模底板宽底（mm）；

　　　h——梁木模需要的底板厚度（mm）；

　　　E——木材的弹性模量，取 $9.5 \times 10^3 \text{N/mm}^2$；

　　　I——梁木模底板的截面惯性矩（mm^4）；

　　　w——梁木模的挠度（mm）；

　　$[w]$——梁木模的容许挠度值，取 $\frac{l}{400}$。

h 取式（2-32）和式（2-33）中的较大值，即为梁木模需要的底板厚度。

（2）木模侧板

梁木模侧板受到新浇筑混凝土侧压力的作用，侧压力的计算参见"混凝土对模板的侧压力计算"，同时还受到倾倒混凝土时产生的水平荷载作用，一般取水平荷载标准值为 2kN/m^2。

梁侧模支承在竖向立档上，其支承条件由立档的间距所决定，一般按三~四跨连续梁计算，可用梁木模底板同样计算方法，按强度和刚度要求确定其需要的侧板厚度。

（3）木模顶撑

木顶撑（立柱）主要承受梁底板或楞木传来竖向荷载的作用，一般按两端铰接的轴心受压杆件进行计算。当顶撑中部无拉条，其计算长度 $l_0 = l$；当顶撑中间两个方向设水平拉条时，计算长度 $l_0 = \frac{l}{2}$。木顶撑间距一般取 1.0m 左右，顶撑立柱截面为 $100\text{mm} \times 100\text{mm}$；顶撑头截面为 $50\text{mm} \times 100\text{mm}$ 顶撑承受两根顶撑之间的梁荷载，按下式进行强度和稳定性验算。

按强度要求
$$\frac{N}{A_n} \leq f_c \qquad (2-34)$$

$$N = 12A_n \qquad (2-35)$$

按稳定性要求
$$\frac{N}{\varphi A_0} \leq f_c \qquad (2-36)$$

$$N = 12A_n\varphi \qquad (2-37)$$

式中　N——轴向压力，即两根顶撑之间承受的荷载（N）；

A_n——木顶撑的净截面面积（mm^2）；

f_c——木材顺纹抗压强度设计值，松木取 $12kN/m^2$；

A_0——木顶撑截面的计算面积（mm）；

A——木顶撑的毛截面面积（mm^2）；

φ——轴心受压构件稳定系数，根据木顶撑木的长细比 λ 求得，$\lambda = l_0/i$，由 λ 可查表 2-11、表 2-12 或有关公式求得 φ 值；

l_0——受压杆件的计算长度（mm）；

i——构件截面的回转半径（mm），对于方木，$i = \dfrac{b}{\sqrt{2}}$；对于圆木，$i = d/4$；

b——方形截面的短边（mm）；

d——圆形截面的直径（mm）。

2）梁模采用组合钢模板计算

（1）组合钢模板底模

梁模采用组合钢模板时，多用钢管脚手支模，由梁模、小楞、大楞和立柱组成（图2-21）。梁底模受均布荷载作用按简支梁计算，按强度和刚度的要求，允许的跨度按下式计算：

按强度要求
$$M = \frac{1}{8}q_1 l^2 [f];$$

$$l = \sqrt{\frac{8M}{q_1}} = \sqrt{\frac{8[\sigma]W}{q_1}} = \sqrt{\frac{8 \times 215W}{q_1}}$$

$$l = 41.5\sqrt{\frac{W}{q_1}} \qquad (2-38)$$

按刚度要求
$$w = \frac{5q_1 l^4}{384EI} \leq [w] = \frac{l}{400}$$

$$l = 34.3 \cdot \sqrt[3]{\frac{I}{q_1}} \qquad (2-39)$$

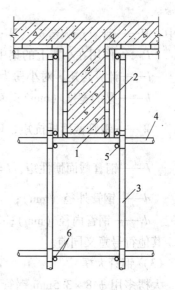

图 2-21　梁组合钢模板底模板
1—梁底模；2—梁侧模板；3—钢管立柱
4—小楞；5—大楞；6—纵横向支撑

式中 M——计算最大弯矩（N·mm）；

q_1——作用在梁底模上的均布荷载（N/mm²）；

l——计算跨矩，对底板为顶撑立柱纵向间距（mm）；

$[f]$——钢材的抗拉、抗压、抗弯强度设计值，Q235 钢取 215N/mm²；

W——组合钢模底模的截面抵抗矩（mm³）；

w——梁底模的挠度（mm）；

$[w]$——梁底模的容许挠度（mm），取 $l/400$；

E——钢材的弹性模量，取 2.1×10^5 N/mm²；

I——组合钢模板底模的截面惯性矩（mm⁴）。

（2）钢管小楞

钢管小楞间距一般取 30cm、40cm、50cm、60cm 四种，小楞按简支梁计算，在计算刚度时，梁作用在小楞上的荷载，可简化为一个集中荷载，按强度和刚度要求，容许的跨度按下式计算：

按强度要求
$$M = \frac{1}{8} Pl \left(2 - \frac{b}{l} \right)$$

$$l = 860 \frac{W}{P} + \frac{b}{2} \tag{2-40}$$

按刚度要求
$$w = \frac{Pl^3}{48EI} = \frac{l}{400}$$

$$l = 158.7 \sqrt{\frac{I}{P}} \tag{2-41}$$

式中 M——计算最大弯矩（N·mm）；

P——作用在小楞上的集中荷载（N）；

l——计算跨矩，对小楞为钢管立柱横向间距（mm）；

b——梁的宽度（mm）；

W——钢管截面抵抗矩，$W = \frac{\pi}{32} \left(\frac{d^4 - d_1^4}{d} \right)$，$\phi 48 \times 3.5$mm 钢管，$W = 5.08 \times 10^3$ mm³；

I——钢管截面惯性矩，$I = \frac{\pi}{64} (d^4 - d_1^4)$，$\phi 48 \times 3.5$mm 钢管，$I = 12.18 \times 10^4$ mm⁴；

d——钢管外径（mm）；

d_1——钢管内径（mm）；

其他符号意义同前。

（3）钢管大楞

大楞多用 $\phi 48 \times 3.5$mm 钢管，按连续梁计算，承受小楞传来的集中荷载，为简化计算，转换为均布荷载，精度可以满足要求。大楞按强度和刚度要求，容许跨度可按下式计算：

按强度要求
$$M = \frac{1}{10} q_2 l^2 = [f] W$$

$$l = 3305\sqrt{\frac{1}{q_2}} \qquad (2\text{-}42)$$

按刚度要求

$$w = \frac{q_2 l^4}{150EI} = \frac{l}{400}$$

$$l = 2124.7 \cdot \sqrt[3]{\frac{1}{q_2}} \qquad (2\text{-}43)$$

式中　M——计算最大弯矩（N·mm）；

　　q_2——小楞作用在大楞上的均布荷载（N/mm）；

　　l——大楞计算跨矩（mm）；

其他符号意义同前。

（4）钢管立柱

钢管立柱多用 $\phi48 \times 3.5$mm 钢管，其连接由对接和搭接两种。前者的偏心假定为 $1D$，即为 48mm；后者的偏心假定为 $2D$ 即 96mm。立柱一般由稳定性控制，按下式计算：

$$N = \varphi_1 A_1 [f]$$
$$N = 105135\varphi_1 \qquad (2\text{-}44)$$

式中　N——钢管立柱的容许荷载（N）；

　　φ_1——钢构件轴心受压稳定系数，查表 1-15 ~ 表 1-18 求得；

　　A_1——钢管净截面面积（mm），$\phi48 \times 3.5$mm 钢管 $A_1 = 489$mm^2；

　　D——钢管直径（mm）；

其他符号意义同前。

【例 2-10】　住宅楼梁长 4.5m，截面尺寸为 600mm × 300mm，采用木模板支模，模板底楞木和顶撑间距为 0.75m，已知竖向总荷载为 4.8kN/m，试求底板需要的厚度。

【解】　按强度要求，底板需要的厚度由式（2-32）得：

$$h = \frac{l}{4.65}\sqrt{\frac{q_1}{b}} = \frac{750}{4.65}\sqrt[3]{\frac{4.8}{300}}$$

$$= 20.4\text{mm}$$

按刚度要求，底板需要的厚度，由式（2-33）得：

$$h = \frac{l}{6.67} \cdot \sqrt[3]{\frac{q}{b}} = \frac{750}{6.67} \cdot \sqrt[3]{\frac{4.8}{300}}$$

$$= 28.3\text{mm}$$

取二者的较大值 $h = 28.3$mm，用 30mm。

【例 2-11】　写字楼矩形梁长 6.8m，截面尺寸 600mm × 250mm，离地面高 4.0m，采用组合钢模板，用钢管脚手支模，已知梁底模承受的均布荷载 $q_1 = 5.4$kN/m，试计算确定底（小）楞间距（跨矩），大楞跨矩和验算钢管立柱承载力。

【解】　1. 梁底模

梁底模选用 P2515 型组合钢模板，$I_x = 25.38 \times 10^4 \text{mm}^4$，$W_x = 5.78 \times 10^3 \text{mm}^3$

按强度要求允许底楞间（跨）距由式（2-38）得：

$$l = 41.5 \sqrt{\frac{W}{q}} = 41.5 \times \sqrt{\frac{5.78 \times 10^3}{5.4}} = 1358 \text{mm}$$

按刚度要求允许底楞跨距，由式（2-39）得：

$$l = 34.3 \sqrt[3]{\frac{I}{q_1}} = 34.3 \times \sqrt[3]{\frac{25.38 \times 10^4}{5.4}} = 1238 \text{mm}$$

取二者较小值，$l = 1238 \text{mm}$，用 750mm

2. 钢管小楞

钢管小楞选用 $\phi 48 \times 3.5 \text{mm}$ 钢管，$W_x = 5.78 \times 10^3 \text{mm}^3$，$I_x = 12.18 \times 10^4 \text{mm}$ 作用在小楞上的集中荷载为：$5.4 \times 0.75 = 4.05 \text{kN}$

钢管小楞的容许跨度按强度要求由式（2-40）得：

$$l = 860 \frac{W}{P} + \frac{b}{2} = 860 \times \frac{5.08 \times 10^3}{4.05 \times 10^3} + \frac{250}{2}$$

$$= 1079 + 125 = 1204 \text{mm}$$

按刚度要求的容许跨度由式（2-41）得：

$$l = 158.7 \cdot \sqrt[3]{\frac{I}{P}} = 158.7 \times \sqrt[3]{\frac{12.18 \times 10^4}{4.05 \times 10^3}} = 494 \text{mm}$$

取二者较小值 $l = 494 \text{mm}$，用 490mm

3. 钢管大楞

钢管大楞亦用 $\phi 48 \times 3.5 \text{mm}$，作用在大楞上的均布荷载 $q_2 = \frac{1}{2} \times 5.4 = 2.7 \text{kN/m}$

钢管大楞的容许跨度，按强度要求由式（2-42）得：

$$l = 3305 \sqrt{\frac{1}{q_2}} = 3305 \times \sqrt{\frac{1}{2.7}} = 2011 \text{mm}$$

按刚度要求的容许跨度由式（2-43）得：

$$l = 2124.7 \cdot \sqrt[3]{\frac{1}{q_2}} = 2124.7 \times \sqrt[3]{\frac{1}{2.7}} = 1526 \text{mm}$$

取二者较小值，$l = 1526 \text{mm}$ 用 1500mm

4. 钢管立柱

钢管立柱亦选用 $\phi 48 \times 3.5 \text{mm}$，净截面 $A = 489 \text{mm}^2$，钢管使用长度 $l = 4000 \text{mm}$，在中间设水平横杆，取 $l_0 = \frac{1}{2} = 2000 \text{mm}$，$i = \frac{1}{4} \sqrt{48^2 + 41^2} = 15.78 \text{mm}$，$\lambda = \frac{l_0}{i} = \frac{2000}{15.78} = 126.7$

查表 1-15，得稳定系数 $\varphi = 0.453$，由式（2-44）容许荷载为：

$$N = 105135 \varphi = 105135 \times 0.453 = 47626 N \approx 47.6 \text{kN}$$

钢管承受的荷载　　$N = \frac{1}{2} \times 1.5 \times 5.4 = 4.05 \text{kN} < 47.6 \text{kN}$

故满足要求。

2.2.4 现浇混凝土墙模板的计算

1. 墙模板计算

墙模板的计算包括墙侧模板（木模或钢模）、内楞（木或钢）、外楞（木或钢）和对拉螺栓等。

1）墙侧模板计算

（1）荷载计算

墙侧模板受到新浇混凝土侧压力，侧压力的计算参见"混凝土对模板的侧压力计算"一节。

另外对厚度小于等于100mm的墙，受到振捣混凝土时产生的荷载，对垂直面模板可采用$4.0kN/m^2$（标准荷载值）；对厚度大于100mm的墙收到倾倒混凝土时对垂直面模板产生的水平荷载，其荷载标准值按表2-2采用。

（2）强度验算

当墙侧模采用木模板时，支承在内楞上一般按三跨连续梁计算，其最大弯矩 M_{max} 按下式计算：

$$M_{max} = \frac{1}{10}ql^2 \tag{2-45}$$

其截面强度按下式验算：

$$\sigma = \frac{M_{max}}{W} < f_m \tag{2-46}$$

式中 q——作用在模板上的侧压力（N/mm）；

l——内楞的间距（mm）；

σ——模板承受的应力（N/mm^2）；

W——模板的截面抵抗矩（mm^3）；

f_m——木材的抗弯强度设计值，采用松木板取$13N/mm^2$。

当墙侧模采用组合式钢模板时，板长多为1200mm或1500mm，端头横向用U形卡连接，纵向用L形插销连接，板的跨度不应大于板长，一般取600或750mm，可按单跨两端悬臂板求其弯矩，再按下式进行强度验算：

支座弯矩 $\qquad\qquad M_A = -\frac{1}{2}q_1l_1^2 \tag{2-47}$

跨中弯矩 $\qquad\qquad M_B = \frac{1}{8}q_1l^2 \ (1 - 4n^2) \tag{2-48}$

其截面强度按下式验算：

$$\sigma = \frac{M}{W} < f \tag{2-49}$$

式中 q_1——作用于钢模板上的均布荷载（N/mm）；

l_1——钢模板悬臂端长度（mm）；

l——钢模板计算长（跨）度，即等于内钢楞间距（mm）；

n——l_1 与 l 的比值，即 $n = \dfrac{l_1}{l}$；

σ——钢模板承受的应力（N/mm²）；

W——钢模板的截面抵抗矩（mm³）；

f——钢模板的抗拉、抗弯强度设计值，取 215N/mm^2。

（3）刚度验算

当用木模板时，板的挠度按下式验算：

$$w = \frac{q_1 l^4}{150EI} < \frac{l}{400} \tag{2-50}$$

当用组合钢模板时，板的挠度按下式验算：

端部挠度 $$w_c = \frac{q_2 l_1 l^3}{24EI}(-1 + 6n^2 + 3n^3) < [w] = \frac{l}{400} \tag{2-51}$$

跨中挠度 $$w_E = \frac{q_2 l^4}{384EI}(5 - 24n^2) < [w] = \frac{l}{400} \tag{2-52}$$

式中 q_2——作用于钢模板上的标准均布荷载；

E——木材或钢材的弹性模量，木材取 $(9 \sim 10) \times 10^3 \text{N/mm}^2$；钢材取 $2.6 \times 10^5 \text{N/mm}^2$；

I——木模板或钢模板的截面惯性矩（mm⁴）；

$[w]$——木模板或钢模板的容许挠度值（mm），取 $\dfrac{l}{400}$；

其他符号意义同前。

2）墙模板内外楞计算

（1）内楞强度验算

内楞（木或钢）承受模板、墙模板作用的荷载按三跨连续梁计算，其强度按下式验算：

$$M = \frac{1}{10}q_3 l^2 \tag{2-53}$$

$$\sigma = \frac{M}{W} < f_m \text{ 或 } f \tag{2-54}$$

式中 M——内楞的最大弯矩（N·mm）；

q_3——作用在内楞上的荷载（N/mm）；

l——内楞计算跨矩（mm）；

W——内楞截面抵抗矩（mm³）；

其他符号意义同前。

（2）内楞刚度验算

内楞挠度按下式计算：

$$w = \frac{q_3 l^4}{150EI} \leqslant [w] = \frac{l}{400} \tag{2-55}$$

式中 w——内楞的挠度（mm）；

E——木材或钢材的弹性模量（N/mm²）；

I——木模板或钢模板的截面惯性矩（mm^4）；

$[w]$——内楞的容许挠度值（mm），取 $\dfrac{l}{400}$；

其他符号意义同前。

外楞的作用主要时加强各部分的连接及模板的整体刚度，不是一种受力构件，按支承内楞需要设置，可不进行计算。

3）对拉螺栓计算

对拉螺栓一般设在内、外楞（木或钢）相交处，直接承受内、外楞传来的集中荷载，其允许拉力 N 按下式计算：

$$N = A\,[f_t^b] \tag{2-56}$$

式中　A——对拉螺栓的净截面积（mm^2）；

　　　$[f_t^b]$——螺栓抗拉强度设计值，取 $170N/mm^2$。

【例 2-12】　商业楼地下室墙厚 450mm，高 5.0m，每节模板高 2.5m，采取分节浇筑混凝土，每节浇筑高度为 2.5m，浇筑速度 $V = 2m/h$，混凝土重力密度 $\gamma_c = 25kN/m^3$，浇筑时温度 $T = 25℃$，采用木模，试计算确定木模板厚度和内楞截面的间距。

【解】　1. 荷载计算

取 $\beta_1 = \beta_2 = 1$，由式（2-1）、式（2-2），墙木模受到的侧压力为：

$$
\begin{aligned}
F &= 0.22\gamma_c \left(\frac{200}{T+15} \right)\beta_1\beta_2 V^{\frac{1}{2}} \\
&= 0.22 \times 25 \times \left(\frac{200}{25+15} \right) \times 1 \times 1 \times \sqrt{2} \\
&= 38.9kN/m^2 \\
F &= \gamma_c H = 25 \times 2.5 = 62.5kN/m^2
\end{aligned}
$$

取二者中的较小值，$F = 38.9kN/m^2$ 作为对模板侧压力的标准值，并考虑倾倒混凝土产生的水平荷载标准值 $4kN/m^2$，分别取荷载分项系数 1.2 和 1.4，则作用于模板的总荷载设计值为：

$$q = 38.9 \times 1.2 + 4 \times 1.4 = 52.3kN/m^2$$

2. 木模板计算

1）强度验算

设木模板的厚度为 30mm，$W = \dfrac{1000 \times 30^2}{6} = 15 \times 10^4 mm^3$

$$M = \frac{1}{10}ql^2 = \frac{1}{10} \times 52.3 \times (0.5)^2 = 1.3kN \cdot m$$

模板截面强度由式（2-54）得

$$\sigma = \frac{M}{W} = \frac{1.3 \times 10^6}{15 \times 10^4} = 8.7N/mm^2 < f_m = 13N/mm^2$$

故强度满足要求。

2）刚度验算

刚度验算采用标准荷载，同时不考虑振动荷载作用，则

$$q_2 = 38.9 \times 1 = 38.9 \text{kN/m}$$

模板挠度由式（2-55）得：

$$w = \frac{q_2 l^4}{150EI} = \frac{38.9 \times (500)^4}{150 \times 9 \times 10^3 \times 22.5 \times 10^5}$$

$$= 0.8 \text{mm} < [w] = \frac{500}{400} = 1.25 \text{mm}$$

故刚度满足要求。

3．内木楞计算

设内木楞的截面 80mm×100mm，$W = 13.33 \times 10^4 \text{mm}^3$，$I = 6.67 \times 10^6 \text{mm}^4$，外楞间距为 550mm

1）强度验算

内木楞承受的弯矩由式（2-53）得：

$$M = \frac{1}{10}q_1 l^2 = \frac{1}{10} \times 52.3 \times (0.55)^2 = 1.58 \text{kN} \cdot \text{m}$$

内木楞的强度由式（2-54）得：

$$\sigma = \frac{M}{W} = \frac{1.58 \times 10^6}{13.33 \times 10^4} = 11.9 \text{N/mm}^2 < f_m = 13 \text{N/mm}^2$$

故强度满足要求。

2）刚度验算

内木楞得挠度由式（2-55）得：

$$w = \frac{q_2 l}{150EI} = \frac{38.9 \times (550)^4}{150 \times 9 \times 10^3 \times 6.67 \times 10^6} = 0.40 < [w] = \frac{550}{400} = 1.38 \text{mm}$$

故刚度亦满足要求。

2．墙模板简易计算

墙模板构件包括：墙侧模板（钢模或木模）、内楞（钢或木）、外楞（钢或木）及对拉螺栓等。

墙侧模板受到新浇混凝土侧压力的作用，侧压力的计算参见"混凝土对模板的侧压力计算"一节，同时还受到倾倒混凝土时产生的水平荷载作用，一般取水平荷载标准值为 2 或 4kN/m^2。

（1）墙侧模板

当模板采用木模板时，支承在内楞上，一般按三跨连续梁计算，按强度和刚度要求，容许跨度（间距）按下式计算：

按强度要求

$$M = \frac{1}{10}q_1 l^2 = [f_m] \cdot \frac{1}{6}bh^2$$

$$l = 147.1h \sqrt{\frac{1}{q_1}} \tag{2-57}$$

按刚度要求

$$w = \frac{q_1 l^4}{150EI} = [w] = \frac{l}{400}$$

$$l = 66.7h \sqrt[3]{\frac{I}{q_1}} \qquad (2\text{-}58)$$

式中　q_1——作用在侧模板上的侧压力（N/mm）

　　　l——侧板计算跨度（mm）；

　　　b——侧板宽度（mm）取 1000mm；

　　　h——侧板厚度（mm）；

　　　f_m——木材抗弯强度设计值，取 13N/mm²；

　　　w——侧板的挠度（mm）；

　　　$[w]$——侧板容许挠度，取 $l/400$；

　　　E——弹性模量，木材取 9.5×10^3N/mm²；钢材取 2.1×10^5N/mm²；

　　　I——侧板截面惯性矩（mm⁴），$I = \frac{bh^3}{12}$。

当墙侧模板采用组合钢模板时，板长为 1200mm 或 1500mm，端头用 U 形卡连接，板的跨度不宜大于板长，一般取 600～1000mm，可不进行计算。

（2）内外楞

内楞承受墙侧模板作用的荷载，按多跨连续梁计算，其容许跨度（间距）按下式计算：

当采用木内楞时：

按强度要求：
$$M = \frac{1}{10}q_2 l^2 = [f_m] \cdot W$$

$$l = 11.4 \sqrt{\frac{W}{q_2}} \qquad (2\text{-}59)$$

按刚度要求：
$$w = \frac{q_2 l^4}{150EI} = [w] = \frac{l}{400}$$

$$l = 15.3 \sqrt[3]{\frac{I}{q_2}} \qquad (2\text{-}60)$$

当采用钢内楞时：

按强度要求
$$M = \frac{1}{10}q_2 l^2 = [f_m] \cdot W$$

$$l = 46.4 \sqrt{\frac{W}{q_2}} \qquad (2\text{-}61)$$

按刚度要求
$$w = \frac{q_2 l^4}{150EI} = [w] = \frac{l}{400}$$

$$l = 42.86 \sqrt[3]{\frac{I}{q_2}} \qquad (2\text{-}62)$$

式中　M——内楞计算最大弯矩（N. mm）；

q_2——作用在内楞上的荷载（N/mm）；

l——内楞计算跨矩（mm）；

W——内楞截面抵抗矩（mm³）；

w——侧板的挠度（mm）；

f_m——木材抗弯强度设计值，取13N/mm²；

$[w]$——内楞的容许挠度，取$\dfrac{l}{400}$；

I——内楞的截面惯性矩（mm⁴）；

$[f]$——钢材抗拉、抗压、抗弯强度设计值，采用Q235钢，取215N/mm²；

其他符号意义同前。

【例 2-13】 地下室墙厚400mm，高5m，每节模板高2.5m，采取分节浇筑混凝土，每节浇筑高度为2.5m，浇筑速度$V=3$m/h，混凝土重力密度$\gamma_c=25$kN/m³，浇筑温度$T=30℃$，采用厚25mm木模板，试计算确定内楞的间距（侧模板容许的跨矩）。

【解】 取$\beta_1=\beta_2=1$，由式（2-1）墙模板收到的侧压力为：

$$F = 0.22\gamma_c\left(\frac{200}{T+15}\right)\beta_1\beta_2 V^{\frac{1}{2}}$$

$$= 0.22\times25\times\left(\frac{200}{30+15}\right)\times1\times1\times\sqrt{3} = 42.3\text{kN/m}^2$$

$$F = \gamma_c H = 25\times2.5 = 62.5\text{kN/m}^2$$

取二者中的较小值，$F=42.3$kN/m²作为标准荷载。

有效压头高度 $\qquad h = \dfrac{F}{\gamma_c} = \dfrac{42.3}{25} = 1.69\text{m}$

考虑倾倒混凝土时对侧模产生的水平荷载标准值为4kN/m²，则其强度设计荷载为：

$$q_1 = 42.3\times1.2 + 4\times1.4 = 56.36\text{kN/m}$$

按刚度要求，采用标准荷载，同时不考虑倾倒混凝土荷载

$$q_1 = 42.3\times1 = 42.3\text{kN/m}$$

按强度要求需要内楞间距，由式（2-57）得：

$$l = 147.1h\cdot\sqrt{\frac{1}{q_1}} = 147.1\times25\times\sqrt{\frac{1}{56.36}} = 490\text{mm}$$

按刚度要求需要内楞间距，由式（2-58）得：

$$l = 66.7h\cdot\sqrt[3]{\frac{1}{q_1}} = 66.7\times25\times\sqrt[3]{\frac{1}{42.3}} = 479\text{mm}$$

取二者中的较小值$l=479$mm，用460mm。

2.2.5 现浇混凝土板模板的计算

1. 模板荷载计算

1）模板及其支架上的荷载标准值

作用在模板上的荷载标准值有：

（1）模板及其支架自重标准值应根据模板设计图确定。对肋形楼板及无梁楼板的自重标准值，可按表 2-1 采用。

（2）新浇筑混凝土自重标准值

对普通混凝土可采用 $24N/m^3$，对其他混凝土可根据实际重力密度确定。

（3）钢筋自重标准值

钢筋自重标准值应根据设计图纸确定。对一般梁板结构每立方米钢筋混凝土的钢筋自重标准值可采用下列数值：

楼板 1.1kN　　　　梁 1.5kN

（4）施工人员及设备荷载标准值

① 计算模板及直接支承模板的小楞时，对均布荷载取 $2.5kN/m^2$，另应以集中荷载 2.5kN 再行验算，比较两者所得的弯矩值，按其中较大者采用。

② 计算直接支承小楞结构构件时，均布活荷载取 $1.5kN/m^2$。

③ 计算支架立柱及其他支承结构构件时，均布活荷载取 $1.0kN/m^2$。

注：① 对大型浇注设备如上料平台、混凝土输送泵等按实际情况计算；

② 混凝土堆集料高度超过 100mm 以上者按实际高度计算；

③ 模板单块宽度小于 150mm 时，集中荷载可分布在相邻的两块板上。

（5）振捣混凝土时产生的荷载标准值

① 对水平模板可采用 $2.0kN/m^2$。

② 垂直面模板可采用 $4.0kN/m^2$（作用范围在新混凝土侧压力的有效压头高度之内）。

（6）新浇筑混凝土对模板侧面的压力标准值

详见"混凝土对模板的侧压力计算"。

（7）倾倒混凝土时产生的荷载标准值

倾倒混凝土时对垂直面模板产生的水平荷载标准值可按表 2-2 采用。

2）计算模板及其支架时的荷载分项系数

计算模板及其支架时的荷载设计值，应采用荷载标准值乘以相应的荷载分项系数求得，荷载分项系数可按表 2-3 采用。

3）模板及其支架设计计算时荷载的组合

计算模板及其支架时，参与模板及其支架荷载效应组合的各项荷载可按表 2-4 采用。

4）模板及其支架计算有关技术规定

（1）模板材料及材料的容许应力

模板及其支架所使用的材料，钢材应符合《普通碳素钢钢号和一般技术条件》中的 Q235 钢标准，木材应符合《木结构工程施工质量验收规范》（GB 50206—2002）中的承重结构选材标准，其树种可按各地区实际情况选用，材质不宜低于Ⅲ等材。

钢模板及其支架的设计应符合现行国家标准《钢结构设计规范》（GB 50017—2003）的规定，其截面塑性发展系数取 1.0；其荷载设计值可乘以 0.85 予以折减；采用冷弯薄壁型钢应符合现行国家标准《冷弯薄壁型钢结构技术规范》（GB 50018—2002）的规定，其荷载设计值不应折减。

木模板及其支架的设计应符合现行国家标准《木结构设计规范》（GB 50005—2003）的规定；当木材含水率小于 25% 时，其荷载设计值可乘以 0.90 予以折减。

（2）模板变形值的规定

为了保证结构构件表面的平整度，模板必须有足够的刚度，验算时其变形值不得超过下列规定：

① 结构表面外露的模板，为模板构件计算跨度的 1/400。

② 结构表面隐蔽的模板，为模板构件计算跨度的 1/250。

③ 支架的压缩变形值或弹性挠度，为相应的结构计算跨度的 1/1000。

（3）模板设计中有关稳定性的规定

支架的立柱或桁架应保持稳定，并用撑拉杆件固定。

为防止模板及其支架在风荷载作用下倾倒，应从构造上采取有效措施，如在相互垂直的两个方向加水平及斜拉杆、缆风绳、地锚等。当验算模板及其支架在自重和风荷载作用下的抗倾倒稳定性时，风荷载按《建筑结构荷载规范》（GB 50009—2001）的规定采用，模板及其支架的抗倾倒系数不应小于 1.15。

5）组合钢模板的规格及力学性能

国内使用最为广泛的组合钢模平面模板的规格及其力学性能见表 2-13 和表 2-14，供模板计算时参考应用。

平面模板规格　　　　　　　　　　　表 2-13

宽度 (mm)	代号	尺寸 (mm)	每块面积 (m²)	每块重量 (kg)	宽度 (mm)	代号	尺寸 (mm)	每块面积 (m²)	每块重量 (kg)
300	P3015	300×1500×55	0.45	14.90	200	P2007	200×750×55	0.15	5.25
	P3012	300×1200×55	0.36	12.06		P2006	200×600×55	0.12	4.17
	P3000	300×900×55	027	9.21		P2004	200×450×55	0.09	3.34
	P3007	300×750×55	0.225	7.93	150	P1515	150×1500×55	0.225	8.01
	P3006	300×600×55	0.18	6.36		P1512	150×1200×55	0.18	6.47
	P3004	300×400×55	0.135	5.08		P1509	150×900×55	0.135	4.93
250	P2515	250×1500×55	0.375	13.19		P1507	150×750×55	0.113	4.23
	P2512	250×1200×55	0.30	10.66		P1506	150×600×55	0.09	3.40
	P2509	250×900×55	0.225	8.13		P1504	150×400×55	0.068	2.69
	P2507	250×750×55	0.188	6.98	100	P1015	100×1500×55	0.15	6.36
	P2506	250×600×55	0.15	5.60		P1012	100×1200×55	0.12	5.13
	P2504	250×400×55	0.113	4.45		P1009	100×900×55	0.09	3.90
200	P2015	200×1500×55	0.03	9.76		P1007	100×750×55	0.075	3.33
	P2012	200×1200×55	0.24	7.91		P1006	100×600×55	0.06	2.67
	P2006	200×900×55	0.18	6.03		P1004	100×400×55	0.045	2.11

注：1. 平面模板重量按 2.3mm 厚钢板计算。

2. 代号：如 P3015，P 表示平面模板，30 表示模板宽度为 300mm、15 表示模板长度为 1500mm。但 P3007 中的 07 表示模板长 750mm；p3004 中的 04 表示模板长 450mm。

2.3mm 厚平面模板力学性能 表 2-14

模板宽度 (mm)	截面积 A (cm²)	中性轴位置 y_0 (cm)	X 轴截面惯性矩 I_x (cm⁴)	截面最小抵抗矩 W_x (cm³)	截面简图
300	10.80 (9.78)	1.11 (1.00)	27.91 (26.39)	6.36 (5.86)	300 (250) δ=2.3 δ=2.8
250	9.65 (8.63)	1.23 (1.11)	26.62 (25.38)	6.23 (5.78)	
200	7.02 (6.39)	1.06 (0.95)	17.63 (16.62)	3.97 (3.65)	200 (150\100)
150	5.87 (5.24)	1.25 (1.14)	16.40 (15.64)	3.86 (3.58)	δ=2.3
100	4.72 (4.09)	1.53 (1.42)	14.54 (14.11)	3.66 (3.46)	

2. 板模板计算

楼板（平台）模板一般支承在横楞（木楞或钢楞）上，横楞再支承在下部支柱或桁架上，两端则支承在梁的立挡上。

1) 板模板计算

（1）当为木模板时，木楞的间距一般为 0.5～1.0m，模板按连续梁计算，可按结构计算方法或查表求出它的最大弯矩和挠度，再按下式分别进行强度和刚度验算：

截面抵抗矩

$$W \geqslant \frac{M}{f_m} \tag{2-63}$$

挠度

$$w_A = \frac{K_w q l^4}{100EI} \leqslant [w] = \frac{l}{400} \tag{2-64}$$

式中　W——板模板的截面抵抗矩（mm³）；

　　　M——板模板计算最大弯矩（N·mm）；

　　　f_m——木材抗弯强度设计值（N/mm²），取 13N/mm²；

　　　w_A——板模板的挠度（mm）；

　　　K_w——挠度系数，可从表 2-15 查得，一般按四跨连续梁考虑，$K_w = 0.967$；

　　　q——作用于模板底板上的均布荷载；

　　　l——计算跨度，等于木楞间距（mm）；

　　　E——木材的弹性模量，$E = 9.5 \times 10^3 \text{N/mm}^2$；

　　　I——底板的截面惯性矩（mm³），$I = \frac{1}{12}bh^3$；

　　　b——底板木材的宽度（mm）；

　　　h——底板木材的厚度（mm）；

　　　$[w]$——板模板的容许挠度，取 $l/400$。

四跨等跨连续梁的弯矩、剪力、挠度计算系数　　　　表 2-15

荷载简图		弯矩系数 K_M				剪力系数 K_V			挠度系数 K_w	
		M_1 中	M_2 中	M_B 支	M_C 支	V_A	V_B 左 V_B 右	V_C 左 V_C 右	w_1 中	w_2 中
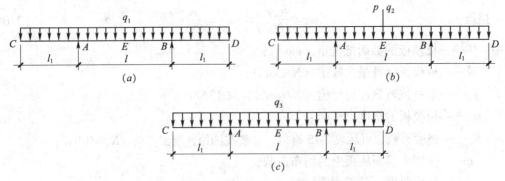	静　载	0.077	0.036	−0.107	−0.071	0.393	−0.607 0.536	−0.464 0.464	0.632	0.186
	活载最大	0.100	0.081	−0.121	−0.107	0.446	−0.620 0.603	−0.571 0.571	0.967	0.660
	活载最小	0.023	0.045	0.013	0.018	—	—	—	−0.307	−0.588
	静　载	0.169	0.116	−0.161	−0.107	0.339	−0.661 0.554	−0.446 0.446	1.079	0.409
	活载最大	0.210	0.183	−0.181	−0.161	0.420	−0.681 0.654	−0.607 0.607	1.581	1.121
	活载最小	0.040	−0.067	0.020	0.020	—	—	—	−0.460	0.711
	静　载	0.238	0.111	−0.286	−0.191	0.714	−1.286 1.095	−0.905 0.905	1.764	0.573
	活载最大	0.268	0.222	−0.321	−0.286	0.867	−1.321 1.274	−1.190 1.190	2.657	1.838
	活载最小	0.071	0.119	0.036	0.048	—	—	—	−0.819	−1.265

（2）当为组合式钢模板时，钢楞间距按图 2-22 位置布置，可按两端悬臂板求其弯矩和挠度，再按下式分别进行强度和刚度验算：

图 2-22　楼板平台模板采用组合钢模板计算简图

当施工荷载均布作用时 ［图 2-22 （a）］，设 $n = \dfrac{l_1}{l}$

支座弯矩　　　　　　　　　　　　　$M_A = -\dfrac{1}{2} q_1 l_1^2$　　　　　　　　　　（2-65）

跨中弯矩　　　　　　　　　　　　　$M_B = \dfrac{1}{8} q_1 l^2 (1 - 4n^2)$　　　　　　　（2-66）

当施工集中荷载作用于跨中时［图2-22（b）］：

支座弯矩
$$M_{\text{A}} = -\frac{1}{2}q_2 l_1^2 \tag{2-67}$$

跨中弯矩
$$M_{\text{E}} = \frac{1}{8}q_2 l^2 (1 - 4n^2) + \frac{Pl}{4} \tag{2-68}$$

以上弯矩取其中弯矩最大值，按以下公式进行截面强度验算：

$$\sigma = \frac{M}{W} < f \tag{2-69}$$

板的挠度按下式验算［图2-22（c）］：

端部挠度
$$w_{\text{c}} = \frac{q_3 l_1 l^3}{24EI}(-1 + 6n^2 + 3n^3) < [w] \tag{2-70}$$

跨中挠度
$$w_{\text{E}} = \frac{q_3 l^4}{384EI}(5 - 24n^2) < [w] \tag{2-71}$$

式中　q_1、q_2、q_3——分别对作用于钢模板上不同组合的均布荷载（N/mm）；

$\qquad l_1$——钢模板计算跨度（mm），等于钢楞间距；

$\qquad l$——钢模板悬臂端长度（mm）；

$\qquad P$——作用于跨中的集中荷载（N）；

$\qquad \sigma$——钢模板承受的应力（N/mm²）；

$\qquad W$——钢模板截面抵抗矩（mm³）；

$\qquad f$——钢模板的抗拉、抗弯强度设计值，取215N/mm²；

$\qquad E$——钢材的弹性模量，$E = 2.1 \times 10^5$N/mm²；

$\qquad I$——钢模板的截面惯性矩（mm⁴）；

$\qquad [w]$——钢模板的容许挠度，取$l/400$。

2）板模板横楞计算

横楞由支柱或钢桁架支承，其跨距一般与板模板跨距相当，当横楞长度较大（大于1.5m），按单跨两端悬臂梁计算，求出最大弯矩和挠度，然后用板模板同样的方法进行强度和刚度的验算。

3）支柱计算

当采用木支柱时，强度和稳定性验算方法同梁、木顶撑的计算方法（参见"2.2.3 现浇混凝土梁模板的计算"）；当采用工具或钢管架或钢管脚手支架支顶时，其强度和稳定性验算方法参见"2.3.4 钢管架计算"和"2.3.6 钢管脚手架支架计算"（略）。

【例2-14】　商住楼底层平台楼面，标高为6.5m，楼板厚200mm，次梁截面为250×600mm，中心距2.0m，采用组合钢模板支模，主板型号为P3015（钢面板厚度为2.3mm，重量0.33kg/m²，$I_{xj} = 26.39 \times 10^4$mm⁴，$W_{xj} = 5.86 \times 10^3$mm³），钢材设计强度为215N/mm²，弹性模量为2.1×10⁵N/mm²。支承横楞用内卷边槽钢。

【解】　1. 楼板模板验算

1）荷载计算

楼板标准荷载为：

楼板模板自重力	0.33kN/m^2

楼板模板自重力 $\qquad$ 0.33kN/m^2

楼板混凝土自重力 $\qquad$ $25 \times 0.20 = 5.0\text{kN/m}^2$

楼板钢筋自重力 $\qquad$ $1.1 \times 0.20 = 0.22\text{kN/m}^2$

施工人员及设备(均布荷载) $\qquad$ 2.5kN/m^2

（集中荷载） $\qquad$ 2.5kN/m^2

永久荷载分项系数取 1.2；可变荷载分项系数取 1.4；由于模板及其支架中不确定的因素较多，荷载取值难以准确，不考虑荷载设计值的折减，已知模板宽度为 0.3m。则设计均布荷载分别为：

$$q_1 = \left[(0.33 + 5.0 + 0.22) \times 1.2 + 2.5 \times 1.4\right] \times 0.3 = 3.048\text{kN/m}$$

$$q_2 = (0.33 + 5.0 + 0.22) \times 1.2 \times 0.3 = 1.998\text{kN/m}$$

$$q_3 = (0.33 + 5.0 + 0.22) \times 0.3 = 1.665\text{kN/m}$$

设计集中荷载为： $\qquad P = 2.5 \times 1.4 = 3.5\text{kN}$

2）强度验算

计算简图如图 2-23（a）所示。

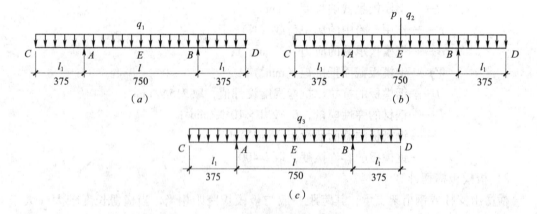

图 2-23　楼板模板计算简图

（a）当施工荷载均布作用时，模板的强度计算简图；

（b）当施工荷载集中于跨中时，模板的强度计算简图；（c）模板的刚度计算简图

当施工荷载按均布作用时〔图 2-23（a）〕，已知 $n = \dfrac{0.375}{0.75} = 0.5$

支座弯矩 $\qquad M_A = -\dfrac{1}{2}q_1 l_1^2 = -\dfrac{1}{2} \times 3.048 \times 0.375^2$

$$= 0.214\text{kN} \cdot \text{m}$$

跨中弯矩 $\qquad M_E = \dfrac{1}{8}q_1 l^2 (1 - 4n^2)$

$$= \dfrac{1}{8} \times 3.048 \times 0.75^2 \times [1 - 4 \times (0.5)^2] = 0$$

当施工荷载集中作用于跨中时〔图 2-23（b）〕：

支座弯矩

$$M_A = -\frac{1}{2}q_2 l_1^2 = -\frac{1}{2} \times 1.998 \times 0.375^2$$

$$= -0.140 \text{kN} \cdot \text{m}$$

跨中弯矩

$$M_E = \frac{1}{8}q_2 l^2 (1 - 4n^2) + \frac{Pl}{4}$$

$$= \frac{1}{8} \times 1.998 \times 0.375^2 \times [1 - 4 (0.5)^2] + \frac{1}{4} \times 3.5 \times 0.75$$

$$= 0.656 \text{kN} \cdot \text{m}$$

比较以上弯矩值, 其中以施工荷载集中作用于跨中时的 M_E 值为最大, 故以此弯矩值进行截面强度验算, 由式 (2-31) 得:

$$\sigma_E = \frac{M_E}{W_{xj}} = \frac{0.656 \times 10^6}{5860} = 112 \text{N/mm}^2 < 215 \text{N/mm}^2 \qquad 满足要求$$

3) 刚度验算

刚度验算的计算简图如图 2-23 (c) 所示。

端部挠度

$$w_c = \frac{q_3 l_1 l^3}{24EI}(-1 + 6n^2 + 3n^3)$$

$$= \frac{1.665 \times 375 \times (750)^3}{24 \times 2.1 \times 10^5 \times 26.39 \times 10^4}[-1 + 6 (0.5)^2 + 3 (0.5)^3]$$

$$= 0.173 \text{mm} < \frac{750}{400} = 1.875 \text{mm}$$

跨中挠度

$$w_E = \frac{q_3 l^4}{384EI}(5 - 24n^2)$$

$$= \frac{1.665 \times 750^2}{384 \times 2.1 \times 10^5 \times 26.39 \times 10^4}[5 - 24 (0.5)^2]$$

$$= 0.025 \text{mm} < 1.875 \text{mm}$$

故刚度满足要求。

2. 楼板模板支撑钢楞验算

设钢楞采用两根 $100 \text{mm} \times 50 \text{mm} \times 20 \text{mm} \times 3 \text{mm}$ 的内卷边槽钢 ($W_x = 20.06 \times 10^3 \text{mm}^3$, $I_x = 100.28 \times 10^4 \text{mm}^4$), 钢楞间距为 0.75m。

1) 荷载计算

钢楞承受的楼板标准荷载与楼板相同, 则钢楞承受的均布荷载为:

$$q_1 = [(0.33 + 5.0 + 0.22)] \times 1.2 + 2.5 \times 1.4] \times 0.75 = 7.62 \text{kN/m}$$

$$q_2 = (0.33 + 5.0 + 0.22) \times 1.2 \times 0.75 = 4.995 \text{kN/m}$$

$$q_3 = (0.33 + 5.0 + 0.22) \times 0.75 = 4.163 \text{kN/m}$$

集中设计荷载 $P = 2.5 \times 1.4 = 3.5 \text{kN}$

2) 强度验算

钢楞强度验算简图如图 2-24 (a) 所示, $n = \frac{0.3}{1.0} = 0.3$

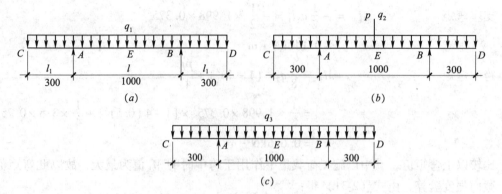

图 2-24　支承楼板模板的钢楞计算简图

（a）当施工荷载均布作用时，钢楞的强度计算简图；

（b）当施工荷载集中作用于跨中时，钢楞的强度计算简图；（c）钢楞的刚度计算简图

当施工荷载均布作用时

支座弯矩
$$M_A = \frac{1}{2}q_1 l_1^2 = -\frac{1}{2} \times 7.62 \times (0.3)^2$$

$$= -0.343 \text{kN} \cdot \text{m}$$

跨中弯矩
$$M_E = \frac{1}{8}q_1 l^2 (1 - 4n^2)$$

$$= \frac{1}{8} \times 7.62 \times (1.0)^2 \times [1 - 4 \times (0.3)^2] = 0.610 \text{kN} \cdot \text{m}$$

当施工荷载集中作用于跨中时［图 2-24（b）］：

支座弯矩
$$M_A = -\frac{1}{2}q_2 l_1^2 = -\frac{1}{2} \times 4.995 \times 0.375^2$$

$$= -0.224 \text{kN} \cdot \text{m}$$

跨中弯矩
$$M_E = \frac{1}{8}q_2 l^2 (1 - 4n^2) + \frac{Pl}{4}$$

$$= \frac{1}{8} \times 4.995 \times 1^2 \times [1 - 4(0.3)^2] + \frac{3.5 \times 1}{4}$$

$$= 1.275 \text{kN} \cdot \text{m}$$

比较以上弯矩值，其中以施工荷载集中作用于跨中时的 M_E 值为最大。

$$\sigma_E = \frac{M_E}{W_x} = \frac{1.275 \times 10^6}{20.06 \times 10^3 \times 2} = 31.8 \text{N/mm}^2 < 215 \text{N/mm}^2$$

3）刚度验算［图 2-24（c）］

端部挠度　$w_c = \frac{q_3 l_1 l^3}{24EI}(-1 + 6n^2 + 3n^3)$

$$= \frac{4.163 \times 300 \times (1000)^3}{24 \times 2.1 \times 10^5 \times 100.28 \times 10^4 \times 2}[-1 + 6(0.3)^2 + 3(0.3)^3]$$

$$= 0.469 \text{mm} < \frac{1000}{400} = 2.5 \text{mm}$$

跨中挠度
$$w_{\mathrm{E}} = \frac{q_3 l^4}{384EI}(5-24n^2)$$
$$= \frac{4.163 \times 1000^2}{384 \times 2.1 \times 10^5 \times 100.28 \times 10^4 \times 2}[5-24(0.3)^2]$$
$$= 0.73\mathrm{mm} < 2.5\mathrm{mm}$$

故刚度满足要求。

◆ 2.3 组合钢模板支撑件和连接件的计算

2.3.1 模板拉杆计算

模板拉杆用于连接内、外两组模板、保持内、外模板的间距，承受混凝土侧压力对模板的荷载，使模板有足够的刚度和强度。

拉杆型式多采用圆杆式（通常对拉螺栓或穿墙螺栓），分组合式和整体式两种。前者由内、外拉杆和顶帽组成。后者为自制的通长螺栓（图 2-25）。通常采用 Q235 圆钢制作。

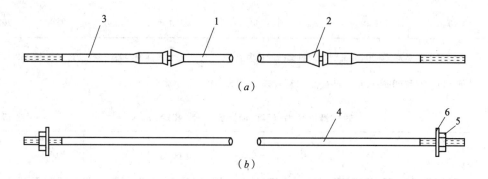

图 2-25 对拉螺栓
（a）组合式；（b）整体式
1—内拉杆；2—顶帽；3—外拉杆；4—螺杆；5—螺母；6—垫板

模板拉杆的计算公式如下：

$$P = F \cdot A \tag{2-72}$$

式中 P——模板拉杆承受的拉力（N）；

F——混凝土的侧压力（N/m²）；

A——模板拉杆分担的受荷面积（m²），其值为 $A = a \times b$；

a——模板拉杆的横向间距（m）；

b——模板拉杆的纵向间距（m）。

表 2-16 ~ 表 2-19 为按公式（2-72）编制的对拉螺栓拉力计算表，已知 F、a、b 可直接查出 P 值。

表 2-20 为常用对拉螺栓力学性能表，可根据计算或查出的 P 值选用螺栓直径。

对拉螺栓拉力（N）值计算（$F = 30\text{kN/m}^2$）　　　　　　　表 2-16

b（m） ＼ a（m）	0.45	0.50	0.55	0.60	0.65	0.70	0.75
0.45	6075	—	—	—	—	—	—
0.50	6750	7500	—	—	—	—	—
0.55	7425	8250	9075	—	—	—	—
0.60	8100	9000	9900	10800	—	—	—
0.65	8775	9750	10725	11700	12675	—	—
0.70	9450	10500	11550	12600	13650	14700	—
0.75	10125	11250	12375	13500	14625	15750	16875
0.80	10800	12000	13200	14400	15600	16800	18000
0.85	11475	12750	14025	15300	16575	17850	19125
0.90	12150	13500	14850	16200	17550	18900	20250

注：当混凝土侧压力 $F \neq 30\text{kN/m}$ 时，对拉螺栓的拉力 $P^0 = \dfrac{PF^0}{F}$，F' 为实际的混凝土侧压力；P 为由表 2-17 查出之值。当 $F = 40$、50 和 60kN/m^2 时，可查表 2-17，表 2-18 和表 2-19。

对拉螺栓拉力（N）值计算（$F = 40\text{kN/m}^2$）　　　　　　　表 2-17

b（m） ＼ a（m）	0.45	0.50	0.55	0.60	0.65	0.70	0.75
0.45	8100	—	—	—	—	—	—
0.50	9000	10000	—	—	—	—	—
0.55	9900	11000	12100	—	—	—	—
0.60	10800	12000	13200	14400	—	—	—
0.65	11700	13000	14300	15600	16900	—	—
0.70	12600	14000	15400	16800	18200	19600	—
0.75	13500	15000	16500	18000	19500	21000	32500
0.80	14400	16000	17000	19200	20800	22400	24000
0.85	15300	17000	18700	20400	22100	23800	25500
0.90	16200	18000	19800	21600	23400	25200	27000

注：同表 2-16 注。

对拉螺栓拉力（N）值计算（$F = 50\text{kN/m}^2$）　　　　表 2-18

a（m） b（m）	0.45	0.50	0.55	0.60	0.65	0.70	0.75
0.45	10120	—	—	—	—	—	—
0.50	11250	12500	—	—	—	—	—
0.55	12370	13750	15120	—	—	—	—
0.60	13500	15000	16500	18000	—	—	—
0.65	14620	16250	17870	19500	21120	—	—
0.70	15750	17500	19250	21000	22750	24500	—
0.75	16870	18750	20620	22500	24370	26250	28120
0.80	18000	20000	22000	24000	26000	28000	30000
0.85	19120	21250	23370	25500	27620	29750	31870
0.90	20250	22600	24750	27000	29250	31500	33750

注：同表 2-16 注。

对拉螺栓拉力（N）值计算（$F = 60\text{kN/m}^2$）　　　　表 2-19

a（m） b（m）	0.45	0.50	0.55	0.60	0.65	0.70	0.75
0.45	12150	—	—	—	—	—	—
0.50	13500	15000	—	—	—	—	—
0.55	14850	16500	18150	—	—	—	—
0.60	16200	18000	19800	21600	—	—	—
0.65	17550	19500	21450	23400	25350	—	—
0.70	18900	21000	23100	25200	27300	29400	—
0.75	20250	22500	24750	27000	29250	31500	33750
0.80	21600	24000	26400	28800	31200	33600	36000
0.85	22950	25500	28050	30600	33150	35700	38250
0.90	24300	27000	29700	32400	35100	37800	40500

注：同表 2-16 注。

对拉螺栓力学性能　　　　表 2-20

螺栓直径 （mm）	螺纹内径 （mm）	净面积 （mm^2）	重量 （kg/m）	容许拉力 （N）
M12	9.85	76	0.89	12900
M14	11.55	105	1.21	17800
M16	13.55	144	1.58	24500
M18	14.93	174	2.00	29600
M20	16.93	225	2.46	38200
M22	18.93	282	2.98	47900

【例 2-15】 已知混凝土对模板的侧压力为 $26kN/m^2$，拉杆横向间距为 $0.75m$，纵向间距为 $0.85m$，试选用对拉螺栓直径。

【解】 按公式（2-72）计算拉杆承受的拉力

$$P = 26000 \times 0.75 \times 0.85 = 16575N$$

亦可查表 2-16 得 $P = 19125N$

$$\therefore \quad P = \frac{19125 \times 26}{30} = 16575N$$

查表 2-20 选用 M14 螺栓，其容许拉力为 $17800N > 16575N$，可。

2.3.2 支承钢楞计算

支承钢模板用钢楞又称连杆、檩条、龙骨等，用于支承钢模板，加强其整体刚度。钢楞材料有钢管、矩形钢管、内卷边槽钢和槽钢等多种型式。钢楞常用各种型钢力学性能见表 2-21。

各种型钢力学性能   表 2-21

规　格	(mm)	截面积 A （mm^2）	重量 （kg/m）	截面惯性矩 I_x （mm^4）	截面最小抵抗矩 W_x （mm^3）
扁钢	—70×5	350	2.75	14.29×10^4	4.08×10^3
角钢	∟ 75×25×3.0	291	2.28	17.17×10^4	3.76×10^3
	∟ 80×35×3.0	330	2.59	22.49×10^4	4.17×10^3
钢管	φ48×3.0	424	3.33	10.78×10^4	4.49×10^3
	φ48×3.5	489	3.84	12.19×10^4	5.08×10^3
	φ51×3.5	522	4.10	14.81×10^4	5.81×10^3
矩形	□60×40×2.5	457	3.59	21.88×10^4	7.29×10^3
钢管	□80×40×2.0	452	3.55	37.13×10^4	9.28×10^3
	□100×50×3.0	864	6.78	112.13×10^4	22.42×10^3
冷弯	[80×40×3.0	450	3.53	43.92×10^4	10.98×10^3
槽钢	[100×50×3.0	570	4.47	88.52×10^4	12.20×10^3
内卷边	80×40×15×3.0	508	3.99	48.92×10^4	12.23×10^3
槽钢	100×50×20×3.0	658	5.16	100.28×10^4	20.06×10^3
槽钢	[8	1024	8.04	101.30×10^4	25.30×10^3

钢楞系直接支承在钢模板上，承受模板传递的多点集中荷载，为简化计算，通常按均布荷载计算。其计算原则是：① 连续钢楞跨度不同时，按不同跨数有关公式进行计算。钢楞带悬臂时，应另行验算悬臂端的弯矩和挠度，取最大值。② 每块钢模板上宜有两处支承，每个支承上有两根钢楞。③ 长度 1500mm、1200mm 和 900mm 的钢模板内楞间距 a，一般分别取 750mm、600mm 和 450mm。外钢楞最大间距取决于抗弯强度及挠度的控制值，但不宜超过 2000mm。④ 热扎钢楞的强度设计值 $f = 215N/mm^2$，冷弯型钢钢楞的容许应力 $[f] = 160N/mm^2$。钢楞的容许挠度 $[w] = 0.3cm$。

1. 单跨及两跨连续的内钢楞计算（图 2-26）

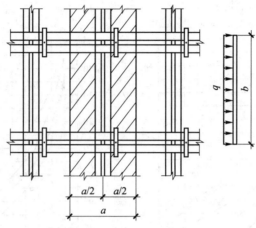

图 2-26　内钢楞计算简图

1）**按抗弯强度计算内钢楞跨度 b**

$$q = Fa \tag{2-73}$$

$$M_{max} = \frac{qb^2}{8} = \frac{Fab^2}{8}$$

$$\sigma_{max} = \frac{M_{max}}{W} = \frac{Fab^2}{8W} \leq f$$

即得

$$b \leq \sqrt{\frac{8fW}{Fa}}$$

2）**按挠度计算内钢楞的跨度 b**

$$w_{max} = \frac{5qb^4}{384EI} = \frac{5Fab^4}{384EI} \leq [w]$$

即得：

$$b \leq \sqrt[4]{\frac{384[w]EI}{5Fa}} \tag{2-74}$$

式中　F——混凝土侧压力（N/mm^2）；

　　　q——均布荷载（N/mm）；

　　　a——内钢楞间距（mm）；

　　　b——外钢楞间距（或内钢楞的跨度）（mm）；

　　M_{max}——内钢楞承受的最大弯矩（$N \cdot mm$）；

　　σ_{max}——内钢楞承受的最大应力（N/mm^2）；

　　　f——钢材的抗拉、抗弯强度设计值（N/mm^2）；

　　　W——双根内钢楞的截面最小抵抗矩（mm^3）；

　　w_{max}——内钢楞最大挠度（mm）；

　　　$[w]$——内钢楞的容许挠度值（mm）；

　　　EI——双根内钢楞的抗弯刚度（$N \cdot mm^2$）。

同样，根据以上计算公式，可以计算出在不同混凝土侧压力作用下，外钢楞（或模板拉杆）的最大间距（即内钢楞的最大跨度）。图 2-27 ~ 图 2-34 为用各种型钢作内钢楞时的外钢楞最大间距选用图。

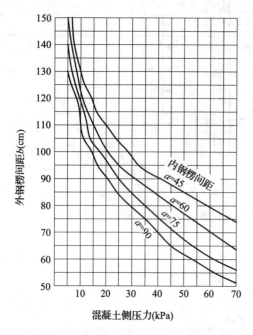

图 2-27　$\phi48 \times 3.5mm$ 作内钢楞
时的外钢楞最大间距选用图

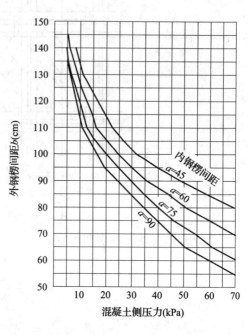

图 2-28　$\phi51 \times 3.5mm$ 作内钢楞
时的外钢楞最大间距选用图

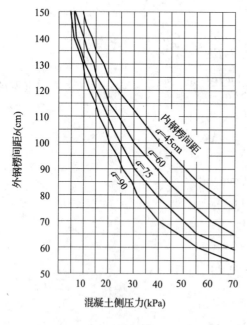

图 2-29　□$60mm \times 40mm \times 2.5mm$ 作
内钢楞时的外钢楞最大间距选用图

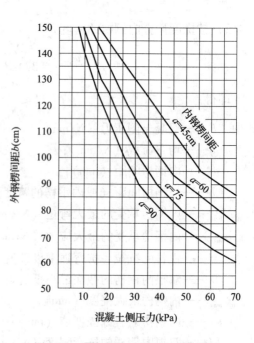

图 2-30　□$80mm \times 40mm \times 2mm$ 做
内钢楞时的外钢楞最大间距选用图

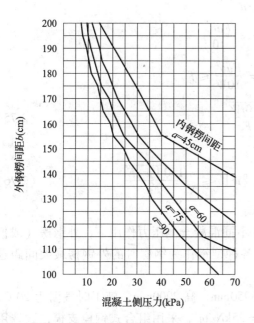

图 2-31 □100mm×50mm×3mm 作
内钢楞时的外钢楞最大间距选用图

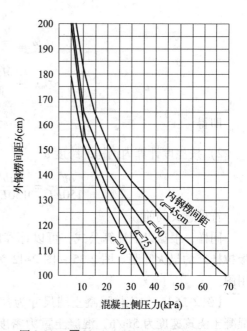

图 2-32 □80mm×40mm×15mm×3mm
作内钢楞时的外钢楞最大间距选用图

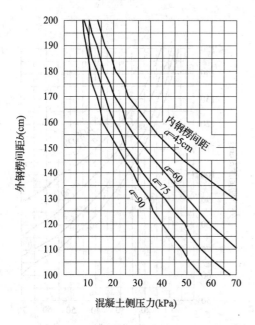

图 2-33 □100mm×50mm×20mm×3mm
作内钢楞时的外钢楞最大间距选用图

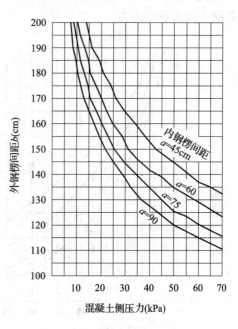

图 2-34 [8 作内钢楞时的
外钢楞最大间距选用图

2. 三跨及三垮以上连续的内钢楞计算

1) 按抗弯强度计算内钢楞的跨度 b

113

$$q = Fa$$

$$M_{max} = \frac{qb^2}{10} = \frac{Fab^2}{10}$$

$$\sigma_{max} = \frac{M_{max}}{W} = \frac{Fab^2}{10W} \leqslant f$$

即得

$$b \leqslant \sqrt{\frac{10fW}{Fa}} \qquad (2-75)$$

2）按挠度计算内钢楞的跨度 b

$$w_{max} = \frac{qb^4}{150EI} = \frac{Fab^4}{150EI} \leqslant [w] \quad b \leqslant \sqrt[4]{\frac{150[w]EI}{Fa}} \qquad (2-76)$$

符号意义同前。

同样，根据以上计算公式，可以计算出在不同混凝土侧压力作用下，外钢楞（或模板拉杆）的最大间距。图 2-35 ~ 图 2-42 为用各种型钢作为钢楞时的外钢楞最大间距选用图。

【例 2-16】 住宅楼混凝土墙尺寸为：长 3950mm、高 2900mm，施工时气温为 20℃，混凝土浇筑速度为 5m/h，混凝土重力密度 $\gamma = 25$kN/m³，采用组合式钢模支模，试选用内、外钢楞规格。

【解】 已知施工气温 $T = 20$℃，混凝土浇筑速度 $V = 5$m/h，取 $\beta_1 = \beta_2 = 1$，由式(2-1)得混凝土最大侧压力为：

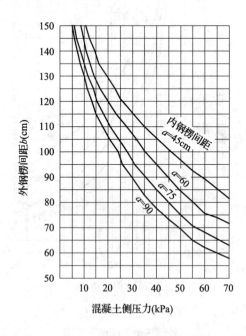

图 2-35　$\phi 48 \times 3.5$mm 作内钢楞
时的外钢楞最大间距选用图

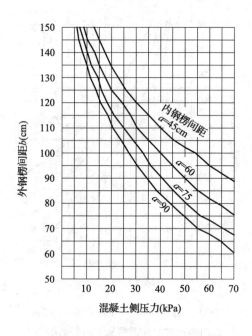

图 2-36　$\phi 51 \times 3.5$mm 作内钢楞
时的外钢楞最大间距选用图

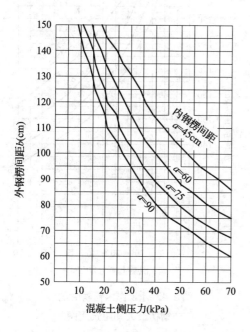

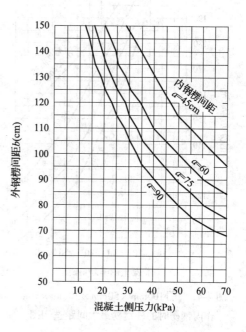

图 2-37 □60×40×2.5mm 作内钢楞
时的外钢楞最大间距选用图

图 2-38 □80×40×2mm 作内钢楞
时的外钢楞最大间距选用图

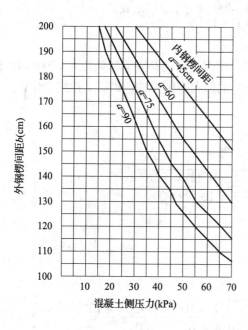

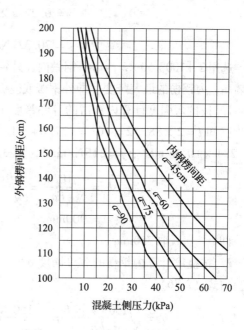

图 2-39 □100mm×50mm×20mm×3mm
作内钢楞时的外钢楞最大间距选用图

图 2-40 〔8 作内钢楞时的
外钢楞最大间距选用图

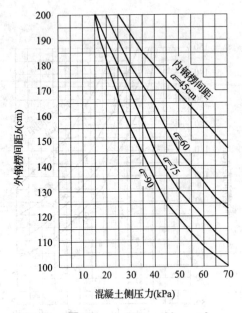

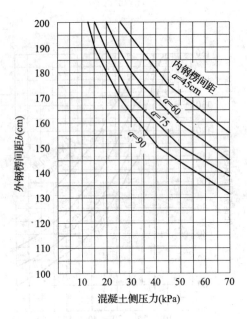

图 2-41 □100mm×50mm×20mm×3mm
作内钢楞时的外钢楞最大间距选用图

图 2-42 〔8 作内钢楞时的
外钢楞最大间距选用图

$$F = 0.22\gamma_c \left(\frac{200}{T+15} \right) \beta_1 \beta_2 V^{\frac{1}{2}}$$

$$= 0.22 \times 25 \left(\frac{200}{T+15} \right) \times 1 \times 1 \times \sqrt{5}$$

$$= 70.32 \text{kN/m}^2$$

选用 2〔100×50×3 冷弯槽钢做内、外钢楞，内钢楞竖向布置，取间距 $a = 900$mm，根据墙高，内钢楞的最大跨度（即外钢楞或模板拉杆的最大间距）按三跨以上连续梁计算。

1. 按抗弯强度计算内钢楞的容许跨度 b

已知 $I = 2 \times 88.52 \times 10^4 = 177.04 \times 10^4 \text{mm}^4$；$W = 2 \times 12.2 \times 10^3 = 24.4 \times 10^3 \text{mm}^3$；$E = 2.1 \times 10^5 \text{N/mm}^2$；$f = 215 \text{N/mm}^2$，由式（2-75）得：

$$b = \sqrt{\frac{10fW}{Fa}} = \sqrt{\frac{10 \times 215 \times 24.4 \times 10^3}{70.3 \times 10^{-3} \times 900}}$$

$$= 900 \text{mm}$$

即　　　b 取 750mm

2. 按挠度计算内钢楞的容许跨度 b

由式（2-76）得：

$$b = \sqrt[4]{\frac{150[w]EI}{Fa}} = \sqrt[4]{\frac{150 \times 3 \times 2.1 \times 10^5 \times 177.04 \times 10^4}{70.3 \times 10^{-3} \times 900}}$$

$$= 1275 \text{mm}$$

按以上计算，内钢楞跨度取 750mm（间距为 900mm），外钢楞采用内钢楞同一规格，间距为 750mm。

2.3.3　柱箍计算

柱箍有又称柱夹箍，柱卡箍，能同时支承和夹紧模板，保证其刚度，是各类柱模板的重要支承件。柱箍有扁钢、角钢、钢管、冷弯槽钢、内卷边槽钢等多种型式。材质多用 Q235 钢。常用柱箍规格、尺寸及使用柱宽范围见表 2-22。

柱箍规格及适用范围
表 2-22

规　格 （mm）		夹板长度 （mm）	重量 （kg/根）	使用柱宽范围 （mm）
扁钢	— 70×5	1100	3.02	300~700
角钢	∟ 75×25×3.0	1000	2.28	300~600
	∟ 80×35×3.0	1150	2.98	300~700
钢管	φ48×3.0	1200	4.61	300~700
	φ51×3.5	1200	4.92	300~700
冷弯 槽钢	⌷ 80×40×3.0	1500	5.30	500~1000
	⌷ 100×50×3.0	1650	7.38	500~1000
内卷边 槽钢	80×40×15×3.0	1800	7.18	500~1000
	100×50×20×3.0	1800	9.20	500~1200

柱箍直接支承在钢模板上，承受钢模板传递的均布荷载，同时还承受其他两侧模板上混凝土侧压力引起的轴向拉力。柱箍间距一般按下式计算（图 2-43）

1. 按抗弯强度计算柱箍间距

$$q = F l_1$$

$$M_{max} = \frac{q l_2^2}{8} = \frac{F l_1 l_2^2}{8}$$

$$\sigma_1 = \frac{M_{max}}{W} = \frac{F l_1 l_2^2}{8W}$$

$$N = q \frac{l_3}{2} = \frac{F l_1 l_3}{2}$$

$$\sigma_2 = \frac{N}{A} = \frac{F l_1 l_3}{2A}$$

$$\sigma_{max} = \sigma_1 + \sigma_2 \leqslant f$$

即得

$$l_1 = \frac{8fWA}{F(l_2^2 A + 4 l_3 W)} \qquad (2-77)$$

2. 按挠度计算柱箍间距

$$w_{max} = \frac{5 q l_2^4}{384 EI} = \frac{5 F l_1 l_2^4}{384 EI} \leqslant [w]$$

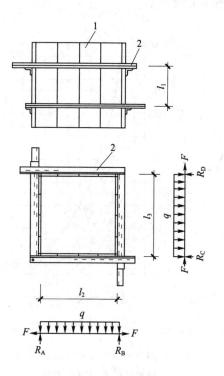

图 2-43　柱箍计算简图

1—钢模板；2—柱箍

即得

$$l_1 = \frac{384 \, [w] \, EI}{5F l_2^4} \quad\quad (2\text{-}78)$$

式中　F——混凝土侧压力（N/mm²）；

　　　　q——均布荷载（N/mm）；

　　　　l_1——柱箍间距（mm）；

　　　　l_2——长边柱箍跨距（mm）；

　　　　l_3——短边柱箍跨距（mm）；

　　　　σ_1——柱箍受弯曲应力（N/mm²）；

　　　　N——柱箍受轴向拉力（N）；

　　　　A——柱箍截面积（mm²）；

　　　　σ_2——柱箍受轴向应力（N/mm²）；

　　　$\sigma_{\max}$——柱箍受总应力（N/mm²）；

　　　　EI——柱箍抗弯刚度（N·mm²）。

根据以上计算结果，取最小值，即为柱箍间距。

采用以上计算公式，可以计算出在不同混凝土侧压力作用下，不同柱宽时的柱箍最大间距。图 2-44 ~ 图 2-52 为常用各种型钢柱箍的最大箍距选用图，可供参考。矩形柱的柱箍按长边计算。

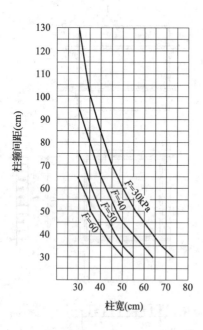

图 2-44　—70mm×5mm 扁钢型柱箍的最大间距选用图

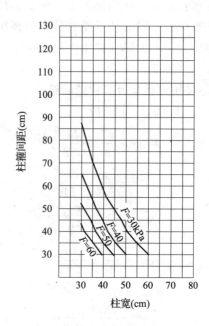

图 2-45　∟75mm×25mm×3mm角钢型柱箍的最大间距选用图

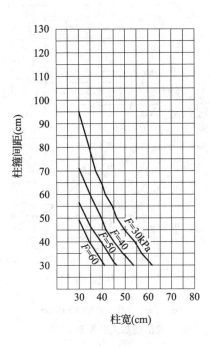

图 2-46 ∟80mm×35mm×3mm
角钢型柱箍的最大箍距选用图

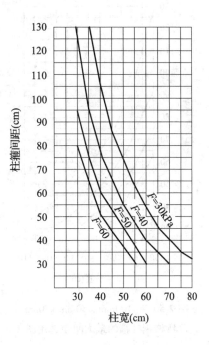

图 2-47 φ48×3.5mm 钢管型
柱箍的最大间距选用图

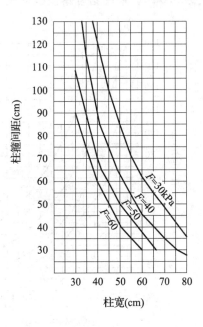

图 2-48 ∟80mm×35mm×3mm
角钢型柱箍的最大箍距选用图

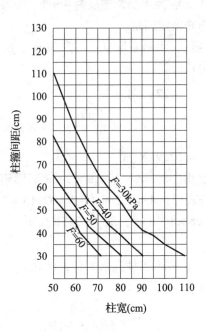

图 2-49 φ48×3.5mm 钢管型
柱箍的最大间距选用图

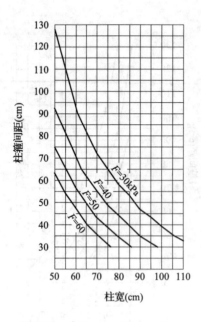

图 2-50 〔100mm×50mm×3mm
冷弯槽钢柱箍的最大间距选用图

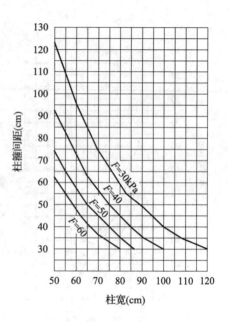

图 2-51 〔80×40×15×3mm
柱箍的最大箍距选用图

【例2-17】 高层建筑商住楼框架柱截面为 $400mm×600mm$，净高为 $3.0m$，施工气温为 $20℃$，混凝土浇筑速度为 $4m/h$，混凝土坍落度为 $5.0cm$，采用组合钢模板支模，试选用柱箍并确定间距。

【解】 由题意取 $\gamma_c = 25kN/m^3$，$\beta_1 = \beta_2 = 1$
由式（2-1）得

$$F = 0.22\gamma_c t_0 \beta_1 \beta_2 V^{\frac{1}{2}}$$

$$= 0.22 × 25 × \frac{200}{20+15} × 1 × 1 × \sqrt{4}$$

$$= 62.9kN/m^2$$

选用□80mm×40mm×2mm 矩形钢管作柱箍，查表得：$A = 452mm^2$，$I = 37.13 × 10^4 mm^4$，$W = 9.28 × 10^3 mm^3$，取 $f = 215N/mm^2$，$[w] = 3mm$。

1. 抗弯强度计算需要柱箍间跨 l_1
由式（2-77）得

$$l_1 = \frac{8fWA}{F(l_2^2 A + 4l_3 W)}$$

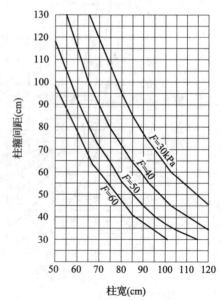

图 2-52 〔100mm×50mm×20mm×3mm
柱箍的最大箍距选用图

$$= \frac{8 \times 215 \times 9.28 \times 10^3 \times 452}{62.9 \times 10^{-3}(700^2 \times 452 + 4 \times 500 \times 9.28 \times 10^3)}$$

$$= 517mm$$

2. 按挠度计算需要柱箍间距 l_1

由式（2-78）得：

$$l_1 = \frac{384[w]EI}{5Fl_2^4}$$

$$= \frac{384 \times 3 \times 2.1 \times 10^5 \times 37.13 \times 10^4}{5 \times 62.9 \times 10^{-3} \times 700^4}$$

$$= 1190mm$$

按以上计算取二者最小值，柱箍间距取 500mm，共用 $\frac{3000}{500}+1 = 7$ 道柱箍。

2.3.4　钢管架计算

钢管架又称钢支撑及钢顶撑，主要用做大梁、次梁、楼板、阳台、挑檐以及隧道等水平模板的垂直支撑。钢管架制成工具式的。规格型式较多，使用较为普通的为 CH 型和 YJ 型两种。具有结构简单，调节灵活，使用轻巧方便，操作容易，安全可靠等优点。

钢管架一般由顶板、底板、套管、插管、调节螺栓、转盘和插销等组成（图 2-53）。使用长度的大距离调节用插销，微调用螺管。CH 型和 YJ 型钢管架的规格和力学性能分别见表 2-23 和表 2-24。

钢管支撑规格表　　　　　　　表 2-23

项　目		型　　号					
		CH－65	CH－75	CH－90	YJ－18	YJ－22	YJ－27
最小使用长度（mm）		1812	2212	2712	1820	2220	2720
最大使用长度（mm）		3062	3462	3962	3090	3490	3990
调节范围（mm）		1250	1250	1250	1270	1270	1270
螺栓调节范围（mm）		170	170	170	70	70	70
容许荷重	最小长度时（N）	20.000	20.000	20.000	20.000	20.000	20.000
	最大长度时（N）	15.000	15.000	15.000	15.000	15.000	15.000
重　量（kg）		12.4	13.2	14.8	13.87	14.99	16.39

钢管支撑力学性能表　　　　　　　表 2-24

项　目		直径（mm）		壁厚（mm）	截面积 A（mm^2）	惯性矩 I（mm^4）	回转半径 i（mm）
		外径	内径				
CH 型	插管	48.6	43.8	2.4	348	9.32×10^4	16.4
	套管	60.5	55.7	2.4	438	18.51×10^4	20.6
YJ 型	插管	18.0	43.0	2.5	357	9.28×10^4	16.1
	套管	60.0	55.4	2.3	417	17.38×10^4	20.4

钢管架可按两端铰接的轴心受压杆件进行设计或验算。在插管拉伸至最大使用长度时，钢管架的受力情况最为不利，其计算简图如图 2-54 所示，其临界荷载为：

$$P_{cr} = \frac{\pi E I_2}{l_0^2} = \frac{\pi E I_2}{(\mu l)^2} \tag{2-79}$$

式中　P_{cr}——支柱临界荷载；

　　　l_0——为支柱计算长度；

　　　μ——为插管与套管的惯性矩不同时计算长度换算系数，即 $\mu = l_0/l$，当取 l_0 实际

　　　　　全长，$\mu = 1$；当支柱中点设纵横拉条时，$\mu = \dfrac{1}{2}$；

　　　E——钢材的弹性模量取 $2.1 \times 10^5 \, \mathrm{N/mm^2}$；

　　　I_2——下部套管的截面惯性矩（$\mathrm{mm^4}$）。

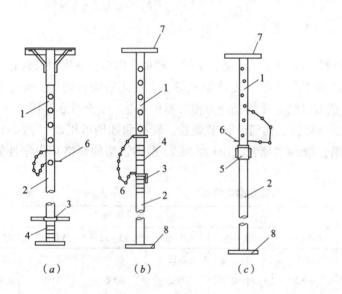

图 2-53　钢管架型式结构

（a）普通型钢管架；（b）CH 型钢管架；（c）YJ 型钢管架

1—插管；2—套管；3—转盘；4—螺管；5—螺栓套

6—插销；7—顶板；8—底板

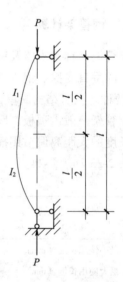

图 2-54　两截式支柱计算简图

如这支柱在中点也有双向拉条时，可近似的取上柱作为两端铰接压杆计算，计算长度为 $l/2$，这是偏于安全的。

当已知钢管架的力学性能，其容许荷载可按以下计算：

1. 钢管架受压稳定计算

根据国家标准《冷弯薄壁钢结构技术规范》（GB 50018—2002），可按轴心受压稳定性要求确定钢管架的允许承载力。

钢支柱的长细比　　　　　　　　　$\lambda = \dfrac{\mu l}{i_2}$ 　　　　　　　　　　　　(2-80)

式中　l——钢支柱使用长度（mm）；

　　　i_2——钢套管的回转半径（mm）；

　　　μ——当套管与插管的惯性矩不同时，计算长度的换算系数；

$$\mu = \sqrt{\frac{1 + n}{2}} \qquad (2\text{-}81)$$

其中

$$n = \frac{I_2}{I_1}$$

式中　I_1——插管的惯性矩（mm^4）；

　　　I_2——套管的惯性矩（mm^4）.

由计算得到的 λ，查表 1-15 ~ 表 1-18 得到稳定性系数 φ。由轴心受压杆稳定性计算式，得钢支柱在轴心受压条件下的容许承载力：

$$N \leqslant \varphi A_2 f \qquad (2\text{-}82)$$

式中　φ——钢管支柱稳定系数；

　　　A_2——钢套管的截面积（mm^2）；

　　　f——钢支柱钢材的抗压强度设计值，$f = 215\text{N/mm}^2$（临时性结构，可不考虑折减为 205，以下均同）。

2. 钢管壁受压强度计算

钢管壁的受压容许荷载 $[N]$（N）按下式计算：

$$[N] = f_{ce} A \qquad (2\text{-}83)$$

式中　f_{ce}——钢管壁端面承压强度设计值，取 320N/mm^2；

　　　A——两个插销空的管壁受压面积（mm^2）

$$A = 2a \cdot \frac{d}{2} \cdot \pi$$

　　　a——插管壁厚（mm）；

　　　d——插销直径（mm）。

3. 插销受剪力计算

插销受剪力的容许荷载 $[N]$（N）按下式计算：

$$[N] = f_v \cdot 2A_c \qquad (2\text{-}84)$$

式中　f_v——钢材抗剪强度设计值，取 125N/mm^2；

　　　A_c——插销截面积（mm^2）。

【**例 2-18**】　CH—65 型钢支撑，其最大使用长度为 3.06m，钢支撑中间无水平拉杆，插管与套管之间因松动产生的偏心为半个钢管直径，试求钢支撑的容许荷载。

【**解**】　插管偏心值 $e = \dfrac{D}{2} = \dfrac{48.6}{2} = 24.3\text{mm}$，

偏心率 $\varepsilon = e \cdot A_2 / W_2 = 24.3 \times \dfrac{438}{\dfrac{18.51 \times 100^4}{32.5}} = 1.87$

长细比 $\lambda = \dfrac{l_0}{i_2} = \dfrac{\mu l}{i_2}$

钢管支撑的使用长度 $l = 3060 \text{mm}$

钢管支撑的计算长度 $l_0 = \mu l$

$$\mu = \sqrt{\frac{1+n}{2}}$$

$$n = I_2/I_1 = \frac{18.51}{9.32} = 1.99$$

$$\mu = \sqrt{\frac{1+1.99}{2}} = 1.22$$

$$\lambda = \frac{\mu l}{i_2} = \frac{1.22 \times 3060}{20.6} = 181.2$$

（1）钢管受压稳定验算

根据表 1-16 得：$\varphi = 0.223$

由公式（2-82）得：

$$[N] = 0.223 \times 438 \times 210 = 20500 \text{N}$$

（2）钢管壁受压强度验算

插销直径 $d = 12 \text{mm}$，插销壁厚 $a = 2.5 \text{mm}$，管壁的端承面承压强度设计值 $f_{ce} = 320 \text{N/mm}^2$。

两个插销孔的管壁受压面积 $A = 2a \cdot \dfrac{d}{2} \cdot \pi = 2 \times 2.5 \times \dfrac{12}{2} \times 3.14 = 94.2 \text{ mm}^2$

由公式（2-83），管壁承受容许荷载：

$$[N] = f_{ce} A = 320 \times 94.2 = 30144 \text{N}$$

（3）插销受剪力验算

插销截面积 $A_0 = 113 \text{mm}^2$，两处受剪力，由公式（2-84），则插销受容许荷载：

$$[N] = f_v \cdot 2 A_0 = 125 \times 2 \times 113 = 28250 \text{N}$$

根据验算，取三项验算的最小容许荷载，故 CH—65 钢支撑的最大使用长度时的容许荷载为 20500N。

【例2-19】 已知钢管架，上柱外径 60mm，壁厚 3.5mm，毛截面积 $A = 621 \text{mm}^2$，惯性矩 $I = 25 \times 10^4 \text{ mm}^4$，回转半径 $r = 20 \text{mm}$，下柱外径 75.5mm，壁厚 3.75mm，毛截面积 $A = 844 \text{mm}^2$，惯性矩 $I = 54.4 \times 10^4 \text{ mm}^4$，回转半径 $r = 25.3 \text{mm}$，试求其容许荷载及当中间无拉条，由于内外管之间存在空隙，产生偏心外移 30mm 时的容许荷载。

【解】 已知 $n = \dfrac{I_2}{I_1} = \dfrac{54.4}{25} = 2.18$，由式（2-81）得 $\mu = \sqrt{\dfrac{1+n}{2}} = 1.261$

由此的长细比 $\lambda = \dfrac{\mu l}{r_2} = \dfrac{1.261 \times 3600}{25.3} = 179.4$（稍大于 150），根据表 1-15 得稳定系数 $\varphi = 0.244$

由式（2-82）得容许荷载为：

$$N = \varphi \cdot A_2 \cdot f = 0.244 \times 844 \times 215 = 44276N \approx 44.3kN$$

当中点无拉条产生偏心 $e = 30mm$，考虑此偏心不大，支柱处与临界状态时，截面应力分布情况为拉、压区都出现塑性，故容许荷载和根据《钢结构设计规范》（GB 50017—2003）第 5.2.2 条公式求得：

$$\frac{N}{\varphi_x A} + \frac{\beta_{mx} M_x}{\gamma_x W_{1x}\left(1 - 0.8\frac{N}{N'_{Ex}}\right)} \le f$$

上式有关数值为：

$$N'_{Ex} = \frac{\pi^2 EA}{\lambda^2} = \frac{3.14^2 \times 2.1 \times 10^5 \times 844}{(179.4)^2} = 54297N$$

$$W_{1x} = \frac{54.4 \times 10^4}{\frac{75.2}{2}} = 14411 \ mm^3$$

取 $\gamma_x = 1$，$\beta_{mx} = 1$，$\varphi_x = 0.244$（a 类截面）

$A = 844mm^2$，$M_x = 30N \cdot mm$，$f = 215N/mm^2$

将以上值代入上式得：

$$\frac{N}{0.244 \times 844} + \frac{1 \times 30N}{1.2 \times 14411 \times \left(1 - 0.8 \times \dfrac{N}{54297}\right)} = 215$$

解之得容许荷载 $N = 27640N = 27.64kN$

2.3.5 四管支柱计算

四管支柱，主要用于大梁、平台等水平模板的垂直支撑。由管柱、螺栓千斤顶和托盘组成（图 2-55）。管柱用四根 $\phi 48 \times 3.5mm$ 的圆钢管和 6 ~ 10mm 的钢板缀条拼接焊成。螺栓千斤顶是由直径为 M45mm 的螺栓和上、下托板组成，其调距为 250mm，四管支柱的规格按高度分为 1250mm、1500mm、1750mm、2000mm、3000mm 五种，可以组合成 250mm 进级的不同高度。四管支柱的规格见表 2-25，各种高度组合见表 2-26。四管支柱的力学性能见表 2-27。

四管支柱可按两端铰接的轴心受压构件进行计算。四管支柱的容许荷载 $[N]$（N）可按下式计算：

$$[N] = \varphi A f \qquad (2-85)$$

式中　φ——轴心受压构件的稳定系数；

　　　A——四管支柱的截面积（mm^2）；

　　　f——钢材的抗压强度设计值，取 $215N/mm^2$。

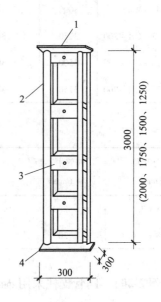

图 2-55　四管支柱构造

1—顶板；2—钢管；3—连接板；4—底板

四管支柱规格表 表2-25

规 格	CH－125	CH－150	CH－175	CH－200	CH－300
高度（mm）	1250	1500	1750	2000	3000
重量（kg/个）	41.58	48.41	52.18	55.96	74.12
容许荷载（kN）	210	210	210	210	210

四管支柱组合表 表2-26

型号与数量	组合高度 L（mm）	管柱与千斤顶组合高度 $H = L + l$（150~400）（mm）	型号与数量	组合高度 L（mm）	管柱与千斤顶组合高度 $H = L + l$（150~400）（mm）
CH－125	1250	1400~1650	2CH－200	4000	4150~4400
CH－150	1500	1650~1900	CH－125＋CH－300	4250	4400~4650
CH－175	1750	1900~2150	CH－150＋CH－300	4500	4650~4900
CH－200	2000	2150~2400	CH－175＋CH－300	4750	4900~5150
2CH－125	2500	2650~2900	CH－200＋CH－300	5000	5150~5400
CH－125＋CH－150	2750	2900~3150	CH－125＋2CH－200	5250	5400~5650
CH－300	3000	3150~3400	CH－150＋2CH－200	5500	5650~5922
CH－125＋CH－200	3250	3400~3650	CH－175＋2CH－200	5750	5900~6150
CH－150＋CH－200	3500	3650~3900	2CH－300	6000	6150~6400
CH－175＋CH－200	3750	3900~4150			

四管支柱力学性能表 表2-27

管柱规格（mm）	四管中心距（mm）	截面积 A（mm²）	惯性矩 I_{xy}（mm⁴）	截面抵抗矩 W_{xy}（mm³）	回转半径 r_{xy}（mm）
$\phi 48 \times 3.5$	200	1957	2005.35×10^4	121.24×10^3	101.2
$\phi 48 \times 3.0$	200	1696	1739.06×10^4	10514×10^3	101.3

【例2-20】 四管支柱采用 $\phi 48 \times 3.0$mm 钢管制作，使用高度 $l = 3.0$m，试求其容许荷载。

【解】 当使用高度 $l = 3000$mm 时，管柱的细长比 $\lambda = \dfrac{l}{r} = \dfrac{3000}{101.3} = 29.61$

根据表 1-15 得 $\varphi = 0.964$，则容许荷载由式（2-85）得：

$$[N] = \varphi A f = 0.964 \times 1696 \times 215$$
$$= 351513\mathrm{N} \approx 351.5\mathrm{kN}$$

2.3.6 钢管脚手架支架计算

扣件式钢管脚手材料除可搭设脚手架、井架、上料平台和栈桥等外，有时还用于搭设层高较大的梁、板和框架结构的模板支架。具有材料易得，支拆方便，承载力高，可变性大，节省模板材料，损耗率小，费用较低等优点。

钢管脚手架由钢管、扣件、底座和调节杆等组成。钢管一般用外径 48mm，壁厚 3.0 ~ 3.5mm 的焊接钢管，长度有 2m、3m、4m、5m 等几种。扣件按用途的不同，有直角扣件、回转扣件和对接扣件三种；按使用材质的不同，又可分为玛钢扣件和钢板扣件两种，其单个重量和容许荷载见表 2-28。底座安装在立杆的下部，有可调螺栓式和固定套管式两种。

扣件重量和容许荷载表　　　　　　　　　　　　　　表 2-28

项　目		直 角 扣 件	回 转 扣 件	对 接 扣 件
玛钢	重量　　（kg）	1.25	1.50	1.60
扣件	容许荷载（N）	6000	5000	2500
钢板	重量　　（kg）	0.69	0.70	1.00
扣件	容许荷载（N）	6000	5000	2500

钢管脚手支架连接有用扣件对接和扣件搭接两种方式（图 2-56）。前者由立杆直接传力，受力性能较合理，承载能力能充分利用，支架高度调节灵活；后者荷载直接支承在横杆上，受力性能较差，立杆的承载能力未被充分利用，支架高度调节较困难，但钢管的长度可不受楼层高度变化的影响。其计算方法如下：

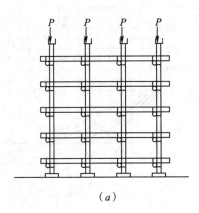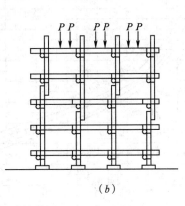

（a）　　　　　　　　　　　　　（b）

图 2-56　钢管脚手架计算简图
（a）对接连接；（b）搭接连接

1. 立杆的稳定验算

钢管脚手架主要验算立杆的稳定性，可简化为按两端铰接的受压杆件来计算。

1）用对接扣件连接的钢管支架　考虑到立杆本身存在弯曲，对接扣件的偏差和荷重不均匀，可按偏心受压杆件来计算。

若按偏心 1/3 的钢管直径，即：

$e = \dfrac{D}{3} = \dfrac{48}{3} = 16mm$，则 $\phi48 \times 3mm$ 的钢管偏心率　$\varepsilon = e. \dfrac{A}{W} = 16 \times \dfrac{424}{449} = 15.1$

长细比 $$\lambda = \dfrac{L}{r} = \dfrac{L}{15.9}$$

式中　L——计算长度，取横杆的步距。

立杆的容许荷载 $[N]$（N）可按下式计算：

$$[N] = \varphi \cdot A \cdot f \tag{2-86}$$

符号意义同前。

按上式计算出不同步距的 $[N]$ 值见表 2-29。

立杆容许荷载 $[N]$ 值表（kN）　　　　　　表 2-29

横杆步距（mm）	$\Phi48 \times 3$ 钢管		$\Phi48 \times 3.5$ 钢管	
	对接立杆	搭接立杆	对接立杆	搭接立杆
1000	31.7	12.2	35.7	13.9
1250	29.2	11.6	33.1	13.0
1500	26.8	11.0	30.3	12.4
1800	24.0	10.2	27.2	11.6

根据表 2-29 可以计算出不同垂直荷载下的立杆间距（立杆纵横间距相同）见图 2-57 ~ 图 2-60。

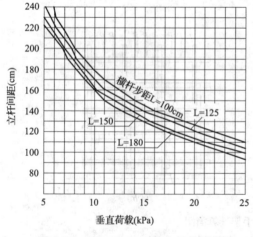

图 2-57　$\Phi48 \times 3mm$ 对接立杆的间距

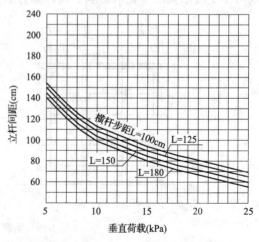

图 2-58　$\Phi48 \times 3mm$ 搭接立杆的间距

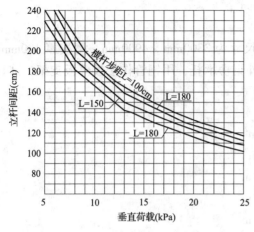

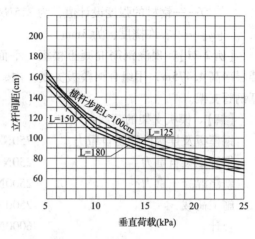

图 2-59　$\Phi48\times3.5$mm 对接立杆的间距　　　　图 2-60　$\Phi48\times3.5$mm 搭接立杆的间距

2）用回转扣件搭接的钢管支架　立杆按偏心受压，偏心距取 $e=70$mm 左右，按上述计算公式（2-86）算出立杆的容许荷载 $[N]$，亦列入表 2-29 中。

2．横杆的强度和刚度验算

当模板直接放在顶端横杆上时，横杆承受均布荷载。当顶端横杆上先放两根檩条，再放模板时，则横杆承受集中荷载。横杆可视作连续梁，其抗弯强度和挠度的近似计算公式如下：

在均布荷载作用下：

$$\sigma_{max}=\frac{M_{max}}{W}=\frac{ql^2}{10W}\leqslant f \tag{2-87}$$

$$w_{max}=\frac{ql^4}{150EI}\leqslant[w] \tag{2-88}$$

在两点集中荷载作用下：

$$\sigma_{max}=\frac{M_{max}}{W}=\frac{Pl}{3.5W}\leqslant f \tag{2-89}$$

$$w_{max}=\frac{Pl^3}{55EI}\leqslant[w] \tag{2-90}$$

式中　σ_{max}——横杆的最大应力（N/mm^2）；

　　　w_{max}——横杆的最大挠度；

　　　M_{max}——横杆的最大弯矩

　　　W——横杆的截面抵抗矩；

　　　E——横杆钢材的弹性模量；

　　　I——横杆的截面惯性矩；

　　　q——均布荷载；

　　　P——集中荷载（N）；

　　　l——立杆的间距（mm）；

f——钢材的强度设计值，为 215N/mm^2；

$[w]$——容许挠度，为 3mm。

【例 2-21】 现浇钢筋混凝土楼板，平面尺寸为 $3300\text{mm} \times 4900\text{mm}$，楼板厚 100mm，楼层净高 4.475m，用组合钢模板支模，内、外钢楞承托，用钢管作楼板模板支架，试计算钢管支架。

【解】 模板支架的荷载：

钢模板及连接件钢楞自重力	750N/m^2
钢管支架自重力	250N/m^2
新浇混凝土重力	2500N/m^2
施工荷载	2500N/m^2
合计	6000N/m^2

钢管立于内、外钢楞十字交叉处（图 2-61），每区格面积为 $1.4 \times 1.5 = 2.1\text{m}^2$

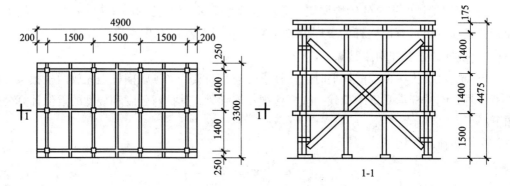

图 2-61 用钢管脚手架做楼板模板支架

每根立杆承受的荷载为 $2.1 \times 6000 = 12600\text{N}$

设用 $\phi48 \times 3\text{mm}$ 钢管，$A = 424\text{mm}^2$

钢管回转半径为：

$$i = \sqrt{\frac{d^2 + d_1^2}{4}} = \sqrt{\frac{48^2 + 42^2}{4}} = 15.9\text{mm}$$

采用立柱 12 根，各立柱间布置双向水平撑，上下共两道，并适当布置垂直剪刀撑。

按强度计算，支柱的受压应力为：

$$\sigma = \frac{N}{A} = \frac{12600}{424} = 29.7\text{N/mm}^2$$

按稳定性计算支柱的受压应力为：

长细比 $$\lambda = \frac{L}{i} = \frac{1500}{15.9} = 94.3$$

查表 1-16 得 $\varphi = 0.594$，由式（2-86），则

$$\sigma = \frac{N}{\varphi A} = \frac{12600}{0.594 \times 424} = 50\text{N/mm}^2 < f = 215\text{N/mm}^2 \quad \text{可以}$$

3．扣件的承载力计算

扣件的承载力应按下列公式计算

$$R_S \leqslant R_c \tag{2-91}$$

式中　R_S——支撑立杆或其他受力杆件通过扣件连接所传递的最大轴向力的设计值；

　　　R_c——扣件抗滑承载力的设计值；对接扣件取 3.2kN，直角扣件、旋转扣件取 8.0kN。

如横向有起支撑、约束作用的附着或连墙等连接件，也应按支撑系统所传递的荷载作相应的计算。

4．支撑系统地基承载力与沉降计算

支撑立杆基础底面的平均压力应按下列公式计算：

$$P \leqslant f_g \tag{2-92}$$

式中　P——支撑立杆基础底面的平均压力 $P = \dfrac{N}{A}$

　　　N——上部模板支撑结构传至基础顶面的竖向力设计值；

　　　A——基础底面面积；

　　　f_g——地基承载力设计值，$f_g = k_c \cdot f_{gk}$

　　　k_c——支撑下部地基承载力调整系数，按表 2-30 取值。

地基承载力调整系数　　　　　　　　　　　　表 2-30

地　基	碎　石　土	砂　土	回　填　土	黏　　土	混　凝　土
k_c	0.4	0.4	0.4	0.5	1.0

注：f_{gk}——地基承载力标准值，应按现行《建筑地基基础设计规范》（GB 5007）采用。多、高层建筑楼层梁板的模板支撑立杆有楼面支撑时，应对楼面结构的承载力进行验算。

2.3.7　门型架支撑计算

门型架除了广泛用作内外脚手架外，我国南方各地还较多推广应用作模板支撑。这种门型架支撑具有品种齐全，承载力高，组拼灵活，装拆速度快和安全性好等优点。

1．门型架支撑组成和构造

门型架支撑由门型架、调节螺栓底座、剪刀撑、连接棒、臂扣、水平框等部件组成（图 2-62a）。门型架支撑的主要部件是门型架，由主立杆、上横杆和加劲杆组成（图 2-62b）。一般标准门型架高 1700mm、宽 1219mm，主立杆和上横杆采用 $\Phi 42.7 \times 2.4$mm 的优质钢管，加劲杆采用 $\Phi 26.8 \times 2$mm 的钢管。北京建筑工程研究所结合国内建筑尺寸特点，为便于与普通 $\Phi 48 \times 3.5$mm 脚手钢管用扣件连接，专门开发了 GZM 工具门型架，其常用宽度为 1200mm，高度为 1800mm、1500mm、1200mm，另设 900mm、600mm 两种调节架。

2．门型架支撑承载力计算

因门型架支撑下部主门架与上部辅助架立杆之间系通过连接棒连接，连接棒的外管径与立杆的内管径有一配合公差，导致门型架的上下连接作用弱于钢管支架的对接扣件，因此上下立杆的连接可视为"铰接"，门型架支撑承载力主要决定于标准步高的门型架单元承载力［图 2-62c］。

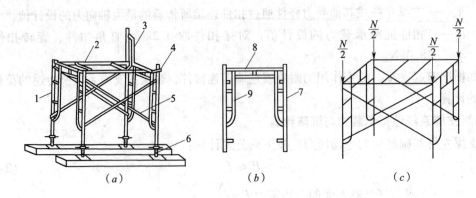

图 2-62　门型架支撑组成与构造

（a）门型架支撑组成；（b）门型架构造；（c）门型架单元受力

1—门型架；2—水平框架；3—臂扣；4—连接棒；5—剪刀撑；6—调节螺栓底座；

7—主立杆；8—上横杆；9—加劲杆

1）门型架等效为欧拉柱的承载力计算

由于门型架加劲杆对主杆的抗弯刚度起加强作用，使门型架的失稳只能在平面外。门型架可等效为两端铰支的欧拉柱，柱的计算高度即为门型架步高另加连接棒的接口高度 25mm。

主立杆惯性矩：

$$I_0 = \frac{\pi}{64}(D^4 - d^4) = \frac{\pi}{64}(42.7^4 - 37.9^4) = 61.9 \times 10^4 \text{ mm}^4$$

加劲杆惯性矩：

$$I_1 = \frac{\pi}{64}(D'^4 - d'^4) = \frac{\pi}{64}(26.8^4 - 22.8^4) = 1.21 \times 10^4 \text{ mm}^4$$

（1）有连接棒时门型架等效柱的惯性矩及临界荷载：

等效惯性矩 $$I = 2I_0 + nI_1 \frac{h_1}{h_0} \tag{2-93}$$

临界荷载 $$N_{cr} = \frac{\pi^2 EI}{l^2} \tag{2-94}$$

式中　n——加劲杆数；

　　　h_1—— 加劲杆高度（mm）；

　　　h_0——门型架高度，包括连接棒接口高度（mm）；

　　　l——门型架计算高度（mm）；

其他符号意义同前。

（2）无连接棒时门型架等效的惯性矩及临界荷载：

计算同上，门型架的高度取 1700mm。

2）初弯曲对门型架承载能力的影响

单片门型架在运输和装拆过程中，易在抗弯刚度较小的平面外向上弯曲，影响该片门型架的承载能力。一般具有初弯曲的薄壁压弯两端铰支构件的承载力，可按下式计算：

$$\frac{N}{A} = \frac{\sigma_y + \sigma_E (1 + \varepsilon)}{2} - \sqrt{\left[\frac{\sigma_y + \sigma_E (1 + \varepsilon)}{2}\right]^2 - \sigma_y \sigma_E} \qquad (2\text{-}95)$$

其中

$$\varepsilon = U_{0m} \frac{A}{W}$$

$$\sigma_E = \frac{\pi E I}{A l^2} = \frac{\pi^2 E}{\lambda^2}$$

式中　A——门型架主立杆截面积（mm^2）；

　　　W——门型架主立杆截面抵抗矩（mm^3）；

　　U_{0m}——跨中最大初弯曲挠度（mm）；

　　　σ_y——薄壁杆屈服强度（N/mm^2）；

　　其他符号意义同前。

若考虑门型架的主立杆（包括加劲杆）侧向初弯曲为 $0.5 \sim 0.3mm \left(\frac{l}{500} = \frac{1700}{500} = 3.4mm\right)$，则单片门型架承载力：

当 $U_{0m} = 0mm$ 时　　　　　　$N = 94.04kN$

当 $U_{0m} = 0.5mm$ 时　　　　　$N = 90.17kN$

当 $U_{0m} = 1.0mm$ 时　　　　　$N = 87.03kN$

当 $U_{0m} = 3.0mm$ 时　　　　　$N = 78.00kN$

支模时，在门型架上部，荷载作用在不同部位，门型架的容许承载力不同（表2-31），因此荷载应尽量作用在主立杆的顶部，而不作用在门型架的横杆上，以有效发挥门型架的最大承载力。门型架支撑的基础要牢靠，不应产生下沉或位移；各层各跨门型架都要设剪力撑，最好每层设水平框，以加强门架支撑的整体刚度和便于安装人员的操作。

门型架加载部位与承载力　　　　　　　　　　　　　　　　表 2-31

加载点部位					
每片门架最大承载力（kN）	100	91	75	50	30
容许承载力（kN）	50	35	30	20	12

【例 2-22】 已知标准门型架高 1700mm，连接棒接口高 25mm，主立杆惯性矩 $I_0 = 6.19 \times 10^4 mm^4$；加劲杆高度 1545mm，加劲杆惯性矩 $I_1 = 1.21 \times 10^4 mm^4$；$E = 1.95 \times 10^5 N/mm^2$，加劲杆数 $n = 2$，试求有连接棒时和无连接棒时的临界荷载。

【解】 有连接棒时的门型钢内架惯性矩，由式（2-93）得：

$$I = 2I_0 + nI_1 \frac{h_1}{h_0}$$

$$= 2 \times 6.19 \times 10^4 + 2 \times 1.21 \times 10^4 \times \frac{1545}{1725}$$

$$= 14.54 \times 10^4 mm^4$$

有连接棒时的临界荷载由式（2-94）得：

$$N_{cr} = \frac{\pi^2 EI}{l^2} = \frac{\pi^2 \times 1.95 \times 10^5 \times 14.54 \times 10^4}{(1700 + 25)^2}$$

$$= 94.05 kN$$

无连接棒时的门型架惯性矩为：

$$I = 2 \times 6.19 \times 10^4 + 2 \times 1.21 \times 10^4 \times \frac{1545}{1700}$$

$$= 14.57 \times 10^4 mm^4$$

无连接棒时的临界荷载：$N_{cr} = \dfrac{\pi^2 \times 1.95 \times 10^5 \times 14.57 \times 10^4}{1700^2} = 97.03 kN$

2.3.8 平面可调桁架计算

平面可调桁架系型钢焊接加工制成。为能适应不同跨度，多制成两个半榀，使用时，用两个半榀桁架相互拼装，使跨度可以灵活调节。这种桁架具有使用方便，节省模板支撑，扩大施工楼层内空间等特点。多用于作楼板、梁等水平模板的支架。

平面可调桁架的类型较多，工地采用较多的为小规格角钢拼装焊接加工制成的组合桁架，每半榀桁架长 3050mm，自重 46kg，两半榀的榀装跨度可调范围为 3050 ~ 5700mm。在最大跨度时，一榀桁架承载能力为 5t（均匀放置），构造如图 2-63（a）所示；桁架的计算简图如图 2-63（b）。节点荷载 $P = \dfrac{5000}{9} = 5556N$。

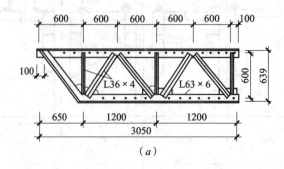

（a）

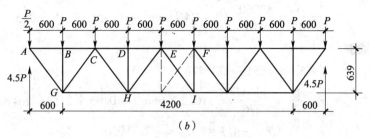

图 2-63　平面可调组合桁架构造及桁架计算简图
（a）角钢组合桁架构造；（b）桁架计算简图

桁架各杆件的内力按铰接分析计算，结果如表2-32所列。

平面可调组合桁架各杆件内力计算表　　　　表 2-32

杆件编号		杆件规格	毛截面积 A （mm²）	内力系数	杆件长度 l_0 （mm）	惯性矩 I （mm⁴）	回转半径 i （mm）
上弦杆	AB	∟63×6	729	−3.75P	600	17.19×10⁴	19.4
	BC	∟63×6	729	−3.75P	600	17.19×10⁴	19.4
	CD	∟63×6	729	−8.43P	600	17.19×10⁴	19.4
	DE	∟63×6	729	−8.43P	600	17.19×10⁴	19.4
下弦杆	GH	∟63×6	729	+6.56P	1200	17.19×10⁴	19.4
	HI	∟63×6	729	+9.37P	1200	17.19×10⁴	19.4
腹杆	AG	∟36×4	276	+5.48P	876	3.3×10⁴	10.9
	BG	∟36×4	276	−P	839	3.3×10⁴	10.9
	CG	∟36×4	276	−4.1P	876	3.3×10⁴	10.9
	CH	∟36×4	276	+2.74P	876	3.3×10⁴	10.9
	DH	∟36×4	276	−P	639	3.3×10⁴	10.9
	EH	∟36×4	276	−1.37P	876	3.3×10⁴	10.9

各杆件强度验算方法如下

1. 上弦杆计算

压杆 CD：　　　　　　　　$N = -8.43 \times 5556 = -46837N$

钻孔直径17mm，则净截面积

$$A_n = 618mm^2, \lambda = \frac{l_o}{i} = \frac{60}{1.94} = 30.93$$

查表1-16得，得 $\varphi = 0.932$

$$\therefore \quad \sigma = \frac{N}{\varphi A_n} = \frac{46837}{0.932 \times 618} = 81.3N/mm^2 < 0.65 \times 0.95 \times 215 = 133N/mm^2$$

2. 下弦杆验算

拉杆 HI：　　　$N = 9.37 \times 5556 = 52060N$

$$\sigma = \frac{N}{A_n} = \frac{52060}{618} = 84.24 \text{N/mm}^2 < 0.95 \times 0.85 \times 215 = 174 \text{N/mm}^2$$

3. 腹杆验算

拉杆 AG： $N = 5.48 \times 5556 = 30447 \text{N}$

$$\sigma = \frac{N}{A} = \frac{30447}{276} = 110.3 \text{N/mm}^2 < 0.95 \times 215 = 204 \text{N/mm}^2$$

压杆 CG： $N = -4.1 \times 5556 = -22780 \text{N}$

$$\lambda = \frac{l_0}{i} = \frac{87.6}{1.09} = 80.4$$

查表 1-16 得 $\varphi = 0.685$

$$\sigma = \frac{N}{\varphi A} = \frac{22780}{0.685 \times 276} = 120.5 \text{N/mm}^2 < 0.95 \times 0.72 \times 215 = 147 \text{N/mm}^2$$

2.3.9 曲面可变桁架计算

曲面可变桁架系用扁钢和圆钢筋焊接制成。由桁架、连接件、垫板、连接板、方垫板等组成（图 2-64）。内弦与腹筋焊接固定，外弦可以伸缩，曲面弧度可以自由调节，最小曲率半径为 3m。常用规格见表 2-33。这种桁架具有：使用轻便，可用各种曲面形状，调节灵活，节省模板支撑等特点。适用于作大直径筒仓、沉井、圆形基础、明渠、暗渠、水坝、桥墩和挡土墙等曲面构筑物模板的支撑。

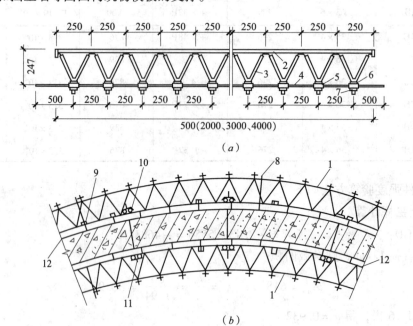

图 2-64 曲面可变桁架构造

（a）曲面可变桁架；（b）曲面可变桁架支模图

1—可变桁架；2—内弦；3—腹筋；4—外弦；5—连接件；6—螺栓；7—方垫块；8—支承杆；
9—拉结件；10—纵楞；11—对拉螺栓；12—组合钢模板

曲面可变桁架规格表 表 2-33

名 称	尺寸（mm）	重量（kg）	名 称	尺寸（mm）	重量（kg）
可变桁架	247×2000	24	连接板	130×862	3
可变桁架	247×3000	34	垫板	130×42	0.2
可变桁架	247×4000	48	垫板	130×862	3
可变桁架	247×5000	60	连接件	70×50×20	0.18
连接板	130×1112	5	方垫板	38×38	0.18

曲面可变桁架是承受均布荷载的受弯桁架结构。由于每隔一定距离布置有竖向钢楞，贴紧在内弦杆上，并用对拉螺栓拉紧，故桁架既受剪切力，又受弯曲作用，计算方法如下：

1．内弦杆受剪切力的验算

内弦受均布荷载 $\qquad q = Fa$

对拉螺栓承受的集中荷载

$$p = q. b = Fab$$

$$\tau_{\max} = \frac{P}{A} = \frac{Fab}{A} \leqslant f_v \qquad (2\text{-}96)$$

式中 F——新浇混凝土对模板的侧压力（N/mm²）；

q——可变桁架承受的均布荷载(N/mm)；

P——对拉螺栓承受的集中荷载（N）；

a——可变桁架的间距（mm）；

b——竖向钢楞的间距（mm）；

A——双根内弦杆(扁钢)截面积(mm²)；

f_v——内弦钢材抗剪强度设计值（N/mm²）。

当竖向钢楞的间距小于 3m 时，一般可按内弦杆受剪力来计算，按式（2-96）计算得出可变桁架间距 a 与竖向钢楞 b 的关系曲线图，见图 2-65。必要时还应按可变桁架受弯曲强度进行验算。

2．可变桁架受弯强度的验算

可变桁架计算简图如图 2-66 所示，整个桁架承受均布荷载 $q = Fa$，节点荷载 $P = 25q$，设混凝土最大侧压力 $F = 3.0$ N/mm²，可变桁架间距 $a = 750$mm，钢楞间距 $b = 1000$mm，各种杆件的内力及力学性能见表 2-34。

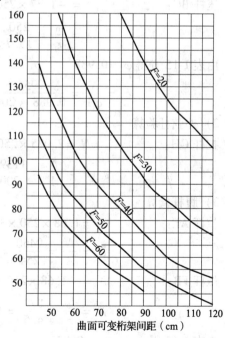

图 2-65 可变桁架间距 a 与
钢楞间距 b 的关系图

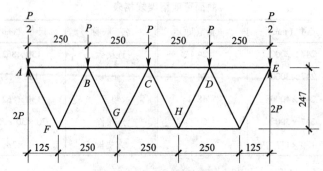

图 2-66　可变桁架计算简图

可变桁架各杆件内力计算表

表 2-34

杆件编号	杆件规格 （mm）	截面积 A （cm²）	内力系数	杆件长度 l_0 （mm）	惯性矩 I （mm⁴）	回转半径 r （mm）
内弦 BC	25×4	$20 \times 10 = 200$	$-1.77P$	250	4930	15.7
外弦 GH	25×4	$20 \times 10 = 200$	$+2.025P$	250	4930	15.7
腹杆 AF	$\Phi18$	254	$+1.68P$	277	520	4.5
腹杆 FB	$\Phi18$	254	$-1.68P$	277	520	4.5

1）内弦杆验算

压杆 BC：

$$N = -1.77 \times 250 \times 3 \times 10^{-2} \times 750 = -9956N$$

$$\lambda = \frac{l_0}{r} = \frac{250}{15.7} = 15.92$$

由表 1-15 查得 $\varphi = 0.988$

$$\sigma = \frac{N}{\varphi A} = \frac{9956}{0.988 \times 200} = 50 \ N/mm^2 < 215N/mm^2$$

2）外弦杆验算

拉杆 GH：

$$N = 2.025 \times 250 \times 3 \times 10^{-2} \times 750 = 11390N$$

$$\sigma = \frac{N}{A} = \frac{11390}{200} = 56.9 \ N/mm^2 < 215N/mm^2$$

3）腹杆验算

拉杆 AF：

$$N = 1.68 \times 250 \times 3 \times 10^{-2} \times 750 = 9450N$$

$$\sigma = \frac{N}{A} = \frac{9450}{254} = 37.2 \ N/mm^2 < 215 \ N/mm^2$$

压杆 FB：

$$N = -1.68 \times 250 \times 3 \times 10^{-2} \times 750 = -9450N$$

$$\lambda = \frac{l_0}{r} = \frac{277}{4.5} = 61.6$$

查表 1-15 得　$\varphi = 0.877$

$$\sigma = \frac{N}{\varphi A} = \frac{9450}{0.877 \times 254} = 42.8N/mm^2 < 215N/mm^2$$

2.3.10 模板构件临界长度的计算

在模板构件计算中，对每一模板构件均需一一计算其弯矩、剪力和挠度，并用容许抗弯强度设计值，抗剪强度设计值和挠度值来验算确定支承（座）的最大安全距离（跨距），往往需要花费较多的时间，也较为繁琐，实际上该三个条件必须有一项起控制作用，假若预先知道某一荷载类型下，哪一个条件起控制作用，只需按该一个条件进行分析计算，则可有效简化计算工作量。

根据经验，一般可用计算支座之间的临界长度（跨距）这一方法来判断弯矩与剪力、弯矩与挠度、剪力与挠度由哪一项起控制作用，以下简介其判别方法。

设以均布荷载的三跨连续矩形木梁为例进行分析，并已知木梁抗弯强度设计值 $[f_m] = 13\text{N/mm}^2$，抗剪强度设计值 $f_v = 1.5\text{N/mm}^2$，弹性模量 $E = 9.5 \times 10^3\text{N/mm}^2$，受弯构件的容许挠度 $[w] = \dfrac{l}{400}$。其他荷载类型、跨型及模板类型可采用同样方法类推。

1. 梁按弯矩与剪力的临界长度

已知弯矩

$$M = f_w W$$

则

$$\frac{1}{10}ql^2 = 13 \cdot \frac{bh^2}{6}$$

移项得

$$bh^2 = \frac{0.6}{13}ql^2 \tag{2-97}$$

又知

$$V = f_v \cdot \frac{bh}{1.5} , \quad 0.6ql = 1.5\frac{bh}{1.5}$$

$$bh = 0.6ql \tag{2-98}$$

式中 M——梁承受得弯矩（N·mm）；

W——梁的净截面抵抗矩（mm³），对矩形截面为 $\dfrac{bh^2}{6}$；

b ——梁截面宽度（mm）；

h ——梁截面高度（mm）；

l ——梁的跨度（mm）；

q ——梁上均布荷载（N/mm）；

V——梁的剪力（N）。

将式（2-98）两边乘 h，使其与式（2-97）相等：

则

$$\frac{0.6}{13} \cdot ql^2 = 0.6qlh$$

移项化简得

$$\frac{l}{h} = 13.0 \tag{2-99}$$

当 $\dfrac{l}{h} = 13.0$ 时，梁的抗弯与抗剪是等强的；当 $\dfrac{l}{h} < 13.0$ 时，抗剪控制；当 $\dfrac{l}{h} > 13.0$

时，抗弯控制。

2. 梁按弯矩与挠度的临界长度

已知挠度

$$w = \frac{0.677ql^4}{100EI} \leq [w]$$

$$\frac{0.677ql^4 \times 12}{100 \times 9.5 \times 10^3 \times bh^3} = \frac{l}{400}$$

移项化简得

$$bh^3 = 0.00342ql^3 \tag{2-100}$$

式中　w——木梁的挠度（mm）；

　　　 I——木梁的截面惯性矩（mm⁴）；

其他符号意义同前。

将式（2-97）两边乘 h，使其与式（8-104）相等

则

$$\frac{0.6}{13} \cdot ql^2 \cdot h = 0.00342ql^3$$

移项化简得

$$\frac{l}{h} = 13.5 \tag{2-101}$$

当 $\frac{l}{h} < 13.5$ 时，抗弯控制；当 $\frac{l}{h} > 13.5$ 时，挠度控制。

3. 梁按剪力与挠度的临界长度

将式（2-98）两边乘 h^2，使其与式（2-100）相等

则

$$0.6qlh^2 = 0.00342ql^3$$

移项化简得

$$\frac{l}{h} = 13.3 \tag{2-102}$$

当 $\frac{l}{h} < 13.3$ 时，抗剪控制；当 $\frac{l}{h} > 13.3$，挠度控制。

当 f_m、f_v、E 一定时，根据不同的 $[w]$ 值，可以算出不同的 l/h，列于表2-35中。

木梁按弯曲应力、剪应力和挠度计算的临界长度　　　　　　表 2-35

容 许 挠 度 $[w]$	临界长度比（l/h）		
	弯矩对剪力	弯矩对挠度	剪力对挠度
$l/250$	13.0	21.6	16.7
$l/400$	13.0	15.5	13.3
$l/500$	13.0	10.8	11.8

【例 2-23】　商住楼地下车库墙高 3.4m，厚 30cm，采用木模板，混凝土强度等级 C20，重力密度 $\gamma_c = 25\text{kN/m}^3$，坍落度为 8cm。采用 0.6m³ 混凝土吊斗卸料，浇筑速度为 2.0m/h，混凝土温度为 25℃，用插入式振动器捣实。拟采用侧模板厚度为 20mm，竖楞木的截面尺寸为 50mm × 50mm，横楞木截面尺寸为 100mm × 100mm，采用松木 $f_m = 13\text{N/mm}^2$；$f_v = 1.5\text{N/mm}^2$；$E = 9.5 \times 10^3\text{N/mm}^2$；螺栓 $f_t = 170\text{N/mm}^2$，模板容许挠度 $[w] = l/400$

（*l*——模板构件的跨度），试求墙模板的竖楞木和横楞木的间距及对拉螺栓的直径和间距。

【解】 墙模板各部件按三跨连续梁计算。

1. 墙模板承受的侧向荷载

混凝土侧压力标准值由式（2-1）得：

$$F = 0.22\gamma_{cv}\left(\frac{200}{T+15}\right)\beta_1\beta_2 V^{\frac{1}{2}}$$

$$= 0.22 \times 25 \times \left(\frac{200}{25+15}\right) \times 1 \times 1 \times \sqrt{2}$$

$$= 38.9\text{kN/m}^2$$

混凝土侧压力设计值为：

$$q_1 = 38.9 \times 1.2 = 46.7\text{kN/m}^2$$

有效压头高度

$$h = \frac{46.7}{25} = 1.87\text{m}$$

倾倒混凝土产生的水平荷载标准值，查表 2-2 为 4kN/m²，其设计值 $q_2 = 4 \times 1.4 = 5.6$kN/m²，荷载组合为：$q = q_1 + q_2 = 46.7 + 5.6 = 52.3$kN/m²，如图 2-67。由图知倾倒混凝土产生的荷载仅在有效压头高度范围内起作用，可略去不计，考虑到模板结构不确定的因素较多，同时亦不考虑荷载折减，取 $q_1 = 46.7$kN/m²。

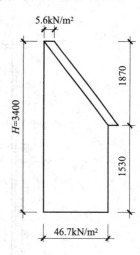

图 2-67 墙模板荷载设计值

2. 竖楞木间距（即侧板的跨度）

侧板计算宽度取 1000mm，楞木间距设为 350～500mm，则

$$l/h = \frac{350 \sim 500}{20} = 17.5 \sim 25.0$$，查表 2-33，$l/h > 13.5$，故知由挠度控制：

$$\frac{l}{400} = \frac{0.677q_2 l^4}{100EI} = \frac{0.677 \times 46.7 \times l^4 \times 12}{100 \times 9.5 \times 10^3 \times 1000 \times 20^3}$$

移项化简得

$$l = \sqrt[3]{50 \times 10^6} = 368\text{mm}$$

取竖楞木间距为 350mm。

3. 横楞木间距（即竖楞木跨度）

$$q = 46.7 \times \frac{350}{1000} = 16.3\text{N/mm}$$

横楞木间距设为 500～700mm，则

$$\frac{l}{h} = \frac{500 \sim 700}{100} = 5 \sim 7$$ 查表 2-33 得：$\frac{l}{h} < 13.0$，故由剪力控制

$$0.6ql = bh \qquad 0.6 \times 16.3l = 50 \times 100$$

移项化简得 $l = 511$mm（净距），$l = 511 + 100 = 611$mm，取 600mm。

4. 对拉螺栓的直径和间距

横楞木承受竖楞木传来的集中荷载，由于楞木较密，可近似按均布荷载计算。

$$q = 46.7 \times 0.6 = 28.02 \text{N/mm}$$

同理，横楞木的跨度，仍由剪力控制：

$$0.6ql = 0.6 \times 28.02l = bh = 100 \times 100$$

$$l = 595 \text{mm} \qquad 取 550 \text{mm}$$

对拉螺栓的拉力 $\quad F = 46.7 \times 0.6 \times 0.55 = 15.41 \text{kN}$

需要螺栓净截面积 $\quad A = \dfrac{15.41 \times 10^3}{170} = 90.6 \text{mm}^2$

选用 M14 螺栓，净截面积为 $105 \text{mm}^2 > A$，满足要求

根据以上结果，绘出墙模板拼装图如图 2-68 所示。

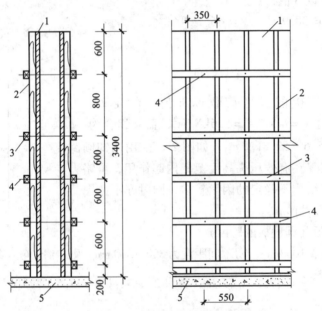

图 2-68　墙模板拼装图

1—墙侧模板；2—竖楞木；3—横楞木；4—对拉螺栓

◆ 2.4　现浇混凝土墙大模板计算

在多层、高层民用建筑剪力墙结构体系，以及工业建筑上长度大的大块墙体（如挡土墙、水池墙壁等）中，采用大模板作为现浇混凝土墙的工具式侧模，可大大节省模板材料，提高机械化施工程度，降低劳动强度，节省劳力，加快施工进度，具有良好的技术经济效益。大模板的构造如图 2-69 所示，由面板、槽钢或角钢加劲横肋、小扁钢或型钢小纵肋、两根槽钢组合的大纵肋、穿墙螺栓以及支撑桁架稳定机构以及附件等组成。其尺寸与墙面积相同或为它的模数。面板材料多采用 4～5mm 厚钢板或胶合板、玻璃钢面板，目前采用钢板较多。

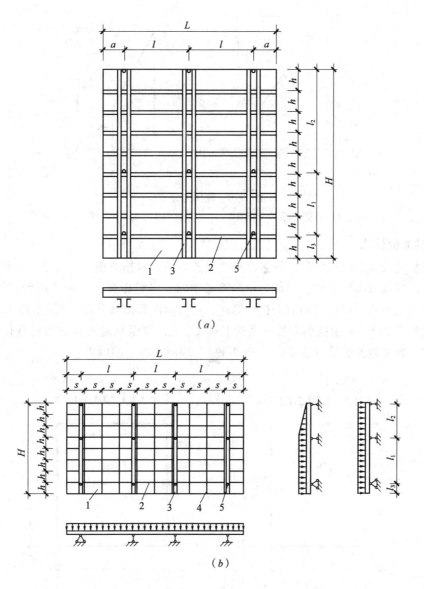

图 2-69　大模板构造

（a）单向板的大模板构造；（b）双向板的大模板的构造

1—面板；2—横楞；3—大纵楞；4—小纵楞；5—穿墙螺栓

大模板的计算包括以下各项：

1.侧压力计算

大模板主要承受混凝土的侧压力，根据国内外大量试验研究，当大模板的高度 $H=2.5\sim3.0\mathrm{m}$ 时，侧压力的分布图形可用图 2-70 表示。当最大侧压力 $F_{max}=50\mathrm{kN/m^2}$ 时在 2.1m 以上按三角形分布，2.1m 以下按矩形分布。

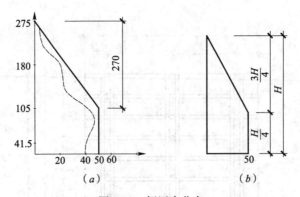

图 2-70　侧压力分布

（a）侧压力实验分布规律；（b）简化侧压力实验分布规律

2. 钢面板计算

大模板的面板被纵横肋分成许多小方格或长方格，根据方格长宽尺寸的比例，可把面板当作单向板或双向板考虑。当作为单向板考虑时，可将板视作三跨或四跨连续梁计算；当作为四边支承在纵横肋上的双向板计算时，计算简图视荷载分布、周边的嵌固程度而有所不同（图 2-71），可根据小方格的两边长度 l_x，l_y，根据双向板在匀布荷载作用下的弯矩、挠度计算系数及公式（表 2-36 ~ 表 2-39），即可求得它的内力。

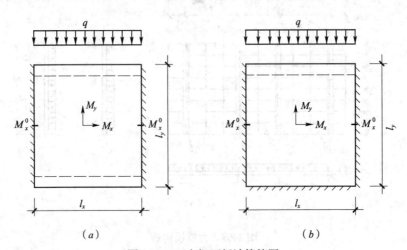

图 2-71　双向钢面板计算简图

（a）两端嵌固、两端简支；（b）三段嵌固、一边简支

1）最大的正应力 σ_{max}

应用表 2-36 ~ 表 2-39 中的计算方格，由 l_x / l_y 的比值可分别查出板的跨中和支座弯矩。跨中两个方向的弯矩分别为

$$M_x = K_x q l_x^2; \qquad M_y = K_y q l_y^2 \tag{2-103}$$

支座边上的弯矩分别为：

$$M_x^0 = K_x^0 q l_x^2; \qquad M_y^0 = K_y^0 q l_y^2 \tag{2-104}$$

四边简支板的弯矩、挠度计算系数及公式　　表 2-36

简　图	l_x/l_y	w	M_x	M_y	l_x/l_y	w	M_x	M_y
	0.50	0.01013	0.0965	0.0174	0.80	0.00603	0.0561	0.0334
	0.55	0.00940	0.0892	0.0210	0.85	0.00547	0.0506	0.0348
	0.60	0.00867	0.0820	0.0242	0.90	0.00496	0.0456	0.0358
	0.65	0.00796	0.0750	0.0271	0.95	0.00449	0.0410	0.0364
	0.70	0.00727	0.0683	0.0296	1.00	0.00406	0.0368	0.0368
	0.75	0.00663	0.0620	0.0317	—	—	—	—

注：1. 挠度 = 表中系数 $\dfrac{ql^4}{B_o}$；

弯矩 = 表中系数 $\times ql^2$；

式中 l 取 l_x 和 l_y 中之较小者。

2. B_t—刚度，$B_t = \dfrac{Eh^3}{12\,(1-v^2)}$

式中　E—弹性模量；

y—泊桑比；

h—板厚。

3. 表中符号：w、w_{max}—分别为板中心点的挠度和最大挠度；

M_x —平行于 l_x 方向板中心点的弯矩；

M_y —平行于 l_y 方向板中心点的弯矩。

两边简支、两边固定板的弯矩、挠度计算系数及公式　　表 2-37

简　图	l_x/l_y	l_y/l_x	w	M_x	M_y	M_x^0
	0.50	—	0.00261	0.0416	0.0017	−0.0843
	0.55	—	0.00259	0.0410	0.0028	−0.0840
	0.60	—	0.00255	0.0402	0.0042	−0.0834
	0.65	—	0.00250	0.0392	0.0057	−0.0826
	0.70	—	0.00243	0.0379	0.0072	−0.0814
	0.75	—	0.00236	0.0366	0.0088	−0.0799
	0.80	—	0.00228	0.0351	0.0103	−0.0782
	0.85	—	0.00220	0.0335	0.0118	−0.0763
	0.90	—	0.00211	0.0319	0.0133	−0.0743
	0.95	—	0.00201	0.0302	0.0146	−0.0721
	1.00	1.00	0.00192	0.0285	0.0158	−0.0698
	—	0.95	0.00223	0.0296	0.0189	−0.0746
	—	0.90	0.00260	0.0306	0.0224	−0.0797
	—	0.85	0.00303	0.0314	0.0266	−0.0850
M_x^0—固定边中点沿	—	0.80	0.00354	0.0319	0.0316	−0.0904
l_x 方向的弯矩。	—	0.75	0.00413	0.0321	0.0374	−0.0959
	—	0.70	0.00482	0.0318	0.0441	−0.1013
表注：同四边简支	—	0.65	0.00560	0.0308	0.0518	−0.1066
	—	0.60	0.00647	0.0292	0.0604	−0.1114
	—	0.55	0.00743	0.0267	0.0698	−0.1156
	—	0.50	0.00844	0.0234	0.0798	−0.1191

一边简支、三边固定板的弯矩、挠度计算系数及公式　　　　表 2-38

简　图	l_x/l_y	l_y/l_x	w_{max}	M_x	M_y	M_x^0	M_y^0
	0.50	—	0.00258	0.0408	0.0028	−0.0836	−0.0569
	0.55	—	0.00255	0.0398	0.0042	−0.0827	−0.0570
	0.60	—	0.00249	0.0384	0.0059	−0.0814	−0.0571
	0.65	—	0.00240	0.0368	0.0076	−0.0796	−0.0572
	0.70	—	0.00229	0.0350	0.0093	−0.0774	−0.0572
	0.75	—	0.00219	0.0331	0.0109	−0.0750	−0.0572
	0.80	—	0.00208	0.0310	0.0124	−0.0722	−0.0570
	0.85	—	0.00196	0.0289	0.0138	−0.0693	−0.0567
	0.90	—	0.00184	0.0268	0.0159	−0.0663	−0.0563
	0.95	—	0.00172	0.0247	0.0160	−0.0631	−0.0558
	1.00	1.00	0.00160	0.0227	0.0168	−0.0600	−0.0550
	—	0.95	0.00182	0.0229	0.0194	−0.0629	−0.0599
	—	0.90	0.00206	0.0228	0.0223	−0.0656	−0.0653
	—	0.85	0.00233	0.0225	0.0225	−0.0683	−0.0711
	—	0.80	0.00262	0.0219	0.0290	−0.0707	−0.0772
	—	0.75	0.00294	0.0208	0.0329	−0.0729	−0.0837
	—	0.70	0.00327	0.0194	0.0370	−0.0748	−0.0903
	—	0.65	0.00365	0.0175	0.0412	−0.0762	−0.0970
	—	0.60	0.00403	0.0153	0.0454	−0.0773	−0.1033
	—	0.55	0.00437	0.0127	0.0496	−0.0780	−0.1093
	—	0.50	0.00463	0.0099	0.0534	−0.0784	−0.1146

M_x^0—固定边中点沿 l_x 方向的弯矩；

M_y^0—固定边中点沿 l_y 方向的弯矩。

表注：同四边简支

四边固定板的弯矩、挠度计算系数及公式　　　　表 2-39

简　图	l_x/l_y	w	M_x	M_y	M_x^0	M_y^0
	0.50	0.00253	0.0400	0.0038	−0.0829	−0.0570
	0.55	0.00246	0.0385	0.0056	−0.0814	−0.0571
	0.60	0.00236	0.0367	0.0076	−0.0793	−0.0571
	0.65	0.00224	0.0345	0.0095	−0.0766	−0.0571
	0.70	0.00211	0.0321	0.0113	−0.0735	−0.0569
	0.75	0.00197	0.0296	0.0130	−0.0701	−0.0565
	0.80	0.00182	0.0271	0.0144	−0.0664	−0.0559
	0.85	0.00168	0.0246	0.0156	−0.0626	−0.0551
	0.90	0.00153	0.0221	0.0165	−0.0588	−0.0541
	0.95	0.00140	0.0198	0.0172	−0.0550	−0.0528
	1.00	0.00127	0.0176	0.0176	−0.0513	−0.0513

M_x^0、M_y^0 符号意义及表注同一边简支、三边固定

式中　K_x、K_y、K_x^0、K_y^0——内力计算系数，查表 2-36 ~ 表 2-39 得；

　　　　q ——从侧压力图形中得到的线布侧压力；

　　　　l_x，l_y ——分别为板的两边边长。

　　查表时应注意柏松系数 ν 取值的不同，若按 $\nu = 0$ 的情况查取，而实际 $\nu \neq 0$（一般钢

材的 ν 值为 0.3)，求跨中弯矩时需进行修正。即：

$$M_x^{(\nu)} = M_x + \nu M_y, \qquad M_y^{(\nu)} = M_y + \nu M_x \qquad (2\text{-}105)$$

板的正应力按下式验算：

$$\sigma = \frac{M_{\max}}{W} \leqslant f \qquad (2\text{-}106)$$

式中　W——板的截面抵抗矩，$W = \frac{1}{6}bh^2$；

　　　b——板单位宽度，取 $b = 1\text{m}$；

　　　h——钢板的厚度。

2）最大挠度验算

$$w_{\max} = K_w \frac{Fl^4}{B_0} \qquad (2\text{-}107)$$

式中　$w_{\max}$——板的最大挠度；

　　　F——混凝土的最大侧压力，$F = 50\text{kN/m}^2$；

　　　l——面板的短边长；

　　　K_w——查表 2-36～表 2-39 挠度计算系数；

　　　B_0——构件的刚度，$B_0 = \dfrac{Eh^3}{12(1-\nu^3)}$；

其中　E——钢材的弹性模量，取 $2.1 \times 10^5 \text{ N/mm}^2$

　　　h——钢板厚度；

　　　ν——钢板的柏松系数，$\nu = 0.3$。

计算得到的 $w_{\max} \leqslant [w] = \dfrac{l}{500}$，则满足要求，否则，需调整钢板厚度或肋的间距。

3. 横肋计算

横肋支承在竖向大肋上，可作为支承在竖向大肋上的连续梁计算（图 2-72），其跨距等于竖向大肋的间距。

横肋上的荷载为：

$$q = Fh \qquad (2\text{-}108)$$

式中　F——混凝土的侧压力，$F = 50\text{kN/m}^2$；

　　　h——横肋之间的水平距离。

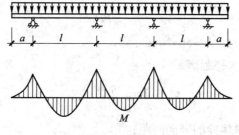

图 2-72　横楞计算图

横肋的弯矩、剪力可用一般的结构力学分析方法，如弯矩分配法、三弯矩方程或查表法直接求得，从其最大弯矩和剪力值进行强度和挠度验算。

1）强度验算

$$\sigma = \frac{M_{max}}{W} \le f \tag{2-109}$$

式中　M_{max}——由计算或查表求得的横肋最大弯矩值；

　　　W——横肋的截面抵抗矩。

2）挠度验算

$$w_{max} = \frac{qa^4}{8EI} \le [w] = \frac{a}{500} \tag{2-110}$$

跨中部分挠度

$$w_{max} = \frac{ql^4}{384EI}(5 - 24\lambda^2) \le \frac{l}{500} \tag{2-111}$$

式中　q——横肋上的荷载，$q = Fh$；

　　　a——悬臂部分长度；

　　　E——钢材的弹性模量；

　　　I——横肋的截面抵抗矩；

　　　l——跨中部分的长度；

　　　λ——悬臂部分的长度与跨中部分长度之比，即 $\lambda = a/l$。

4. 竖向大肋计算

竖向大肋通常用二根槽钢制成。为将内、外模板连成整体，在大肋上每隔一段距离穿上螺栓固定，因此计算时，可把竖向大肋视作支承在穿墙螺栓上的两跨连续梁。大肋承受横肋传来的集中荷载。为简化计算，常把集中荷载化为均布荷载（图 2-73）。

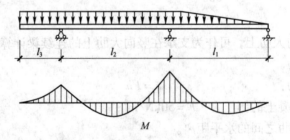

图 2-73　竖向大肋计算简图

大肋下部荷载

$$q_1 = Fl \tag{2-112}$$

式中　F——混凝土侧压力，$F = 50\text{kN/m}^2$；

　　　l——竖向大肋的水平距离。

大肋上部荷载

$$q_2 = \frac{q_1 l_2}{2100} \tag{2-113}$$

式中　l_2——上部穿墙螺栓的竖向间距；

　　　2100——侧压力分布图中距顶部 2.1m 处的三角形分布侧压力的距离。

已知荷载分布、支承情况后，可按一般力学分析方法求出最大弯矩，再进行截面验算。

对挠度的验算，与横肋验算方法相同，可按下式验算：

悬臂部分挠度
$$w_A = \frac{q_1 l_3^4}{8EI} \leqslant \frac{l}{500}$$
(2-114)

跨中部分挠度
$$w_A = \frac{q l^4}{384EI(5-24\lambda^2)} \leqslant \frac{l}{500}$$
(2-115)

式中的符号意义与横肋计算相同，式中的 l 分别表示 l_1 或 l_2。

为保证大模板在使用期间变形不致太大，应将面板的计算挠度值与横肋（或竖向大肋）的计算挠度值进行组合叠加，要求组合后的挠度值，小于模板制作允许偏差，板画平整度 $w \leqslant 3\text{mm}$ 的质量要求。

5. 大模板自稳角计算

大模板的面积较大，在现场堆放时，在风载的作用下，应保证其稳定性。大模板的稳定性是以自稳角来衡量，即对有一定自重的大模板在某一高度风压力作用下，能保持其稳定的倾斜角（图 2-74）。

设大模板的自重力 G (kN)，风压力 W (kN/m²)，取 1m 宽的板面分析，其自稳条件应为：

$$GHa \geqslant Wh \cdot \frac{h}{2}$$
(2-116)

$$h = H \cdot \cos\alpha, \quad a = \frac{H\sin\alpha}{2}$$

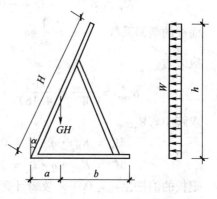

图 2-74　大模板的自稳验算简图

将 h、a 代入式 (2-116) 得：

$$GH \cdot \frac{H}{2}\sin\alpha \geqslant \frac{WH^2 \cos^2\alpha}{2}$$

整理得：
$$G \sin\alpha = W \cos^2\alpha$$
$$W\sin^2\alpha + G \sin\alpha - W = 0$$

解之得
$$\sin\alpha = \frac{-G \pm \sqrt{G^2 - 4W^2}}{2W}$$

∴ 自稳角
$$\alpha = \arcsin\frac{-G \pm \sqrt{G^2 - 4W^2}}{2W}$$
(2-117)

当大模板实际支设时，面板与垂直线间的夹角 α 大于式 (2-117) 计算的自稳角时，大模板将不会向左或向后倾覆，将是稳定的，否则将是不稳定的。

【例 2-24】　双向面板的大模板计算实例，已知大模板构造尺寸如图 2-69。面板采用 5mm 厚钢板，尺寸为 $H \times L = 2750 \times 4900\text{mm}$，竖向小肋采用扁钢 -60×6，间距 $S = 490\text{mm}$，横肋采用槽钢 $[8$，间距 $h = 300\text{mm}$，$h_1 = 300\text{mm}$，竖向大肋采用 2 根槽钢组合 2 $[8$，间距 $l = 1370\text{mm}$，$a = 400\text{mm}$，穿墙螺栓间距为 $l_1 = 1050\text{mm}$，$l_2 = 1450\text{mm}$，$l_3 =$

250mm，试验算该大模板的强度与挠度。

【解】 取大模板的最大侧压力 $F = 50\text{kN/m}^2$

1. 面板验算

（1）强度验算

选面板区格中三面固结、一面简支的最不利受力情况进行计算。

$\dfrac{l_x}{l_y} = \dfrac{300}{490} = 0.61$，查表 2-38，得 $K_{M_x} = 0.0153$，$K_{M_y} = 0.0454$，$K_w = 0.00403$。

$$K_{M_x^0} = -0.0773，\quad K_{M_y^0} = -0.1033$$

取 1m 宽的板条件作为计算单元，荷载为：

$$q = 0.05 \times 1 = 0.05\text{N/mm}$$

求支座弯矩：

$$M_x^0 = K_{M_x^0} \cdot q \cdot l_x^2 = 0.0153 \times 0.05 \times 300^2 = 69\text{N} \cdot \text{mm}$$

$$M_y^0 = K_{M_y^0} \cdot q \cdot l_x^2 = -0.1033 \times 0.05 \times 300^2 = 465\text{N} \cdot \text{mm}$$

面板的截面系数 $\quad W = \dfrac{1}{6}bh^2 = \dfrac{1}{6} \times 1 \times 5^2 = 4.167\text{mm}^3$

应力为：

$$\sigma_{\max} = \frac{M_{\max}}{W} = \frac{465}{4.167} = 112\text{N/mm}^2 < 215\text{N/mm}^2 \text{ 满足要求。}$$

求跨中弯矩：

$$M_x = K_{M_x} \cdot q \cdot l_x^2 = 0.0153 \times 0.05 \times 300^2 = 69\text{N} \cdot \text{mm}$$

$$M_y = K_{M_y} \cdot q \cdot l_y^2 = 0.0454 \times 0.05 \times 300^2 = 204\text{N} \cdot \text{mm}$$

钢板的泊松比 $\nu = 0.3$，故需计算

$$M_x^{(\nu)} = M_x + \nu M_y = 69 + 0.3 \times 240 = 130\text{N} \cdot \text{mm}$$

$$M_y^{(\nu)} = M_y + 0.3M_x = 204 + 0.3 \times 69 = 225\text{N} \cdot \text{mm}$$

应力为：

$$\sigma_{\max} = \frac{M_{\max}}{W} = \frac{225}{4.167} = 54\text{N/mm}^2 < 215\text{N/mm}^2 \text{ 满足要求。}$$

（2）挠度验算

$$B_0 = \frac{Eh^3}{12(1 - \nu^2)} = \frac{2.1 \times 10^5 \times 5^3}{12(1 - 0.3^2)} = 24 \times 10^5\text{N} \cdot \text{mm}$$

$$\omega_{\max} = K_f \frac{ql^4}{B_0} = 0.00403 \times \frac{0.05 \times 300^4}{24 \times 10^5} = 0.680\text{mm}$$

$$\frac{f}{l} = \frac{0.680}{490} = \frac{1}{720} < \frac{1}{500} \quad \text{满足要求。}$$

2. 横肋计算

横肋间距 300mm，采用[8，支承在竖向大肋上。

荷载 $q = Fh = 0.05 \times 300 = 15\text{N/mm}$

[8 的截面系数 $W = 25.3 \times 10^3\text{mm}^3$，惯性矩 $I = 101.3 \times 10^4\text{mm}^4$

横肋为两端带悬臂的三跨连续梁，利用弯矩分配法计算得弯矩如图 2-75 所示。

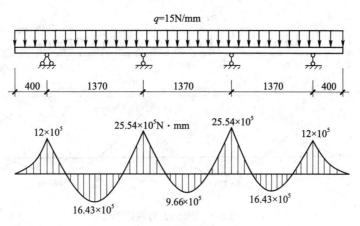

图 2-75 横楞弯矩图

由弯矩图中可得最大弯矩 $M_{max} = 2554000\text{N·mm}$

（1）强度验算

$$\sigma_{max} = \frac{M_{max}}{W} = \frac{2554000}{25.3 \times 10^3} = 101\text{N/mm}^2 < 215\text{N/mm}^2 \quad 满足要求。$$

（2）挠度验算

悬臂部分挠度 $\quad \omega = \dfrac{ql^4}{8EI} = \dfrac{15 \times 400^4}{8 \times 2.1 \times 10^5 \times 101.3 \times 10^4} = 0.226\text{mm}$

跨中部分挠度

$$\omega = \frac{ql^4}{384EI}(5 - 24\lambda^2)$$

$$= \frac{15 \times 1370^4}{384 \times 2.1 \times 10^5 \times 101.3 \times 10^4}\left[5 - 24 \times \left(\frac{400^2}{1370}\right)\right] = 1.911\text{mm}$$

$$\frac{\omega}{l} = \frac{1.911}{1370} = \frac{1}{717} < \frac{1}{500} \quad 满足要求。$$

3．横向大肋计算

选用 2[8，以上、中、下三道穿墙螺栓为支承点，$W = 50.6 \times 10^3\text{mm}^3$，$I = 202.6 \times 10^6\text{mm}^4$

大肋下部荷载 $\quad q_1 = Fl = 0.05 \times 1370 = 68.5\text{N/mm}$

大肋上部荷载 $\quad q_2 = \dfrac{q_1 l_2}{2100} = \dfrac{68.5 \times 1450}{2100} = 47.3\text{N/mm}$

大肋为一端带悬臂的两跨连续梁，利用弯矩分配法计算得弯矩如图 2-76 所示。

由弯矩图中可得最大弯矩 $\quad M_{max} = 7310200\text{N·mm}$

（1）强度验算

$$\sigma_{max} = \frac{M_{max}}{W} = \frac{7310200}{50.6 \times 10^3} = 144 < 215\text{N/mm}^2$$

满足要求。

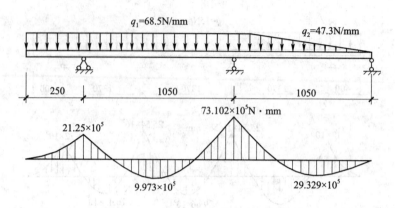

图 2-76　竖向大肋弯矩图

（2）挠度验算

悬臂部分挠度　　　$\omega = \dfrac{q_1 l_3^4}{8EI} = \dfrac{68.5 \times 250^4}{8 \times 2.1 \times 10^5 \times 202.6 \times 10^4} = 0.079\,\mathrm{mm}$

跨中部分挠度

$$\omega = \dfrac{q_1 l_1^4}{384}(5 - 24\lambda^2) = \dfrac{68.5 \times 1050^4}{384 \times 2.1 \times 10^5 \times 202.6 \times 10^4} \times \left[5 - 24\left(\dfrac{250}{1050}\right)^2 \right] = 1.855\,\mathrm{mm}$$

$$\dfrac{\omega}{l} = \dfrac{1.855}{1050} = \dfrac{1}{566} < \dfrac{1}{500} \qquad \text{满足要求。}$$

以上分别求出面板、横肋和竖向大肋的挠度，组合的挠度为：

面板与横肋组合　　　$\omega = 0.680 + 1.911 = 2.591 < 3\,\mathrm{mm}$

面板与竖向大肋组合　　　$\omega = 0.680 + 1.855 = 2.535 < 3\,\mathrm{mm}$

均满足施工对模板质量的要求。

◆ 2.5　液压滑升模板计算

　　液压滑动模板是现浇竖向钢筋混凝土结构的一项先进施工工艺。它是在建筑物或构筑物的基础上，按照平面图，沿结构周边一次装设高 1.2m 左右的一段模板，随着模板内不断浇筑混凝土和绑扎钢筋，不断提升模板来完成整个建（构）筑物的浇筑和成型。它的特点是：整个结构仅用一套液压滑动模板，一次组装，滑升过程不用再支模、拆模、搭设脚手和运输等工作，混凝土保持连续浇筑，施工速度快，可避免施工裂缝，同时具有节省大量模板、脚手材料和劳力，减轻劳动强度，降低工程施工成本，施工安全等优点。广泛应用于烟囱、贮仓、水塔、油罐、竖井、沉井、电视塔等工程上；对民用高层、多层框架、框剪结构、亦可应用。

　　整个液压滑模是由模板结构系统和液压提升设备系统两大部分组成。模板结构系统其构造和布置如图 2-77 所示，主要由模板、围圈、提升架、千斤顶、操作平台、支承杆等组成。本节简介其计算方法。

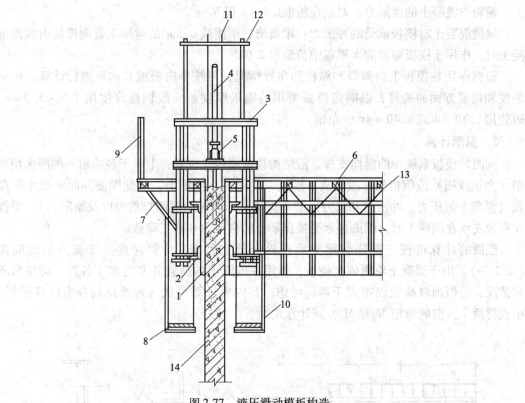

图 2-77 液压滑动模板构造

1—围板（滑动模板）；2—围圈；3—提升架；4—支承杆；5—液压千斤顶；6—操作台；7—挑三脚架；8—吊架；
9—安全栏杆；10—安全网；11—钢筋；12—钢筋稳固架；13—钢桁架或下撑拉杆、鼓圈；14—混凝土

2.5.1 滑动模板、围圈和提升架计算

1.模板计算

滑动模板一般多用钢模板，亦可用木或钢木模板、组合钢模板。钢模板的宽度一般为
200～500mm，高度可根据混凝土达到出模强度所需
时间和模板滑升速度用下式计算：

$$H = T \cdot v \qquad (2\text{-}118)$$

式中 H——模板的高度（m）；

T——混凝土达到滑升强度所需的时间（h）；

v——模板的滑升速度（m/h）。

模板要求具有足够的高度。模板所受荷载主要为
新浇混凝土对它的侧压力、冲击力和滑升时混凝土对
它的摩阻力，模板设计主要考虑前两项荷载。

新浇混凝土和振捣时的侧压力；对于浇灌高为
80cm 左右的侧压力分布如图 2-78 所示，其侧压力合
力取 5.0～6.0kN/m，合力的作用点在 2/5H 处。

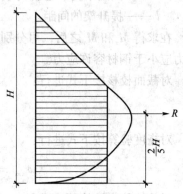

图 2-78 侧压力分布图

H—混凝土浇灌高度

模板与混凝土的摩阻力，对钢模板取 $1.5 \sim 3.0 \text{kN/m}^2$。

倾倒混凝土时模板承受的冲击力：用溜槽、串筒或 0.2m^2 的运输工具向模板内倾倒混凝土时，作用于模板侧面的水平集中荷载取 2.0kN。

根据作用在模板上的荷载和纵横肋布置情况，可按单向板或双向板进行计算，包括强度和挠度方面的验算，以确定模板所用的钢板厚度。一般钢板厚度用 $1.5 \sim 3.0 \text{mm}$，边肋用 ∟30×4 或 ∟40×4mm 角钢。

2. 围圈计算

围圈时模板系统中的横向支撑、沿结构物截面周长设置，上、下各一道。围圈多用型钢（角钢或槽）或钢桁架分段制成。模板一般固定在围圈上，故此围圈同时承受水平荷载（混凝土侧压力、冲击力和风力）和垂直荷载（模板和围圈自重力以及摩阻力），当操作平台支承在围圈上时，围圈还承受操作平台的自重力和施工荷载。

围圈的计算可按三跨连续梁支承在提升架上考虑，计算跨度等于提升架的间距（图 2-79）。由于混凝土轮圈依次浇筑，作用在围圈上的荷载并非均布于各跨，可按最不利情况，近似地取荷载仅布置于两跨考虑。其内力计算可从《建筑结构静力计算手册》中查得两个方向的弯矩 M_x 和 M_y，其计算式如下：

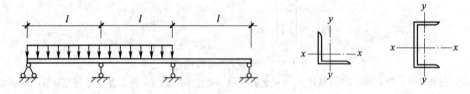

图 2-79　围圈计算简图

$$M_x = 0.117Hl^2 \tag{2-119}$$

$$M_y = 0.117Vl^2 \tag{2-120}$$

式中　H——围圈承受的水平荷载；

　　　V——围圈承受的垂直荷载；

　　　l——提升架的间距。

在求得 M_x 和 M_y 之后，可分别按两个方向进行强度。挠度和整体稳定性验算，其叠加应力应小于钢材容许应力。

对截面校核按下式进行：

$$\sigma = \frac{M}{W} \leq f \tag{2-121}$$

对挠度验算按下式进行：

$$w_{\max} = 0.573 \frac{Fl^4}{100EI} \leq [w] = \frac{l}{500} \tag{2-122}$$

对整体稳定性按下式进行：

$$\sigma = \frac{M}{\varphi_b W} \leq f \tag{2-123}$$

式中 W——梁受压最大纤维的毛截面抵抗矩；

　　φ_b——梁的整体稳定系数，按《钢结构设计规范》附录一计算；

　　f——钢材抗拉或抗压的强度设计值。

3. 提升架计算

提升架是滑模装置的主要承力构件，滑模施工中的各种水平和竖向荷载均通过模板、围圈传递到提升架上，再通过提升架上的液压千斤顶传到钢支承杆上，最后传递到已凝固的混凝土结构体上。提升架是由立柱、横梁，牛腿和外挑梁架等组成。（图2-80）横梁一般由槽钢制作，立柱多用槽钢、角钢或钢管制成。提升架的两根立柱必须保持平行，并与横梁连接成90°角。提升架形式又分单横梁和双横梁两种。

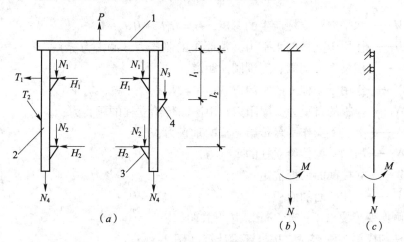

图 2-80 提升架荷载和计算简图

（a）提升架上的荷载；（b）立柱与横梁为刚接时；（c）立柱与横梁为铰接时

1）提升架高、宽的确定

提升架的高度根据模板的高度和施工操作高度而定。一般为1.85～2.50m；提升架的宽度，即两根立柱的净宽 B，一般按下式计算：

$$B = a + 2(b + c + d) + e \qquad (2\text{-}124)$$

式中 a——结构物截面的最大宽度；

　　b——模板的厚度；

　　c——围圈的宽度；

　　d——围圈的支托宽度；

　　e——模板倾斜引起两侧放宽的尺寸。

2）横梁的计算

当横梁与立柱刚性连接时，其弯矩 M 可按两端固定梁计算：

$$M = \frac{1}{8}PL \qquad (2\text{-}125)$$

式中 P——千斤顶的顶升力；

　　L——横梁的跨度，取两立柱中轴线之间的距离。

当横梁与立柱铰接时，其弯矩 M 可按简支梁计算：

$$M = \frac{1}{4}PL \qquad (2\text{-}126)$$

符号意义同前。

3）立柱计算

当立柱与横梁为刚接时，立柱可作为悬臂梁计算，按拉弯杆件验算（图 2-80b）；当立柱与横梁为铰接时，立柱亦可作为悬臂简支梁，同样按拉弯构件验算（图2-80c）。立柱的强度按下式验算：

$$\sigma = \frac{M}{W} + \frac{N}{A} \leqslant f \qquad (2\text{-}127)$$

式中　　　M——水平力对立柱产生的弯矩，$M = H_1 l_1 + H_2 l_2$；

　　H_1，H_2——作用于立柱的水平力（混凝土的侧压力、冲击力等）；

　　l_1，l_2——横梁至上围圈、下围圈的距离；

　　　N——作用于立柱上的竖向荷载：$N = N_1 + N_2 + N_3 + N_4 + N_5$；

　　N_1、N_2——模板的自重力及摩阻力，由围圈传给立柱的垂直力；

　　N_3、N_4——上、下操作平台传给立柱的垂直力；

　　　N_5——吊脚手架传给立柱的垂直力；

　　　W——立柱截面的抵抗矩；

　　　A——立柱截面的面积。

立柱的侧向变形要求不大于 2mm，按下式验算：

对于立柱与横梁为刚接时，按悬臂梁计算（图 2-81a）：

$$w_A = \frac{H_2 b^2 l}{6EI}\left(3 - \frac{b}{l}\right) \qquad (2\text{-}128)$$

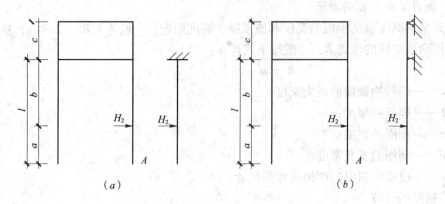

图 2-81　立柱测向变形验算

(*a*) 立柱与横梁刚接；(*b*) 立柱与横梁铰接

对于立柱与横梁为铰接时，按悬臂简支梁计算（图 2-81b）：

$$w_A = \frac{H_2 b^2 l}{6EI}\left(3a + 2b + 2c + \frac{2ac}{b}\right) \qquad (2\text{-}129)$$

式中　H_2——混凝土的侧压力，冲击力；

　　　　E——钢材的弹性模量；

　　　　I——立柱的截面惯性矩；

其他符号意义见图 2-81。

2.5.2　滑动模板操作平台计算

滑动模板操作平台是液压滑模提升时承受各种施工操作设备的主要平台。操作平台的形式通常有两种：当筒径在 10m 以内时，采用无井架上撑式空间结构（图 2-82）；当筒径在 10m 以上（或用于框架结构）且荷载较大时，多采用无井架下撑式空间结构（图 2-83）。由于平台为圆形（或方形、矩形）空间结构体系，各杆件形状、截面、连接方式、刚度不一，精确计算较为困难，一般都化简为平面结构形式，并作某种假定进行计算。由于计算简图和假定不同，因而计算方法也不尽相同，本节介绍两种常用较简便的计算方法。

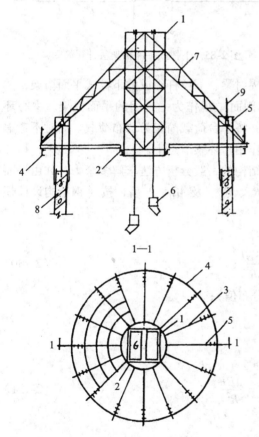

图 2-82　无井架上撑式操作平台

1—井架；2—内环梁；3—辐射梁；4—外环梁
5—提升架；6—罐笼；7—井架斜撑
8—筒壁；9—支承杆

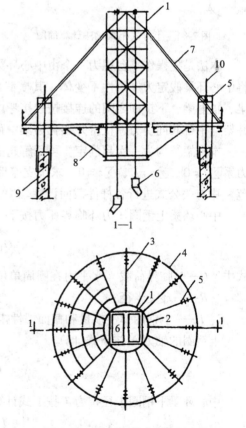

图 2-83　无井架下撑式操作平台

1—井架；2—内环梁；3—辐射梁；4—外环梁
5—提升架；6—罐笼；7—井架斜撑；8—下拉杆
9—筒壁；10—支承杆

1. 上撑式桁架梁计算

本法是把辐射状空间结构平台简化为一平面结构计算，将中心环梁与辐射梁、井架、井架斜撑视作一个梁式桁架（图2-84）。因此，整个结构为一个一次超静定混合式桁架结构，可用解超静定结构的一般性分析方法，由基本方程：$\delta_1 + \Delta P_1 = 0$ 求解多余力 x_1，在确定辐射的内力 M、N、V 和变位 Δ 及各杆件内力 N 后，按钢结构设计规范中有关公式，进行各杆件的截面计算。

2. 下撑式平面桁架法（图2-85）

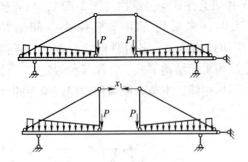

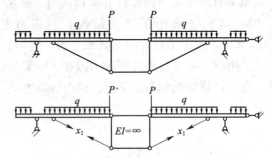

图2-84　上撑式桁架梁法计算简图　　　　图2-85　下撑式平面桁架法计算简图

本法是把操作平台视为一个由中心环梁、辐射梁、下拉杆组成的下撑式平面桁架，并将中心环梁假定为一刚性不变体，其横截面（剖面）视作为一封闭的平面框架。中心环梁、辐射梁、下拉杆之间的连接按铰接考虑。并将平台荷载简化为均布荷载。同时不考虑井架与平台共同受力，仅将井架化为集中荷载作用于环梁节点上。

本桁架结构为一次超静定，可用解超静定结构的一般分析方法求解多余力，并由平面力系 $\sum x = 0$、$\sum y = 0$、$\sum z = 0$，求出支座反力 R_A、R_B、及 M_D、N 后，按《钢结构设计规范》中有关公式进行各杆件截面计算。

中心环梁上钢圈压力环临界压力按下式计算：

$$Q_1 = \frac{3EI}{R^3} \tag{2-130}$$

式中　Q——临界荷载（水平力在圆周单位长分布值）；

　　　R——环梁半径；

　　　E、I——上钢圈弹性模量和截面惯性矩。

上钢圈的轴力 N 按下式计算：

$$N = Q_1 R = \frac{3EI}{R^2} \tag{2-131}$$

中心环梁下钢圈半径拉力 T 按下式计算：

$$T = NR \tag{2-132}$$

N、R 符号意义同上。

【例2-25】　烟囱滑模操作平台采用无井架下撑式结构，尺寸如图2-86。设48根辐射梁，已算得：$R_A = 20.5 \text{kN}$；$M_D = 25.4 \text{kN} \cdot \text{m}$；$N_{DF} = 44.1 \text{kN}$；$N_{DE} = 40.4 \text{kN}$；$N_{EF} = 17.6 \text{kN}$，试计

算确定操作平台各杆件截面。

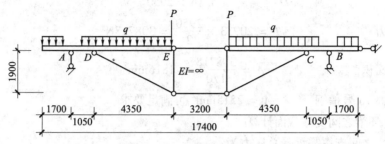

图 2-86　操作平台尺寸

【解】　1. 辐射梁截面计算

已知 $M_D = 25.4\text{kN} \cdot \text{m}$，$N_{DE} = 40.4\text{kN}$，$f = 215\text{N/mm}^2$。

辐射梁需要截面抵抗矩：

$$W = \frac{M}{f} = \frac{25.4 \times 10^6}{215} = 118140\text{mm}^3$$

选用两根 $14a$ 槽钢，$A = 1850 \times 2 = 3700\text{mm}^2$，$W = 80500 \times 2 = 161000\text{mm}^3 > 118140\text{mm}^3$ 满足要求。

因 $\sigma = \dfrac{N}{A_n} = \dfrac{40400}{3700} = 10.9\text{N/mm}^2 < 0.1f = 21.5\text{N/mm}^2$，

表明轴向力很小，故可不考虑轴向力，强度可不验算。

2. 拉杆 DE

需要　　　　　　$A = \dfrac{N}{f} = \dfrac{44100}{215 \times 1.05} = 195\text{mm}^2$

选用 $\phi16\text{mm}$ 光圆钢筋（Q235），$A = 210\text{mm}^2$，满足要求。

3. 中心环梁截面计算

1）上钢圈截面计算

已知 $D = 2.95\text{m}$

中心环梁上钢圈压力环单位长度作用压力：

$$Q_1 = \frac{48N_{DE}}{\pi D} = \frac{48 \times 40400}{3.14 \times 2.95} = 209349\text{N/m}$$

上钢圈需要惯性矩：

$$I = \frac{Q_1 R^3}{3E} = \frac{209.349 \times 1475^3}{3 \times 2.1 \times 10^5} = 1066366\text{mm}^4$$

选用上钢圈截面为 $260\text{mm} \times 260\text{mm}$ 箱形截面，由 $d = 12\text{mm}$ 钢板焊成。则

$$I = \frac{260^4 - 236^4}{12} = 122309632\text{mm}^4 > 1066366\text{mm}^4$$

故满足要求。

2）下钢圈截面计算

下钢圈单位长度作用拉力：

$$Q = \frac{48N_{DF}\cos\alpha}{\pi D} = \frac{48 \times 44100 \times 0.916}{3.14 \times 2950} = 209.3\text{N/mm}$$

钢圈拉力 $\quad\quad T = 209.3 \times \frac{2950}{2} = 308718\text{N}$

需要截面积 $\quad\quad A = \frac{308718}{170} = 1816\text{mm}^2$

选用 1 根 16 号槽钢 $\quad\quad A = 2515\text{mm}^2$ 可满足要求。

4. 上下环梁之间支撑截面计算

上下环梁之间支撑需承受总压力为：

$$N = 48N_{EF} = 48 \times 17.6 = 844.8\text{kN}$$

支撑需要截面积 $\quad\quad A = \frac{844800}{170} = 4969\text{mm}^2$

选用 16 根 $\llcorner 70 \times 6$，$A = 942.4 \times 16 = 15078\text{mm}^2$，单角钢 $i = 13.8$，$l_0 = 1900$，$\lambda = \frac{1900}{13.8} = $
137.7 查表 1-16，得 $\varphi = 0.354$

$$\sigma = \frac{844800}{0.35 \times 942.4 \times 16} = 158\text{N/mm}^2 < 215\text{N/mm}^2$$

可满足要求。

支撑 EF 需与上下环梁刚性连接。

2.5.3 滑动模板支承杆承载力和需要数量的计算

支承杆是滑模施工中的传力和承力构件，一般用直径 25mm 的圆钢或螺纹钢制成。它的承载能力往往由其稳定性来控制。支承情况为下端固接在混凝土中，上端与穿过千斤顶的卡头铰接。

1. 支承杆承载力计算

支承杆承载能力的计算有两种方法：

1）按中心受压构件的计算方法

每根支承杆的承载能力 P 按下式计算：

$$P \leqslant \varphi A f \tag{2-133}$$

式中 A——支承杆的横截面面积；

$\quad\quad f$——钢材的抗压强度设计值；

$\quad\quad \varphi$——支承杆受压稳定系数，根据 $\lambda = l_0/i$ 查表 1-15 ~ 表 1-18 求得；

其中 $\quad l_0$——计算长度，$l_0 = 0.7l$，其中 l 为千斤顶上卡头至新浇混凝土底面之间的距离；

$\quad\quad i$——回转半径，对圆截面，$i = d/4$，d 为支承杆的直径。

2）按《液压滑动模板施工技术规范》（GBJ 113—87）的计算方法

模板处于正常滑升状态，即从模板上口以下，最多只有一个浇灌层高度尚未浇灌混凝土的条件下，支承杆的允许承载力可用下式计算：

$$[P] = \frac{\alpha \cdot 40EI}{K_1 (L_0 + 95)^2} \qquad (2\text{-}134)$$

式中　$[P]$——每根支承杆的允许承载力（kN）；

　　　　α——工作条件系数，取 $0.7 \sim 1.0$，视施工操作水平、滑模平台结构情况确定。
　　　　　　　一般整体式刚性平台取 0.7；分割式平台取 0.8；采用工具式支承杆取

　　　　E——支承杆弹性模量（kN/cm²）；

　　　　I——支承杆截面惯性矩（cm²）；

　　　　K_0——安全系数，取值应不小于 2.0；

　　　　L_0——支承杆脱空长度，从混凝土上表面至千斤顶下卡头距离（cm）。

2. 支承杆需要数量计算

滑模需要支承杆最少数量，n（根）按下式计算：

$$n = \frac{P_1}{P_0 K_2} \qquad (2\text{-}135)$$

式中　P_1——滑升模板分别处于滑升状态时，或浇筑混凝土吊重状态时，作用于支承杆的
　　　　　　　最大垂直荷载进行比较，取其中较大值；

　　　　P_0——每根支承杆的承载能力，按式（2-133）和式（2-134）计算求得，取两者较
　　　　　　　小值；

　　　　K_2——工作条件系数，用液压千斤顶时，取 $K_2 = 0.8$；用螺栓千斤顶时，取
　　　　　　　$K_2 = 0.67$。

【例 2-26】 某厂 120m 烟囱采用液压滑动模板施工，滑升时作用于支承杆上全部施工
荷载 $P_1 = 360$kN，支承杆用直径 $d = 2.5$cm，$A = 4.909$cm²，用 Q235 钢制作，
$f = 215$N/mm²，支承杆工作时的最大长度 $l = 150$cm，取 $K_1 = 2.0$，$K_2 = 0.8$，$\alpha = 0.7$，
$E = 2.1 \times 10^4$kN/cm² 试求支承杆的允许承载力和需要支承杆的数量。

【解】 根据支承情况，取

$$l_0 = 0.7l = 0.7 \times 150 = 105\text{cm}；i = \frac{d}{4} = 0.625\text{cm}；\lambda = \frac{l_0}{i} = \frac{105}{0.625} = 168$$

查表 1-15 得 $\varphi = 0.276$

支承杆的承载力先按式（2-133）得：

$$P = \varphi Af = 0.276 \times 4.909 \times 21.5 = 29\text{kN}$$

再由式（2-134）计算每根支承杆的允许承载力为：

取上下卡头距离为 6cm　$L_0 = 150 - 6 = 144$cm，$I = \frac{\pi d^4}{4} = \frac{3.14 \times 2.5^4}{64} = 1.92$cm⁴ 则

$$[P] = \frac{\alpha \cdot 40EI}{K_1 (L_0 + 95)^2} = \frac{0.7 \times 40 \times 2.1 \times 10^4 \times 1.92}{2 \times (144 + 95)^2} = 10\text{kN}$$

取二者较小值　　　　　$P_0 = 10$kN

需要支承杆的数量，按式（2-135）得：

$$n = \frac{P_1}{K_2 P_0} = \frac{360}{0.8 \times 10} = 45 \text{ 根}$$

故应使用 45 根直径 25mm 的支承杆。

2.5.4 模板滑升速度计算

模板滑升应控制滑升速度，它是保证模板结构不被损坏和混凝土质量的重要环节，一般模板的滑升速度可按以下计算确定：

1. 当支承杆无失稳可能时，按混凝土的出模强度控制模板的滑升速度，可按下式计算：

$$V = \frac{H - h - d}{T} \tag{2-136}$$

式中　V——模板滑升速度（m/h）；

H——模板高度（m）；

h——每个浇灌层厚度（m）；

d——混凝土浇灌满后，其表面到模板上口的距离，取 0.05 ~ 0.1m；

T——混凝土达到出模强度所需的时间（h）。

2. 当支承杆受压时，按支承杆的稳定条件控制模板的滑升速度，可按下式计算：

$$V = \frac{10.5}{T\sqrt{KP}} + \frac{0.6}{T} \tag{2-137}$$

式中　V——模板滑升速度（m/h）；

P——单根支承杆的荷载（kN）；

T——在作业班的平均气温条件下，混凝土强度达到 0.7 ~ 1.0N/mm^2 所需要的时间 h，由试验确定；

K——安全系数，取 $K = 2.0$。

2.5.5 滑模随升起重设备刹车制动力计算

模板装置随升起重设备刹车制动力可按下式计算：

$$W = \left(\frac{A}{g} + 1\right)Q = KQ \tag{2-138}$$

式中　W——刹车时产生的荷载（N）；

A——刹车时的制动减速度（m/s^2）

g——重力加速度，取 9.8m/s^2；

Q——料罐总重（N）；

K——动载系数。

式中 A 值与安全卡的制动灵敏度有关，其数值应根据经验确定，为防止因刹车过急而对平台产生过大荷载，A 值一般可取 g 值的 1 ~ 2 倍。K 值一般在 2 ~ 3 之间取用。如果 K 值过大，则对平台不利；取值过小，则在离地面较近时，容易发生事故。

第 **3** 章

垂直运输机械的计算

◈ 3.1 格构式型钢井架计算

格构式型钢井架在工程上主要用于垂直运输建筑材料和小型构件，具有设备简单，经久耐用，搭拆方便快速，稳定性好，使用安全等优点，在建筑工程上应用较为普遍。

钢格构式井架主要由型钢立柱、型钢缀条或缀板（钢板）焊接（或螺栓连接）而成一个整体 [图 3-1（*a*）]，平面形式分为方形或长方形。

1. 荷载计算

对于井架所受到的荷载主要包括以下几项 [图 3-1（*b*）]：

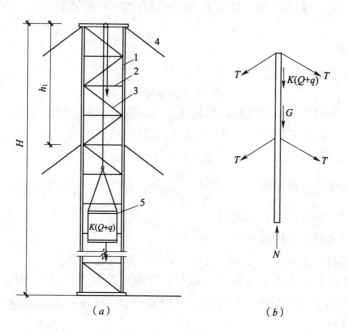

图 3-1 井架构造及受力简图

（*a*）井架构造；（*b*）受力简图

1—立柱；2—水平缀条；3—斜缀条；4—缆风绳；5—吊盘

Q—吊物重力；q—吊盘自重力；K—动力系数；G—井架自重力；T—缆风绳张力

1）起吊物和吊盘重力（包括索具等）G

$$G = K(Q + q) \tag{3-1}$$

式中　K——动力系数，对起重 5t 以下的手动卷扬机 $K = 1$；30t 以下的机动卷扬机 $K = 1.2$；

Q——起吊物体重力；

q——吊盘（包括索具等）自重力。

2）提升重物的滑轮组引起的钢丝绳拉力 S

$$S = f_0[K(Q + q)] \tag{3-2}$$

式中　f_0——引出绳拉力计算系数，按表 3-1 取用。

滑轮组引出绳拉力计算系数 f_0 值　　　　　　　　　　　　　表 3-1

滑轮的轴承或衬套材料	滑轮组拉力系数 f	动滑轮上引出的钢丝绳根数								
		2	3	4	5	6	7	8	9	10
滚动轴承	1.02	0.52	0.35	0.27	0.2	0.18	0.15	0.14	0.12	0.11
青铜套轴承	1.04	0.54	0.36	0.28	0.23	0.19	0.17	0.15	0.13	0.12
无衬套轴承	1.06	0.56	0.38	0.29	0.24	0.20	0.18	0.16	0.15	0.13

3）井架自重力

一般截面尺寸为 600×600mm 井架，自重力约为 $0.6 \sim 0.7$kN/m；1000mm$\times 1000$mm 井架，自重力约 $0.8 \sim 1.0$kN/m；$1500 \times 1500 \sim 2000 \times 2000$ 井架，自重力约 $1.0 \sim 1.5$kN/m，或按实际估算。

4）风荷载 W

当风向平行于井架时 ［图 3-2（a）］：

$$W = W_0 \mu_z \mu_s \beta A_F \tag{3-3}$$

式中　W_0——基本风压，按建筑结构荷载规范中的规定，对不同地区采用不同的 W_0 值；

μ_z——风压高度变化系数，从建筑结构荷载规范中查用；

μ_s——风载体型系数，$\mu_s = 1.3\phi(1 + \eta)$

ϕ——桁架的挡风系数；$\phi = \dfrac{\sum A_C}{A_F}$；

A_C——受风面杆件的投影面积；

A_F——受风面的轮廓面积；

η——系数，由井架尺寸 h/b 与 ϕ 值，从荷载规范中查得；

β——Z 高度处的风振系数，与井架的自振周期有关，对于钢格构式井架，自振周期 $T = 0.01HS$，由周期 T 可以查得 β；或按《建筑结构荷载规范》计算求得；

H——井架高度。

当风向与井架成对角线时 ［图 3-2（b）］：

$$W = W_0 \mu_z \mu_s \psi \beta A_F \tag{3-4}$$

式中　ψ——系数，对于单肢杆件的钢塔架，$\psi = 1.1$；对于双肢杆件的钢塔架，$\psi = 1.2$。

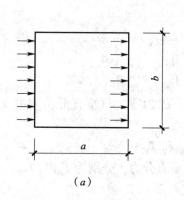 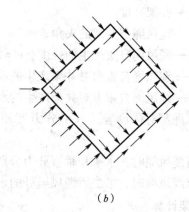

（a）　　　　　　　　　　　　　　　　　　　　（b）

图 3-2　井架风向
（a）风向与井架平行；（b）风向与井架成对角线

通常将风荷载简化成沿井架高度方向的平均风载，即 $q = W/H$。

5）缆风绳张力对井架产生的垂直与水平分力

当井架设一道缆风绳时，可从计算简图［3-3（a）］分别求出水平分力 T_{H1} 和垂直分力 T_{V1}，如缆风绳与地面成 45° 角时，则 $T_{H1} = T_{V1}$。水平分力 T_{H1} 的大小，等于风荷载 q 作用下简支梁的支座反力。

当井架设二道缆风绳时，可从计算简图［3-3（b）］中分别求出第二道缆风绳的水平分力 T_{H2} 和垂直分力 T_{V2}。此时可按 q 作用下的两跨连续墙计算。

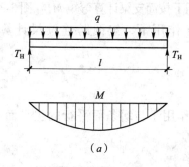 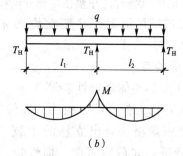

（a）　　　　　　　　　　　　　　　　　　　　（b）

图 3-3　风载作用下井架的计算简图
（a）设一道缆风绳时；（b）设两道缆风绳时

6）缆风绳自重力对井架产生的垂直与水平分力

$$\left. \begin{aligned} T_S &= \frac{nql^2}{8w} \\ T_H &= T_S\sin\alpha; T_V = T_S\cos\alpha \end{aligned} \right\} \tag{3-5}$$

式中　T_S——缆风绳自重力产生的张力；

$\quad$ n——缆风绳的根数，一般为 4 根；

$\quad$ q——缆风绳单位长度的自重力，当绳直径 $d = 13 \sim 15\text{mm}$ 时，$q = 8\text{N/m}$；

$\quad$ l——缆风绳长度，$l = H/\cos\alpha$；

H——井架高度；

α——缆风绳与井架的夹角；

w——缆风绳自重产生的挠度，$w = l/300$ 左右；

T_H——缆风绳自重力对井架产生的垂直分力；

T_V——缆风绳自重力对井架产生的水平分力。

因缆风绳都对称设置，水平分力互相抵消，故为零，只垂直分力对井架产生轴向压力。

设一道缆风绳时，水平和垂直分力分别为 T_{H3} 和 T_{V3}；

设两道缆风绳时，第二道缆风绳处的水平和垂直分力，分别为 T_{H4} 和 T_{V4}。

2. 井架计算

一般简化为一个铰接的平面桁架来进行。

1）内力计算

（1）轴向力计算

当设一道缆风绳时，需要验算井架顶部的截面。顶部的轴压力 N_{01} 为：

$$N_{01} = G + S + T_{V1} + T_{V3} \tag{3-6}$$

当设两道缆风绳时，应分别验算顶部和第二道缆风绳的截面。顶部的轴力计算同上；第二道缆风绳与井架相交截面处的轴压力 N_{02} 为：

$$N_{02} = G + S + 验算截面以上井架自重 + T_{V1} + T_{V2} + T_{V3} + T_{V4} \tag{3-7}$$

（2）弯矩计算

当设一道缆风绳时，井架在均布 $q = W/H$ 作用下按简支梁计算弯矩 M_1［图 3-3（a）］。

当设二道缆风绳时，井架在均布 $q = W/H$ 作用下，按两跨连续梁计算弯矩 M_1［图 3-3（b）］。

2）截面验算

（1）井架的整体稳定性验算

格构式井架为偏心受压构件，并假定弯矩作用于与缀条面平行的主平面内。

根据型钢规格表查出立柱的主肢、缀条等有关几何特征，如截面面积、惯性矩、回转半径等，并求截面总的惯性矩 I_x、I_y、I_x'、I_y'（图 3-4）。对其计算弯矩作用平面内的稳定性，应选取最危险的截面（即最小的总的惯性矩 I_{min}）作为验算截面。

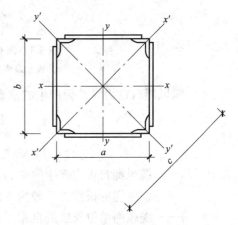

井架的长细比按下式计算：

$$\lambda = \frac{H}{\sqrt{I_{min}/4A_0}} \tag{3-8}$$

式中　H——井架的总高度，按两端为简支考虑，即计算长度 $l_0 = H$；

　　　I_{min}——截面的最小惯性矩；

图 3-4　井架截面特征计算

A_0——一个主肢的截面面积。

换算长细比：

$$\lambda_h = \sqrt{\lambda^2 + \frac{40A}{A_1}} \tag{3-9}$$

式中　A——井架截面的毛截面面积；

A_1——井架截面所截垂直于 $x-x$ 轴（或 $y-y$ 轴）的平面内各斜缀条毛截面面积之和。

根据计算的换算长细比 λ_h，从《钢结构设计规范》附录中即可查得 φ 值。井架在弯矩作用平面内的整体稳定性按下式验算：

$$\frac{N}{\varphi_x A} + \frac{\beta_{mx} M}{W_{1x} \left(1 - \varphi_x \dfrac{N}{N_{Ex}} \right)} \leqslant f \tag{3-10}$$

式中　N——所计算构件段范围内的轴心压力；

φ_x——稳定系数，根据换算长细比由《钢结构设计规范》附录中查得；

M——所计算构件段范围内最大弯矩；

W_{1x}——弯矩作用平面内较大的受压纤维的毛截面抵抗矩；

β_{mx}——等效弯矩系数，对于有侧移的框架柱和悬臂构件，$\beta_{mx} = 1$；

N_{Ex}——欧拉临界力，$N_{Ex} = \dfrac{\pi^2 EA}{\lambda_x^2}$。

（2）主肢角钢稳定性验算

对于格构式偏心受压构件，当弯矩作用在和缀条面平行的主平面内时，弯矩作用平面外的整体稳定性可不需验算，但应验算单肢的稳定性。

已知作用在验算截面的弯矩 M_1 和轴力 N，则作用于每一个主肢上的轴力 N'，可按下式计算：

$$N' = \frac{N}{n} + \frac{M}{d} \tag{3-11}$$

式中　M、N——分别为作用在验算截面上的已知的弯矩和轴力；

n——截面中的主肢根数；

d——两主肢的对角线距离（风载作用于对角线方向）。

主肢应力按下式进行验算：

$$\sigma = \frac{N'}{\varphi A_0} \leqslant f \tag{3-12}$$

式中　φ——纵向弯曲系数，可根据 l_0/i_{min} 查《钢结构设计规范》附录得；

l_0——主肢计算长度，一般取水平缀条之间的距离；

i_{min}——主肢截面的最小回转半径，根据选用的型钢，由型钢规格表查得；

N'——一个主肢的轴向力，由式（3-11）计算；

A_0——一个主肢的横截面面积；

f——钢材的抗拉、抗压和抗弯强度设计值。

（3）缀条（板）验算

当计算求得所需验算的截面剪力 V_1，并按设计规范计算 $V = 20A$（A 为全部肢件的毛截面面积）得到 V_2，比较 V_1、V_2，取其较大者作为验算用的剪力值。

根据求得的 V 值和缀条的夹角 α，即可按下式求出斜缀条的轴向力 N（图 3-5）：

$$N = \frac{V}{2\cos\alpha} \qquad (3\text{-}13)$$

按轴心受压构件验算缀条的稳定性按下式计算：

$$\sigma = \frac{N}{\varphi A} \le f \qquad (3\text{-}14)$$

式中　φ——由 $l_0 / i_{\min}$ 值查《钢结构设计规范》附录得；

A——一个缀条的毛截面面积。

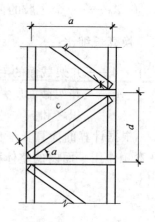

图 3-5　缀条几何尺寸简图

【例 3-1】　设计一钢井架，供施工中作垂直运输和构件吊装之用，要求井架高 40.6m，井架吊篮起重量（包括自重）$Q = 1.0t$，摇臂杆长 9.0m，摇臂杆起重量 1.5t（图 3-6）。

【解】　参考已有类似的钢井架，初步确定：井架截面的宽、厚为 1.6×2.0m，主肢角钢用∟75×8，缀条腹板用∟60×6，每节高 1.4m，井架设两道缆风绳，第一道设在离地面 20.6m 处，第二道设在井架顶端，缆风绳与井架夹角为 45°，摇臂杆设在距井架顶部 12m 处（摇臂杆设计从略，但已算得摇臂杆根部轴力 $N_0 = 37.7\text{kN}$，起重滑轮组引出索拉力 $S_1 = 21\text{kN}$，变幅滑轮钢丝绳的张力 $T_1 = 19.2\text{kN}$），其计算简图见图 3-7。

1. 荷载计算

为简化计算，假定在荷载作用下只考虑顶端的缆风绳起作用，只有在风荷载作用下才考虑上下两道缆风绳同时起作用。

1）吊篮起重力及自重力

$$K_{Q2} = 1.2 \times 10000 = 12000\text{N}$$

2）井架自重力

$$q_2 = 1\text{kN/m}$$

28m 以上部分总自重力为：

$$N_{q2} = (40 - 28) \times 1000 = 12000\text{N}$$

20m 以上部分的总自重力为：

$$N_{q1} = 20 \times 1000 = 20000\text{N}$$

3）风荷载

$$W = W_0 \mu_z \mu_S \beta A_F$$

式中 $W_0 = 250\text{N/m}^2$，$\mu_z = 1.2$；$\mu_S = 1.3\phi(1 + \eta)$，井架投影面积 $\sum A_C = (0.075 \times 1.4 \times 2 + 0.06 \times 2 + 0.06 \times 2.45 \times 19 \times 1.1) = 15.13\text{m}^2$

井架受风轮廓面积 $A_F = 40.6 \times 2 = 81.2\text{m}^2$

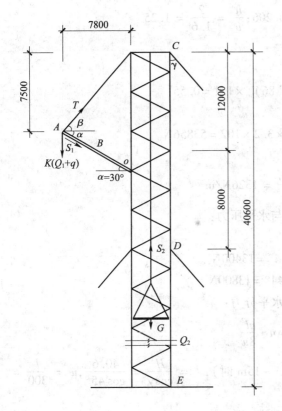

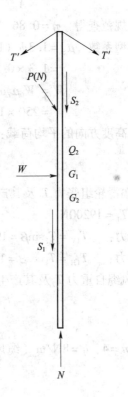

图 3-6　井架轮廓尺寸 　　　　　　　　图 3-7　井架的计算简图

G_1—摇臂杆自重力；W—风载；

S_1—引出索引力；P（N）—摇臂杆的轴力；

G_2—井架的自重力；S_2—拉升吊篮的引出索引力；

T'—缆风绳张力；Q_2—吊篮起重及自重力

$$\therefore \quad \phi = \frac{\sum A_\mathrm{C}}{A_\mathrm{F}} = \frac{15.13}{81.2} = 0.19 ; \frac{h}{b} = \frac{2}{1.6} = 1.25 ，\ 由荷载规范查得\ \eta = 0.88$$

$$\mu_\mathrm{S} = 1.3 \times 0.19 \ (1 + 0.88) = 0.46$$

β 按荷载规范计算得出 $\beta = 3.20$；

所以当风向与井架平行时，风载为：

$$W = 250 \times 1.2 \times 0.46 \times 3.2 \times 81.2 = 35858 \text{N}$$

沿井架高度方向的平均风载：

$$q = \frac{35858}{40.6} = 883 \text{N/m}$$

当风向沿井架对角线吹时，井架受风的投影面积 $\sum A_\mathrm{C} = $ ［$0.075 \times 1.4 \times 3 + 0.06 \times 2 \times$ $\sin 45° + 0.06 \times 1.6 \times \sin 45° + 0.06 \times 2.45 \times \sin 45° + 0.06 \times 2.13 \times \sin 45°$］$\times 29 \times 1.1 = 21 \text{m}^2$

井架受风轮廓面积 $A_\mathrm{F} = $ （$1.60 \times 1.4 \times \sin 45° + 2 \times 1.4 \times \sin 45°$）$\times 29 = 102 \text{m}^2$

$$\therefore \qquad \phi = \frac{\sum A_C}{A_F} = \frac{21}{102} = 0.206; \frac{h}{b} = \frac{2}{1.6} = 1.25$$

由荷载规范查得 $\eta = 0.86$

风载体型系数 $\mu_S = 1.3\phi (1 + \eta) \psi$

$$= 1.3 \times 0.206 (1 + 0.86) \times 1.1 = 0.55$$

所以 $\qquad W' = W_0\mu_Z\mu_S\beta A_F$

$$= 250 \times 1.2 \times 0.55 \times 3.2 \times 102 = 53856\text{N}$$

沿井架高度方向的平均荷载：

$$q' = \frac{53856}{40.6} = 1326\text{N/m}$$

4）变幅滑轮组张力 T_1 及其产生的垂直与水平压力：

已知 $\quad T_1 = 19200\text{N}$

垂直分力： $\quad T_{1V} = T_1\sin\beta = 19200 \times \sin44° = 13400\text{N}$

水平分力： $\quad T_{1H} = T_1\cos\beta = 19200 \times \cos44° = 13800\text{N}$

5）缆风绳自重力 T_2 及其产生的垂直和水平分力：

$$T_2 = n \cdot \frac{ql^2}{8w}$$

式中，$n = 4$，$q = 8\text{N/m}$（缆风绳直径 13～15m 时），$l = \dfrac{H}{\cos\gamma} = \dfrac{40.6}{\cos45°}$，$w = \dfrac{l}{300} = 0.003l$

$$\therefore \qquad T_2 = 4 \times \frac{8 \times \left(\dfrac{40.6}{\cos45°}\right)^2}{8 \times 0.003 \times \left(\dfrac{40.6}{\cos45°}\right)}$$

$$= 76691\text{N}$$

垂直分力：$T_{2V} = T_2\cos\gamma = 76691 \times \cos45° = 54220\text{N}$

水平分力：$T_{2H} = 0$（因 4 根缆风绳的水平分力互相抵消）。

6）起重时缆风绳的张力 T_S 及其产生的垂直和水平分力：

起重时只考虑顶端一道缆风绳起作用，在起重时缆风绳的张力：

$$T_2 = \frac{K(Q_1 + q) \times 7.8 + G \times \dfrac{7.8}{2}}{H\sin45°}$$

$$= \frac{1.2 \times (15000 + 1500) \times 7.8 + 3000 \times \dfrac{7.8}{2}}{40.6 \times \sin45°}$$

$$= 5788\text{N}$$

垂直分力： $\qquad T_{3V} = T_3\cos\gamma = 5788\cos45° = 4093\text{N}$

水平分力： $\qquad T_{3H} = T_3\sin\gamma = 5788\sin45° = 4093\text{N}$

7）风荷载作用下，缆风绳张力产生的垂直和水平分力：

在风荷载作用下，考虑井架顶部及 20.6m 处的两道风绳皆起作用，故整个井架可近似按两跨等跨连续梁计算。

顶部缆风绳处：

水平分力：
$$T_{4H} = 0.375q'l$$
$$= 0.375 \times 1326 \times 20 = 9945N$$

垂直分力：
$$T_{4V} = T_{4H} = 9945N$$

中部截面处：

水平分力：
$$T_{5H} = 1.25q'l = 1.25 \times 1326 \times 20 = 33150N$$

垂直分力：
$$T_{5V} = T_{5H} = 33150N$$

8）摇臂杆轴力 N_0 及起重滑轮组引出拉索力 S_1 对井架引起的垂直和水平分力：

水平分力：
$$T_{H1} = (N_0 - S_1) \cos\alpha = (37700 - 21000) \cos30°$$
$$= 8350N$$

垂直分力：
$$T_{V1} = (N_0 - S_1) \sin\alpha = (37700 - 21000) \sin30°$$
$$= 8350N$$

9）起重滑轮组引出索拉力 S_1 经导向滑轮后对井架的垂直压力：
$$T_{V2} \approx S_1 = 21000N$$

10）升降吊篮的引出索拉力 S_2 对井架的压力：
$$T_{V3} \approx S_2 = f_oKQ_2 = 1.06 \times 1.2 \times 10000 = 12800N$$

2. 内力计算

1）轴力

（1）O 截面（摇臂杆支座处）井架的轴力
$$N_0 = K_{Q2} + N_{q2} + T_{1V} + T_{2V} + T_{3V} + T_{4V} + T_{V1} + T_{V2} + T_{V3}$$
$$= 12000 + 12000 + 13400 + 54220 + 4093 + 9945 + 8350 + 21000 + 12800$$
$$= 147808N$$

（2）D 截面（第一道缆风处）井架的轴力
$$N_D = K_{Q2} + N_{q1} + T_{1V} + T_{2V} + T_{3V} + T_{4V} + T_{5V} + T_{V1} + T_{V2} + T_{V3}$$
$$= 12000 + 20000 + 13400 + 54220 + 4093 + 9945 + 33150 + 8350 + 21000 + 12800$$
$$= 188958N$$

2）弯矩

（1）风载对井架引起的弯矩 考虑上、下两道缆风绳同时起作用，因而近似按两跨连续梁计算。

$$M_{01} = T_{4H} \times 12 - \frac{1}{2}q' \times 12^2$$
$$= 9945 \times 12 - \frac{1}{2} \times 1326 \times 12^2 = 23868N \cdot m$$
$$M_{D1} = -0.125q' \times 20^2$$
$$= -0.125 \times 1325 \times 20^2 = -66300N \cdot m$$

（2）起重荷载引起的水平分力对井架产生的弯矩

此时只考虑顶端的缆风绳起作用。

$$M_{02} = (T_{1H} - T_{3H}) \times 12 + (T_{1V} + T_{3V} + T_{V1} + T_{V2}) \times \frac{2.55}{2}$$

$$= (13800 - 4093) \times 12 + (13400 + 4093 + 8350 + 21000) \times \frac{2.55}{2}$$

$$= 176208N \cdot m$$

所以，井架 O 截面的总弯矩：

$$M_0 = M_{01} + M_{02} = 23868 + 176208 = 200076N \cdot m$$

井架 D 截面的总弯矩：

$$M_D = M_{D1} + M_{D2} = 66300 + 138161 = 204461N \cdot m$$

3. 截面验算

1）井架截面的力学特征：查型钢特性表得：

主肢：$\llcorner 75 \times 8$，$A_0 = 11.5cm^2$，$Z_0 = 2.15cm$，$I_x = I_y = 60cm^4$，$I_{min} = 25.3cm^4$，$i_{min} = 1.48cm$。

缀条：$\llcorner 60 \times 6$，$A_0 = 6.91cm^2$，$Z_0 = 1.7cm$，$I_x = 23.3cm^4$，$i_x = 1.84cm$，$I_{min} = 9.76cm^4$，$i_{min} = 1.48cm$。

井架的总惯矩：

$y - y$ 轴：

$$I_y = 4\left[I_y + A_0\left(\frac{B_{21}}{2} - Z_0\right)^2\right]$$

$$= 4\left[60 + 11.5\left(\frac{160}{2} - 2.15\right)^2\right]$$

$$= 279000cm^4$$

$x - x$ 轴：

$$I_x = 4\left[I_x + A_0\left(\frac{B_{22}}{2} - Z_0\right)^2\right]$$

$$= 4\left[60 + 11.5\left(\frac{200}{2} - 2.15\right)^2\right]$$

$$= 440000cm^4$$

$y' - y'$ 轴和 $x' - x'$ 轴：

$$I'_y = I'_x = I_x\cos^2 45° + I_y\sin^2 45°$$

$$= 440000\cos^2 45° + 279000\sin^2 45° = 359500cm^4$$

井架总惯矩取 $I_y = 279000cm^4$

2）井架的整体稳定性验算

（1）O 截面

$$N_0 = 147808N, M_0 = 200076N \cdot m$$

$$\lambda_y = \frac{l_0}{\sqrt{\frac{I_y}{4A_0}}} = \frac{4060}{\sqrt{\frac{279000}{4 \times 11.5}}} = 51.8$$

换算长细比

$$\lambda_{0y} = \sqrt{\lambda_y^2 + 40\frac{A}{A_{1y}}}$$

$$= \sqrt{51.8^2 + 40 \times \frac{4 \times 11.5}{2 \times 6.91}} = 53.0$$

查《钢结构设计规范》附录得　$\varphi_y = 0.842$

$$N_{Ex} = \frac{\pi^2 EA}{\lambda_y^2} = \frac{\pi^2 \times 2.1 \times 10^7 \times 46}{51.8^2} = 3553000\text{N}$$

$$\sigma = \frac{N_0}{\varphi_y A} + \frac{\beta_{mx} M_0}{W_{1y}\left(1 - \varphi_y\dfrac{N_0}{N_{Ex}}\right)}$$

$$= \frac{147808}{0.842 \times 4600} + \frac{1 \times 200076 \times 10^3}{\dfrac{279000 \times 10^4}{\dfrac{1600}{2}}\left(1 - 0.842 \times \dfrac{147808}{3553000}\right)}$$

$$= 38.2 + 59.5 = 97.7\text{N/mm}^2 < f = 215\text{N/mm}^2$$

（2）D 截面

$$N_D = 188958\text{N}, \quad M_D = 20446\text{N} \cdot \text{m}$$

同上计算得 $\lambda_{Dy} = 53$，查得 $\varphi_y = 0.842$，$N_{Ex} = 3553000\text{N}$

$$\sigma = \frac{N_D}{\varphi_y A} + \frac{\beta_{mx} M_D}{W_{1y}\left(1 - \varphi_y\dfrac{N_D}{N_{Ex}}\right)}$$

$$= \frac{188958}{0.842 \times 4600} + \frac{1 \times 204461 \times 10^3}{\dfrac{279000 \times 10^4}{\dfrac{1600}{2}}\left(1 - 0.842 \times \dfrac{188958}{3553000}\right)}$$

$$= 48.8 + 61.4 = 110.2\text{N/mm}^2 < f = 215\text{N/mm}^2$$

主肢角钢及缀条的稳定性验算（略）。

◆ 3.2　扣件式钢管井架计算

采用扣件式钢管脚手杆搭设井架作为现场垂直运输工具，为施工常用井架形式之一，它具有可利用现场常规脚手工具，材料易得，搭拆方便、快速，使用灵活，节省施工费等优点。

扣件式钢管井架常用井孔尺寸有 4.2m×2.4m、4.0m×2.0m 和 1.9m×1.9m 三种，起重量前二种为 1t，后一种为 0.5t，常用高度为 20~30m。井架为由四榀平面桁架用系杆构成的空间体系，主要由立杆、水平杆、斜杆、扣件和缆风绳等构成（图 3-8）。计算时，通常简化为平面桁架来进行。井架所用管子均为一般搭脚手架的管子，即外径 ϕ48mm、壁厚 3.5mm 的焊接钢管或外径 ϕ51mm、壁厚 3~4mm 的无缝钢管。

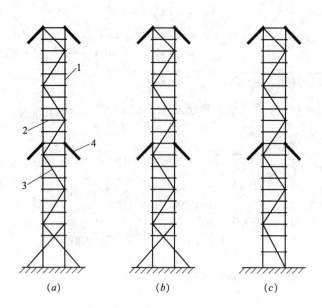

图 3-8　扣件式钢管井架构造

（a）进料口侧面；（b）进料口侧面；（c）侧面

1—立杆；2—水平杆；3—斜杆；4—缆风绳

1．荷载计算

作用在井架上的荷载有：

1）垂直荷载　包括井架自重 Q；吊盘和吊盘物重力 q，并考虑 1.24 振动系数的影响；起重钢丝绳的拉力 S；缆风绳张力和垂直分力 T_V；

2）水平荷载　包括风载和缆风绳张力的水平分力 T_H。

荷载计算与格构式井架相同。

2．井架计算

井架的计算包括立杆稳定性验算　井架的整体稳定性验算。

1）立杆稳定性验算

在垂直荷载作用下，立杆可按压杆稳定的条件来验算截面，因水平杆的内力为零，立杆应力 σ 按下式验算：

$$\sigma = \frac{N}{\varphi A} \leqslant f \tag{3-15}$$

式中　N'——平均作用在每根钢管上的轴压力，$N' = \frac{N}{n}$；

　　　N——作用在某一截面上的轴压力；

　　　n——立杆的杆数；

　　　A——每一根立杆的毛截面面积；

　　　φ——纵向弯曲系数，由 l_0/i_{min} 值查《钢结构设计规范》附录得；

　　　l_0——立杆的计算长度，按两端铰接考虑，等于节点间的间距；

$i_{\min}$——最小回转半径，对于钢管，$i_{\min} = \dfrac{1}{4} \times \sqrt{d^2 - d_1^2}$；

d、d_1——分别为钢管的外径和内径。

$$\sigma = \frac{N}{\varphi A} \leqslant f \tag{3-16}$$

式中　N'——平均作用在每根钢管上的轴压力，$N' = \dfrac{N}{n}$；

N——作用在某一截面上的轴压力；

n——立杆的杆数；

A——每一根立杆的毛截面面积；

φ——纵向弯曲系数，由 $l_0/i_{\min}$ 值查《钢结构设计规范》附录得；

l_0——立杆的计算长度，按两端铰接考虑，等于节点间的间距；

$i_{\min}$——最小回转半径，对于钢管，$i_{\min} = \dfrac{1}{4} \times \sqrt{d^2 - d_1^2}$；

d、d_1——分别为钢管的外径和内径。

2）井架整体稳定验算

在风载作用下，对井架产生倾覆力矩 $\sum W_{\mathrm{pi}} \times h_i$，当井架上吊盘无荷载时，由井架自重力产生的抵抗力矩 $\dfrac{Qb}{2}$ 来平衡，验算其稳定性（图3-9），

即：
$$\sum W_{\mathrm{pi}} h_i \leqslant \frac{Qb}{2} \tag{3-17}$$

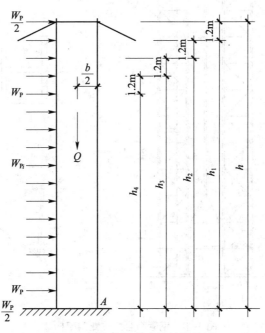

图 3-9　钢管井架稳定性计算简图

如倾覆力矩大于抵抗力矩，对于有缆风绳的井架有可能引起井架立杆产生一定挠度和弯曲应力，但实践情况表明，其值均小于容许值，因此可以认为，井架设缆风绳时，由风载所引起的倾覆失稳可不予考虑，但对缆风绳的拉力应不小于下式计算数值：

$$T = \frac{\sum W_{pi} h_i - \dfrac{Qb}{2}}{h \cos \alpha} \tag{3-18}$$

式中符号见图3-9。

◈ 3.3 龙门式型钢架计算

龙门式型钢架，简称龙门架，是工业与民用建筑砌筑或吊装工程垂直运输材料或小型构件的主要起重设施。由于它具有构造、设备简单，起重空间大，刚度好，搭设拆除方便、快速，使用轻便，费用较低等优点，在民用与工业建筑应用非常广泛。

龙门架一般由四根立柱、顶部横梁、吊盘、起重滑车组、缆风绳等组成。龙门架的立柱可采用单根钢管或型钢组合式立柱，由角钢或钢管等分节组装而成。常用钢管龙门架的构造如图3-10所示。基本尺寸常用技术参数见表3-2。

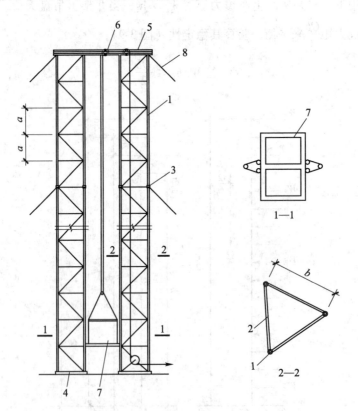

图 3-10　钢管组合立柱龙门架构造

1—立柱；2—斜缀条；3—连接板；4—底座；5—横梁；6—天轮；7—吊盘；8—缆风绳

<table>
<tr><td colspan="6" align="center">钢管组合立柱龙门架的构造和起重量   表 3-2</td></tr>
</table>

基本尺寸（mm）	架设高度（m）	吊盘尺寸 长×宽（m）	主要材料	自重（t）	起重量（t）
$b=500$		$2.40×1.33$	立柱 $\phi25×3.2$		
$a=500$	20			1.30	0.8
$l=4000$		$3.60×1.60$	缀条 $\phi16$		
$b=300$			立柱 $\phi48×3.5$		
$a=300$	25	$3.60×1.60$		0.90	0.8
$l_上=3000$			缀条 $\phi18$		
$l_下=4000$					

注：a、b 符号意义见图 3-10。

1. 荷载计算

作用在龙门架上的荷载有：

1）吊盘和吊物重力 $G=k(Q+q)$。

2）提重物时滑轮组引出的钢丝绳拉力 $S=f_0[k(Q+q)]$。

3）龙门架重、可参考表 3-2 或按实际情况计算。

4）风荷载　$W=k_1k_2 \cdot W_0\beta A_F$

对体型系数 k_1 可按 $k_1=k_p(1+\eta)$ 计算，$k_p=k_\phi$，k 值按以下取用：当 $W_0d^2 \leq 0.3$，$k=1.2$；当 $W_0d^2 \geq 2.0$，$k=0.6$；其中 d 为钢管外径。$\varphi=\sum A_0/A_F$。当 $\varphi \geq 0$ 时，$k_1=0.9k_p$ $(1+\eta)$。对风振系数 β 的数值，取值与格构式井架相同。

5）风荷载作用下，缆风绳张力对龙门架的垂直和水平分力。

6）缆风绳自重力对龙门架作用的垂直分力和水平分力。

7）以上各项荷载符号意义与"格构式井架计算相同"。

2. 龙门架计算

龙门架计算主要是立柱的计算，其原理和方法与钢格构式井架计算大体相同。

1）内力计算

各个控制截面的轴力和弯矩计算，参见"格构式井架计算"。

2）截面验算

立柱截面为三角形，即单轴对称（图 3-11），其截面的验算，可按薄壁型钢的格构式偏心受压构件进行，包括强度计算，荷载作用于对称平面内时弯矩作用平面内的稳定性计算，单肢局部稳定以及缀条的计算等项，可参照《冷弯薄壁型钢结构技术规范》（GBJ 18—87）中有关规定进行计算。以下简介一近似柱梁计算法，主要用于截

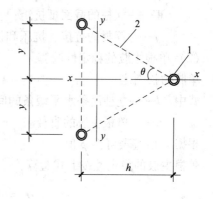

图 3-11　截面特征

1—钢管；2—缀条

177

面验算。

本法系假定缆风绳与龙门架的交接处为铰接，并且为一刚性支座，可把龙门架简化为一个两端铰接的柱梁进行计算。其计算数值与精确法（弹性支座）计算和实验结果的误差不大，可以满足工程要求。

（1）立柱应力验算

先根据立柱截面特征按以下计算几何特征：

$$I_x = I_y \approx 2A_B y^2 \tag{3-19}$$

$$i = \sqrt{I_x / 3A_B} \tag{3-20}$$

$$\lambda = l_0 / i \tag{3-21}$$

当设一道缆风绳时，l_0 等于龙门架的总高度。

当设两道缆风绳时，l_0 则分两段计算，分别求得 λ_1、λ_2。

若采用缀条，折算长细比，$\lambda_{np} = \sqrt{\lambda^2 + 56 \dfrac{A_B}{A_P}}$，由 λ_{np} 求出纵向弯曲系数 φ 值。

式中　　A_B——一根主单肢的截面面积；

　　　　A_P——三角形截面单边平面内斜缀条的截面面积。

截面抵抗矩　　　　　　　　　　　$W_y = I_y / x$

式中　　x——单根主肢钢管的中心至 $y - y$ 轴的距离，$x = 2h/3$，而 $h = \sqrt{(2y)^2 - y^2}$（用于等边三角形）。

主柱的应力 σ 按下式验算：

$$\sigma = \frac{N}{3A_B \varphi} + \frac{M}{W} \leqslant f \tag{3-22}$$

式中　　N、M——分别为验算截面的轴压力和弯矩；

　　　　A_B——一根主肢的截面面积；

　　　　φ——纵向弯曲系数，由已知折算长细比 λ_{np} 查《钢结构设计规范》附录得；

　　　　W——立柱的截面抵抗矩；

　　　　f——钢材的抗拉、抗压和抗弯强度设计值。

（2）单根主肢的稳定性验算

单肢的长细比　　　　　　　　　　$\lambda = l/i = 4/d$

式中　　l——立柱两条水平缀条的间距；

　　　　d——单根主肢的直径。

根据 λ 值查表可得 φ 值。

单根主肢的稳定性按下式验算：

$$\sigma = \frac{1}{\varphi A_B} \left(\frac{N}{3} + \frac{M}{x} \right) \leqslant f \tag{3-23}$$

式中符号意义同前。

（3）缀条应力验算（图 3-12）

$$\sigma = \frac{N}{\varphi A_{\mathrm{F}}} \leqslant f \qquad (3-24)$$

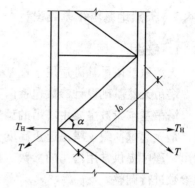

式中　σ——缀条应力；

　　　N——作用于一根缀条上的轴向压力，$N = \frac{V}{2\cos\alpha}$；

　　　V——验算截面处的剪力，即缆风绳与龙门架交点处的水平分力 T_{H}；

　　　α——斜缀条与水平面夹角；

　　　φ——纵向弯曲系数，由 $\lambda = l_0/i$，查表1-15 ~ 表1-18 得；

　　　l_0——斜缀条长度；

　　　i——回转半径，$i = \sqrt{I/A_{\mathrm{F}}}$；

　　　I——斜缀条惯性矩，当用圆钢筋缀条，$I = \pi d^4/64$；

　　　d——钢筋直径；

　　　A_{F}——缀条的截面面积。

图 3-12　斜缀条计算简图

（4）整体稳定性的验算

一般用求临界力的方法进行验算，即：

$$\frac{N_{\mathrm{kp}}}{N} = \frac{\pi^2 EI}{Nl^2} \geqslant K \qquad (3-25)$$

式中　N_{kp}——临界轴向力，$N_{\mathrm{kp}} = \frac{\pi^2 EI}{l^2}$；

　　　N——最大的轴向压力（相当于"格构式井架计算"中的 N_{01}、N_{02}）；

　　　π——圆周率，取 3.14；

　　　E——钢材的弹性模量；

　　　I——三角形截面对 x 轴（或 y 轴）的惯性矩，即 $I_x = 2A_{\mathrm{B}}y^2$；

　　　l——计算长度，当设一根缆风绳时，l 相当于龙门架高度；当设两根缆风绳时，应分段计算，取其较小值代入公式应用；

　　　K——稳定安全系数，一般可取 $K = 1.5 \sim 2.5$。

对顶部挂天轮的横梁计算，可按两端支承在立柱的简支梁考虑，作用在梁上的荷载包括天轮梁自重力、吊物重力、吊盘重力与钢丝绳的拉力等，计算按一般方法（略）。

◈ 3.4　自升式塔吊的计算

塔吊基础模块包括天然基础计算、桩基础计算、附着计算、塔吊稳定性验算、边坡桩基倾覆、格构柱稳定性计算。

3.4.1 天然地基塔吊基础设计

1. 概述

天然地基塔吊基础适用于地基条件好的塔吊基础工程，塔吊直接落在天然基础上。

塔吊天然基础设计参数包括两部分，塔吊的基本参数和塔吊基础设计参数。

塔吊基本参数主要由塔吊的型号确定，通过选择的塔吊型号得到，包括塔吊型号、自重、最大起重荷载、塔吊起重高度、塔吊倾覆力矩、塔身宽度，上述数据由塔吊的说明书列出，程序提供常用塔吊的参数。在实际应用中，除塔身宽度外，可以根据起重高度对其他参数进行调整。

塔吊基础设计参数包括基础混凝土强度等级、基础承台埋深、基础的宽度和厚度，以及基础的承载力设计值、承台所用钢筋的类型。

2. 技术条件

（1）依据《建筑地基基础设计规范》GB 50007—2002第5.2条承载力计算（图3-13）

当不考虑附着时的基础设计值计算公式：

$$P_{\max} = \frac{F + G}{B_C^2} + \frac{M}{W} \tag{3-26}$$

当考虑附着时的基础设计值计算公式：

$$P = \frac{F + G}{B_C^2} \tag{3-27}$$

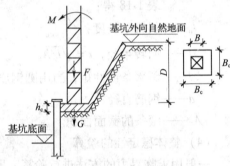

图3-13 塔吊计算简图

式中 F——塔吊作用于基础的竖向力，它包括塔吊自重、压重和最大起重荷载；

G——基础自重与基础上面土自重，$G = 25.0 \times B_c \times B_c \times H_c + 20.0 \times B_c \times B_c \times D$，由用户计算后输入；

B_c——基础底面的宽度；

W——基础底面的抵抗矩，$W = B_c \times B_c \times B_c / 6$；

M——倾覆力矩，包括风荷载产生的力矩和最大起重力矩；

经过计算得到：

有附着的最大压力设计值和有附着的最小压力设计值；

无附着的压力设计值。

（2）地基承载力的验算

根据地基承载力设计值要求　　f_a（kPa）$\geq P_{\max}$ 　　　(3-28)

当偏心距较大时要求　　$1.2 \times f_a \geq P_{k\max}$ 　　　(3-29)

（3）受冲切承载力的验算

依据《建筑地基基础设计规范》GB 50007—2002 第8.2.7条。

验算公式如下：

$$F_1 \leq 0.7 \beta_{hp} f_t a_m h_0 \tag{3-30}$$

式中 β_{hp}——受冲切承载力截面高度影响系数；

f_t——混凝土轴心抗拉强度设计值；

a_m——冲切破坏锥体最不利一侧计算长度：

$$a_m = (a_t + a_b)/2$$

h_0——承台的有效高度；

P_j——最大压力设计值；

F_1——实际冲切承载力：

$$F_1 = P_j A_i$$

（4）承台配筋的计算

依据《建筑地基基础设计规范》GB 50007—2002 第 8.2.7 条。

1）抗弯计算，计算公式如下：

$$M_I = \frac{1}{12} a_1^2 \left[(2l + a') \left(P_{max} + P - \frac{2G}{A} \right) + (P_{max} - P)l \right] \tag{3-31}$$

式中　a_1——截面 I - I 至基底边缘的距离；

P——截面 I - I 处的基底反力：

$$P = P_{max} \times \frac{3a - a_1}{3a}$$

a'——截面 I - I 在基底的投影长度。

2）配筋面积计算，公式如下：

依据《混凝土结构设计规范》GB 50010—2002：

$$\alpha_s = \frac{M}{\alpha_1 f_c b h_0^2} \tag{3-32}$$

$$\xi = 1 - \sqrt{1 - 2\alpha_s} \tag{3-33}$$

$$\gamma_s = 1 - \xi/2 \tag{3-34}$$

$$A_s = \frac{M}{\gamma_s h_0 f_y} \tag{3-35}$$

式中　α_1——系数，当混凝土强度不超过 C50 时，α_1 取为 1.0，当混凝土强度等级为 C80时，α_1 取为 0.94，其间按线性内插法确定；

f_c——混凝土抗压强度设计值；

h_0——承台的计算高度。

3.4.2　四桩基础塔吊基础设计

1. 参数说明

塔吊桩基础设计参数包括，塔吊的基本参数、塔吊桩承台参数、桩基础设计参数，同时可考虑是否设置格构柱。

塔吊基本参数主要由塔吊的型号确定，通过选择塔吊的型号得到，包括塔吊型号、自重、最大起重荷载、塔吊起重高度、塔吊倾覆力矩、塔身宽度，上述数据由塔吊的说明书列出，程序提供常用塔吊的参数。在实际的应用中，除塔身宽度外，可以根据起重高度对其他参数进行调整。

塔吊桩承台参数包括承台的宽度和厚度、箍筋的间距。

塔吊桩基础设计参数包括承台混凝土强度等级、钢筋级别、承台钢筋保护层厚度、基础埋深、桩间距、桩形状及尺寸、桩型和工艺，以及桩的承载力。

2. 技术条件

计算依据《建筑桩基技术规范》JGJ 94—94 和《混凝土结构设计规范》GB 50010—2002。

（1）计算要求

1）承台的受力和配筋计算；

2）承台的抗剪切计算；

3）单桩极限承载力计算和桩长计算；

4）桩的配筋计算。

（2）承台弯矩计算

如图 3-14 所示计算简图（假设选择格构柱）：

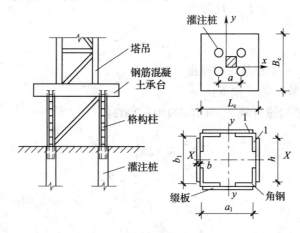

图 3-14 承台计算简图

图中 x 轴的方向是随机变化的，设计计算时应按照倾覆力矩 M 最不利方向进行验算。

1）桩顶竖向力的计算（依据《建筑桩基技术规范》JGJ 94—94 的第 5.1.1 条，包括竖向压力和抗拔力的计算）

$$N_i = \frac{F + G}{n} \pm \frac{M_x y_i}{\sum y_i^2} \pm \frac{M_y x_i}{\sum x_i^2} \tag{3-36}$$

式中　n——单桩个数，$n = 4$；

　　　F——作用于桩基承台顶面的竖向力设计值；

　　　G——桩基承台的自重；

M_x，M_y——承台底面的弯矩设计值（kN·m）；

　x_i，y_i——单桩相对承台中心轴的 XY 方向距离（m）；

　　　N_i——单桩桩顶竖向力设计值（kN）。

2）矩形承台弯矩的计算（依据《建筑桩基技术规范》JGJ 94—94 的第 5.6.1 条）

$$M_{x1} = \sum N_{i1} y_i \qquad M_{y1} = \sum N_{i1} x_i \tag{3-37}$$

式中　M_{x1}、M_{y1}——计算截面处 X、Y 方向的弯矩设计值（kN・m）；

$\quad\quad\quad x_i$，y_i——单桩相对承台中心轴的 X、Y 方向距离（m）；

$\quad\quad\quad N_{i1}$——扣除承台自重的单桩桩顶竖向力设计值（kN），$N_{i1} = N_i - G/n$。

计算方案：以承台中心点为 XY 原点，将承台底面的弯矩设计值 M 按照 XY 方向分解，得到 M_x 和 M_y（分解方向从 $0 \sim 360°$，step $= 45°$ 循环），得到每个方向的计算截面处 XY 方向的弯矩设计值 M_{x1} 和 M_{y1}，将最大弯矩设计值作配筋计算。

（3）承台主筋计算

依据《混凝土结构设计规范》GB 50010—2002 第 7.2 条受弯构件承载力计算。

$$\alpha_s = \frac{M}{\alpha_1 f_c b h_0^2} \tag{3-38}$$

$$\xi = 1 - \sqrt{1 - 2\alpha_s} \tag{3-39}$$

$$\gamma_s = 1 - \xi/2 \tag{3-40}$$

$$A_s = \frac{M}{\gamma_s h_0 f_y} \tag{3-41}$$

式中　α_1——系数，当混凝土强度不超过 C50 时，α_1 取为 1.0，当混凝土强度等级为 C80 时，α_1 取为 0.94，其间按线性内插法确定；

$\quad\quad\quad f_c$——混凝土抗压强度设计值；

$\quad\quad\quad h_0$——承台的计算高度；

$\quad\quad\quad f_y$——钢筋受拉强度设计值，$f_y = 210\text{N/mm}^2$。

（4）承台抗剪切计算

依据《建筑桩基技术规范》JGJ 94—94 的第 5.6.8 条和第 5.6.11 条。

根据第二步的计算方案可以得到 XY 方向桩对矩形承台的最大剪切力，考虑对称性。考虑承台配置箍筋的情况，斜截面受剪承载力满足下面公式：

$$\gamma_0 V \leq \beta f_c b_0 h_0 + 1.25 f_y \frac{A_{sv}}{S} h_0 \tag{3-42}$$

其中　γ_0——建筑桩基重要性系数；

$\quad\quad\quad \beta$——剪切系数；

$\quad\quad\quad f_c$——混凝土轴心抗压强度设计值；

$\quad\quad\quad b_0$——承台计算截面处的计算宽度；

$\quad\quad\quad h_0$——承台计算截面处的计算高度；

$\quad\quad\quad f_y$——钢筋受拉强度设计值，$f_y = 210.00\text{N/mm}^2$；

$\quad\quad\quad S$——箍筋的间距。

（5）桩承载力和配筋计算

桩承载力计算依据《建筑桩基技术规范》JGJ 94—94 的第 4.1.1 条。

桩顶轴向压力设计值应满足下面的公式：

$$\gamma_0 N \leq f_c A \tag{3-43}$$

式中　γ_0——建筑桩基重要性系数；

　　　f_c——混凝土轴心抗压强度设计值；

　　　A——桩的截面面积。

依据《混凝土结构设计规范》GB 50010—2002 第 7.3 条正截面受压承载力计算。

$$N \leqslant 0.9\phi(f_c A + f'_y A'_s) \tag{3-44}$$

式中　N——桩轴向压力设计值；

　　　ϕ——钢筋混凝土构件的稳定系数；

　　　f_c——混凝土轴心抗压强度设计值；

　　　A——桩的截面面积；

　　　f'_y——钢筋抗压强度设计值；

　　　A'_s——全部纵向钢筋截面面积。

经过计算得到全部纵向钢筋截面面积 A'_s。

（6）单桩极限承载力和桩长计算

桩承载力计算依据《建筑桩基技术规范》JGJ 94—94 的第 5.2.2-3 条。

根据第二步的计算方案可以得到桩的轴向压力设计值，取其中最大值 N。

桩竖向极限承载力验算应满足下面的公式：

最大压力：

$$R = \eta_s Q_{sk}/\gamma_s + \eta_p Q_{pk}/\gamma_p + \eta_c Q_{ck}/\gamma_c \tag{3-45}$$

式中　R——最大极限承载力；

　　　Q_{sk}——单桩总极限侧阻力标准值：

$$Q_{sk} = u \sum q_{sik} l_i$$

　　　Q_{pk}——单桩总极限端阻力标准值：

$$Q_{pk} = q_{ak} A_p$$

　　　Q_{ck}——相应于任一复合基桩的承台底地基土总极限阻力标准值：

$$Q_{ck} = q_{ck} \cdot A_c/n$$

　　　q_{ck}——承台底 1/2 承台宽度深度范围（≤5m）内地基土极限阻力标准值；

　　　η_s、η_p——分别为桩侧阻群桩效应系数，桩端阻群桩效应系数；

　　　η_c——承台底土阻力群桩效应系数；按下式取值：

$$\eta_c = \eta_c^i \frac{A_c^i}{A_c} + \eta_c^e \frac{A_c^e}{A_c}$$

γ_s、γ_p、γ_c——分别为桩侧阻力分项系数，桩端阻抗力分项系数，承台底土阻抗力分项系数；

　　　q_{sk}——桩侧第 i 层土的极限侧阻力标准值；

　　　q_{pk}——极限端阻力标准值；

　　　u——桩身的周长，$u = 0.314m$；

　　　A_p——桩端面积，取 $A_p = 0.01m^2$；

　　　l_i——第 i 层土层的厚度。

（7）桩抗拔承载力计算（如果没有抗拔力，此部分不进行计算）

桩抗拔承载力验算依据《建筑桩基技术规范》JGJ 94—94 的第 5.2.7 条。

桩抗拔承载力应满足下列要求：

$$\gamma_0 N \leqslant U_{gk} / \gamma_s + G_{gy} \qquad (3\text{-}46)$$

$$\gamma_0 N \leqslant U_k / \gamma_s + G_y \qquad (3\text{-}47)$$

其中：

$$U_k = \sum \lambda_i q_{sik} u_i l_i \qquad (3\text{-}48)$$

$$U_{gk} = \frac{1}{n} u_1 \sum \lambda_i q_{sik} l_i \qquad (3\text{-}49)$$

式中 U_k——基桩抗拔极限承载力标准值；

λ_i——抗拔系数。

（8）桩式基础格构柱计算

依据《钢结构设计规范》GB 50017—2003，对格构柱根据柱截面进行截面特性计算，并根据规范计算得到换算长细比，根据换算长细比计算柱的整体和局部稳定性。

1）格构柱的长细比计算：

格构柱主肢的长细比计算公式：

$$\lambda = \frac{H}{\sqrt{I/(4A_0)}} \qquad (3\text{-}50)$$

式中 H——格构柱的总高度；

I——格构柱的截面惯性矩；

A_0——一个主肢的截面面积。

格构柱分肢对最小刚度轴 1-1 的长细比计算公式：

$$\lambda_1 = \frac{H}{i_1} \qquad (3\text{-}51)$$

$$i_1 = \sqrt{\frac{b^2 + h^2}{48} + \frac{5}{8} a_1^2} \qquad (3\text{-}52)$$

式中 b——缀板厚度；

h——缀板长度；

a_1——格构柱截面长。

换算长细比计算公式：

$$\lambda_k = \sqrt{\lambda^2 + \lambda_1^2} \qquad (3\text{-}53)$$

2）格构柱的整体稳定性计算：

格构柱在弯矩作用平面内的整体稳定性计算公式：

$$\frac{N}{\varphi A} \leqslant [f] \qquad (3\text{-}54)$$

式中 N——轴心压力的计算值（kN）；

A——格构柱横截面的毛截面面积；

φ——轴心受压构件弯矩作用平面内的稳定系数。

3.4.3 塔吊三附着设计计算

1. 概述

1）附着类型：附着搭接形式目前提供了三种，都是三杆的附着搭接形式，如图 3-15 所示；

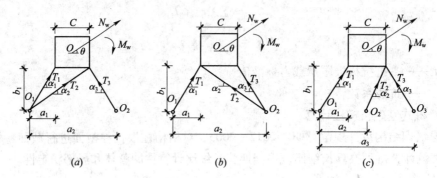

图 3-15　三杆附着受力简图

2）最大起重力矩（kN·m）、最大扭矩（kN·m）、塔吊起重高度 H（m）、塔身宽度 B（m），由塔吊生产说明书提供；

注意事项：

1）附着高度必须是递增的，而且最后一层的高度必须小于塔吊的总高度 h，并且每一层的高度必须录入；

2）a_2 必须大于 a_1，如果塔吊类型是第三类，则 a_3 必须大于 a_2；

3）是否考虑预埋件：是否对塔吊附着件与建筑物连接的预埋件进行计算。选择时，弹出对话框如下：用户依据实际锚筋的型号、钢筋的布置层数、锚筋直径、锚板厚度和是否有可靠的措施保证锚板不发生弯曲变形的措施。

2. 技术条件

计算依据《塔吊使用说明书》和《钢结构设计规范》GB 50017—2003。

1）计算要求

（1）支座力计算；

（2）附着杆内力计算；

（3）附着杆强度验算；

（4）附着支座连接的计算。

2）支座力计算

塔机按照说明书与建筑物附着时，最上面一道附着装置的负荷最大，因此以此道附着杆的负荷作为设计或校核附着杆截面的依据。

附着式塔机的塔身可以视为一个带悬臂的刚性支撑连续梁，其内力及支座反力计算如下：

风荷载取值 q（kN/m）

塔吊的最大倾覆力矩 M（kN·m）

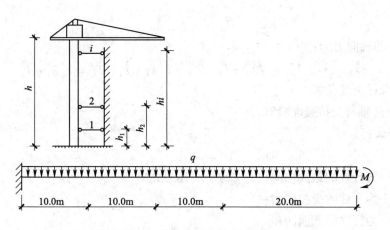

图 3-16 三附着式塔机塔身计算简图

3）附着杆内力计算

塔吊四附着杆件的计算属于一次超静定问题，采用结构力学计算杆件内力，计算简图如图 3-17 所示。

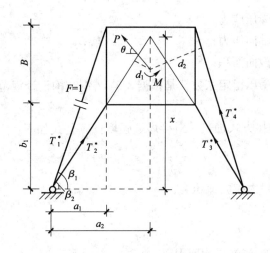

图 3-17 附着杆的计算简图

计算过程如下：

$$\delta_{11} X_1 + \Delta_{1p} = 0 \tag{3-55}$$

$$\Delta_{1p} = \sum \frac{T_i^0 T_i}{EA} \tag{3-56}$$

$$\delta_{11} = \sum \frac{T_i^0 T_i^0 l_i}{EA} \tag{3-57}$$

式中 Δ_{1p}——静定结构的位移；

T_i^0——$F=1$ 时各杆件的轴向力；

T_i——在外力 M 和 P 作用下时各杆件的轴向力；

l_i——各杆件的长度。

考虑到各杆件的材料截面相同，在计算中将弹性模量与截面面积的积 EA 约去，可以得到：

$$X_1 = -\Delta_{1p}/\delta_{11}$$

各杆件的轴向力为：

$$T_1^* = X_1 \quad T_2^* = T_2^0 X_1 + T_2 \quad T_3^* = T_3^0 X_1 + T_3 \quad T_4^* = T_4^0 X_1 + T_4$$

4）附着杆强度验算

（1）杆件轴心受拉强度验算

验算公式：

$$\sigma = N/A_n \leqslant f \tag{3-58}$$

式中　N——为杆件的最大轴向拉力，取 $N = 76.25\text{kN}$；

　　σ——为杆件的受拉应力；

　　A_n——为杆件的截面面积。

（2）杆件轴心受压强度验算

验算公式：

$$\sigma = \frac{N}{\varphi A_n} \leqslant f \tag{3-59}$$

式中　σ——为杆件的受压应力；

　　N——为杆件的轴向压力；

　　A_n——为杆件的截面面积；

　　φ——为杆件的受压稳定系数，是根据 λ 查《钢结构设计规范》附录三计算得。

5）焊缝强度计算

附着杆如果采用焊接方式加长，对接焊缝强度计算公式如下：

$$\sigma = \frac{N}{l_w t} \leqslant f_c \text{ 或 } f_t \tag{3-60}$$

式中　N——附着杆的最大拉力或压力；

　　l_w——附着杆的周长；

　　t——焊缝厚度；

f_t 或 f_c——对接焊缝的抗拉或抗压强度。

6）预埋件计算

依据《混凝土结构设计规范》GB 50010—2002 第 10.9 条。

（1）杆件轴心受拉时，预埋件验算

验算公式：

$$A_s \geqslant \frac{N}{0.8\alpha_b f_y} \tag{3-61}$$

式中　A_s——预埋件锚钢的总截面面积；

　　N——为杆件的最大轴向拉力；

　　α_b——锚板的弯曲变折减系数。

（2）杆件轴心受压时，预埋件验算

验算公式：

$$A_s \geqslant \frac{0.4N_z}{0.4\alpha_r\alpha_b f_y z} \tag{3-62}$$

式中　N——为杆件的最大轴向压力；

z——沿剪力作用方向最外层锚筋中心线之间的距离；

α_r——锚筋层数的影响系数，双层取 1.0，三层取 0.9，四层取 0.85。

7）附着支座连接的计算

附着支座与建筑物的连接多采用与预埋件在建筑物构件上的螺栓连接。预埋螺栓的规格和施工要求如果说明书没有规定，应该按照下面要求确定：

（1）预埋螺栓必须用 Q235 钢制作；

（2）附着的建筑物构件混凝土强度等级不应低于 C20；

（3）预埋螺栓的直径大于 24mm；

（4）预埋螺栓的埋入长度和数量满足下面要求：

$$0.75n\pi dlf = N \tag{3-63}$$

其中 n 为预埋螺栓数量；d 为预埋螺栓直径；l 为预埋螺栓埋入长度；f 为预埋螺栓与混凝土粘结强度（C20 为 1.5N/mm²，C30 为 3.0N/mm²）；N 为附着杆的轴向力。

（5）预埋螺栓数量，单耳支座不少于 4 只，双耳支座不少于 8 只；预埋螺栓埋入长度不少于 15d；螺栓埋入端应作弯钩并加横向锚固钢筋。

3.4.4　塔吊四附着设计计算

1. 概述

1）附着布置形式：附着搭接形式目前提供了三种，都是四杆的附着搭接形式；

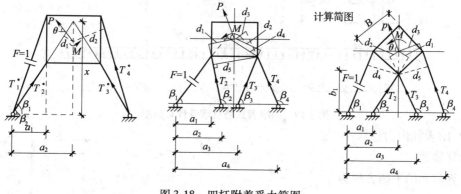

图 3-18　四杆附着受力简图

2）最大倾覆力矩（kN·m）、最大扭矩（kN·m）、塔吊高度 H（m）、塔身宽度 B（m）：由塔吊生产说明书提供；

注意事项：

（1）附着高度必须是递增的，而且最后一层的高度必须小于塔吊的总高度 h，并且每一层的高度必须录入；

（2）a_2 必须大于 a_1，如果塔吊类型是第三类，则 a_3 必须大于 a_2；

2. 技术条件

计算依据《塔吊使用说明书》和《钢结构设计规范》（GB 50017—2003）。

1）计算要求

（1）支座力计算

（2）附着杆内力计算

（3）第一种工况的计算

（4）第二种工况的计算

（5）附着杆强度验算

（6）附着支座连接的计算

2）支座力计算

塔机按照说明书与建筑物附着时，最上面一道附着装置的负荷最大，因此以此道附着杆的负荷作为设计或校核附着杆截面的依据。

附着式塔机的塔身可以视为一个带悬臂的刚性支撑连续梁，其内力及支座反力计算如下：

风荷载取值 q（kN/m）

塔吊的最大倾覆力矩 M（kN·m）

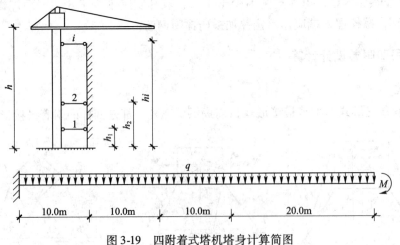

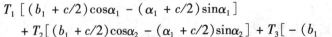

图 3-19　四附着式塔机塔身计算简图

3）附着杆内力计算

计算简图：

计算单元的平衡方程为：

$$\sum F_x = 0$$

$$T_1\cos\alpha_1 + T_2\cos\alpha_2 - T_3\cos\alpha_3 = -N_w\cos\theta \qquad (3\text{-}64)$$

$$\sum F_y = 0$$

$$T_1\sin\alpha_1 + T_2\sin\alpha_2 + T_3\sin\alpha_3 = -N_w\sin\theta \qquad (3\text{-}65)$$

$$\sum M_0 = 0$$

$$T_1\left[(b_1 + c/2)\cos\alpha_1 - (\alpha_1 + c/2)\sin\alpha_1\right]$$

$$+ T_2\left[(b_1 + c/2)\cos\alpha_2 - (\alpha_1 + c/2)\sin\alpha_2\right] + T_3\left[-(b_1\right.$$

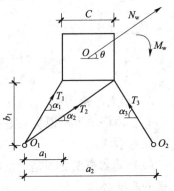

图 3-20　附着杆计算简图

$$+ c/2)\cos\alpha_3 + (a_2 - a_1 - c/2)\sin\alpha_3] = M_w \tag{3-66}$$

其中：

$$\alpha_1 = \arctan[b_1/\alpha_1] \quad \alpha_2 = \arctan[b_1/(\alpha_1 + c)] \quad \alpha_3 = \arctan[b_1/(\alpha_2 - \alpha_1 - c)]$$

4）第一种工况的计算

塔机满载工作，风向垂直于起重臂，考虑塔身在最上层截面的回转惯性力产生的扭矩和风荷载扭矩。

将上面的方程组求解，其中 θ 从 0～360°循环，分别取正负两种情况，分别求得各附着最大的轴压力和轴拉力。

5）第二种工况的计算

塔机非工作状态，风向顺着起重臂，不考虑扭矩的影响。

将上面的方程组求解，其中 $\theta = 45°$，135°，225°，315°，$M_w = 0$，分别求得各附着最大轴压力和轴拉力。

6）附着杆强度验算

（1）杆件轴心受拉强度验算

验算公式：

$$\sigma = N / A_n \leqslant f \tag{3-67}$$

式中　N——为杆件的最大轴向拉力；

　　　σ——为杆件的受拉应力；

　　　A_n——为杆件的截面面积。

（2）杆件轴心受压强度验算

验算公式：

$$\sigma = \frac{N}{\varphi A_n} \leqslant f \tag{3-68}$$

式中　σ——为杆件的受压应力；

　　　N——为杆件的轴向压力；

　　　A_n——为杆件的截面面积；

　　　φ——为杆件的受压稳定系数，是根据 λ 查《钢结构设计规范》附录三计算得。

7）焊缝强度计算

附着杆如果采用焊接方式加长，对接焊缝强度计算公式如下：

$$\sigma = \frac{N}{l_w t} \leqslant f_c \text{ 或 } f_t \tag{3-69}$$

式中　N——附着杆的最大拉力或压力；

　　　l_w——附着杆的周长；

　　　t——焊缝厚度；

f_t 或 f_c——对接焊缝的抗拉或抗压强度。

8）预埋件计算

依据《混凝土结构设计规范》GB 50010—2002 第 10.9 条。

（1）杆件轴心受拉时，预埋件验算

验算公式：

$$A_s \geq \frac{N}{0.8\alpha_b f_y} \tag{3-70}$$

式中 A_s——预埋件锚钢的总截面面积；

N——为杆件的最大轴向拉力；

α_b——锚板的弯曲变折减系数。

（2）杆件轴心受压时，预埋件验算

验算公式：

$$A_s \geq \frac{N}{\alpha_\gamma \alpha_b f_y} \tag{3-71}$$

式中 N——为杆件的最大轴向压力；

Z——沿剪力作用方向最外层锚筋中心线之间的距离；

α_γ——锚筋层数的影响系数，双层取 0.1，三层取 0.9，四层取 0.85。

9）附着支座连接的计算

附着支座与建筑物的连接多采用与预埋件在建筑物构件上的螺栓连接。预埋螺栓的规格和施工要求如果说明书没有规定，应该按照下面要求确定：

（1）预埋螺栓必须用 Q235 钢制作；

（2）附着的建筑物构件混凝土强度等级不应低于 C20；

（3）预埋螺栓的直径大于 24mm；

（4）预埋螺栓的埋入长度和数量满足下面要求：

$$0.75n\pi dl f = N \tag{3-72}$$

其中 n 为预埋螺栓数量；d 为预埋螺栓直径；l 为预埋螺栓埋入长度；f 为预埋螺栓与混凝土粘结强度（C20 为 1.5N/mm²，C30 为 3.0N/mm²）；N 为附着杆的轴向力。

（5）预埋螺栓数量，单耳支座不少于 4 只，双耳支座不少于 8 只；预埋螺栓埋入长度不少于 15d；螺栓埋入端应作弯钩并加横向锚固钢筋。

3.4.5 塔吊稳定性验算

1. 概述

塔吊的稳定性验算包括塔吊在有荷载和无荷载下的倾覆稳定性验算。

2. 技术条件

1）塔吊有荷载时稳定性验算

塔吊有荷载时，计算简图：

塔吊有荷载时，稳定安全系数按下式验算：

$$K_1 = \frac{1}{Q(a-b)}\left[G(c - h_0\sin\alpha + b) - \frac{Qv(a-b)}{gt} - W_1 P_1 - W_2 P_2 - \frac{Qn^2 ah}{900 - Hn^2}\right] \geq 1.15 \tag{3-73}$$

式中 塔吊有荷载时的稳定安全系数 K_1 取 1.15；

风荷载 W_1 和 W_2 根据塔吊的迎风面积计算得到；

重力加速度 g 取 9.81m/s^2；

起升速度 v 和制动时间 t 根据塔吊工作要求得到。

2）塔吊无荷载时稳定性验算

塔吊无荷载时，计算简图：

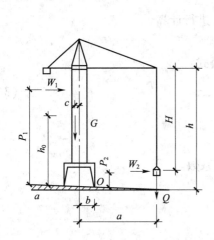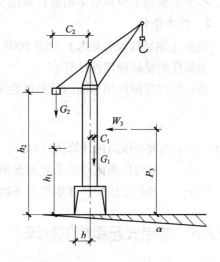

图 3-21　塔吊有荷载时计算简图　　　　　　图 3-22　塔吊无荷载时计算简图

塔吊无荷载时，稳定安全系数按下式验算：

$$K_2 = \frac{G_1(b + C_1 - h_1\sin\alpha)}{G_2(C_2 - b + h_2\sin\alpha) + W_3 P_3} \geqslant 1.15 \tag{3-74}$$

式中　K_2——塔吊无荷载时稳定安全系数，取 1.15；

　　　W_3——作用在起重机上的风力根据计算得到。

3.4.6　塔吊桩基础稳定性计算

1. 概述

用于计算当塔吊基础布置在基坑边坡时的倾覆稳定性计算。

2. 技术条件

计算依据《建筑基坑支护技术规程》（JGJ 120—99）。

桩式塔吊基础设置在深基坑旁边，除承受上部倾覆力矩 M_0 外，还要承受基坑两侧主动土压力和被动土压力产生的力矩，在必要时候还要增加锚杆或内支撑。塔吊基础的稳定性计算参照排桩的计算，计算简图和计算公式如下：

$$F_m D + \sum E_{pi} H_{pi} \geqslant K(M_0 + \sum E_{ai} H_{ai}) \tag{3-75}$$

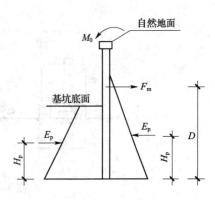

图 3-23　塔吊基础的稳定性计算简图

式中安全系数 K 根据当地实际情况取值。

3.4.7 格构柱稳定性计算

1. 概述

本书主要用于验算塔吊附着杆采用格构柱时，对其稳定性进行验算。

2. 技术条件

依据《钢结构设计规范》（GB 50017—2003）进行计算

格构柱的整体稳定性计算：

格构柱在弯矩作用平面内的整体稳定性计算公式：

$$\frac{N}{\varphi A} \leqslant [f] \tag{3-76}$$

式中　N——轴心压力的计算值（kN）；

　　　A——格构柱横截面的毛截面面积；

　　　φ——轴心受压构件弯矩作用平面内的稳定系数。

◈3.5　履带式起重机的计算

　　履带式起重机是自行式、全回转的一种起重机，由行走装置、回转机构、机身及起重臂等部分组成（图3-24）。采用链式履带的行走装置，可极大地减小对地面的平均压力。装在底盘上的回转机构，可以使机身回转360°。机身内部有动力装置、卷扬机及操纵系

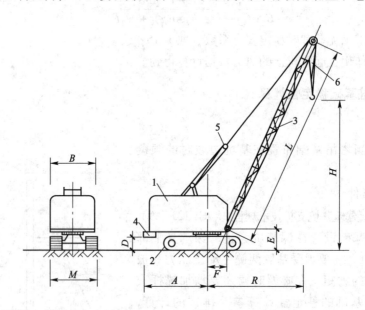

图 3-24　履带式起重机外形图

1—机身；2—行走装置（履带）；3—起重杆；4—平衡重；5—变幅滑轮组；6—起重滑轮组；

H—起重高度；R—起重半径；L—起重杆长度

统。它操作使用方便。起重臂可以分节接长，在一般平整坚实的场地上可以负荷行驶和进行吊装作业。目前，在装配式结构施工中，特别是单层工业厂房结构安装中，履带式起重机得到广泛的应用。但它的缺点是稳定性较差，不宜超负荷吊装。

常用的履带式起重机有国产 W1－50 型、W1－100 型、W1－200 型和一些进口机械。常用的履带式起重机的外形尺寸见图 3-24 及表 3-3，其技术性能见表 3-4。

履带式起重机外形尺寸（mm）　　　　　　　　　表 3-3

符号	名　　称	型　　号				
		W1－50	W1－100	W1－200	3－1252	西北 78D
A	机身尾部回转中心距离	2900	3300	4500	3540	3450
B	机身宽度	2700	3120	3200	3120	3500
C	机身顶部到地面高度	3220	3675	4125	3675	—
D	机身底部到地面高度	1000	1045	1190	1095	1220
E	起重臂下铰点中心距地面高度	1555	1700	2100	1700	1850
F	起重臂下铰点中心至回转中心距离	1000	1300	1600	1300	1340
G	履带长度	3420	4005	4950	4005	4500
J	履带架宽度	2850	3200	4050	3200	3250
K	履带板宽度	550	675	800	675	680
M	行底架距地面高度	300	275	390	270	310
N	机身上部支架距地面高度	3480	4170	6300	3930	4720

履带式起重机技术性能　　　　　　　　　表 3-4

参　　数		单位	型　　号									
			W1－50			W1－100		W1－200			3－1252		
起重臂长度		m	10	18	18	13	23	15	30	40	12.5	20	25
最大工作幅度		m	10.0	17.0	10.0	12.5	17.0	15.5	22.5	30.0	10.1	15.5	19.0
最小工作幅度		m	3.7	4.5	6.0	4.23	6.5	4.5	8.0	10.0	4.0	5.65	6.5
起重高度	最小工作幅度时	m	9.2	17.2	17.2	11.0	19.0	12.0	26.8	36.0	10.7	17.9	22.8
	最大工作幅度时	m	3.7	7.6	14.0	5.8	16.0	3.0	19.0	25.0	8.1	12.7	17.0

注：表中数据所对应的起重臂倾角为：$\alpha_{min} = 30°$，$\alpha_{max} = 77°$。

履带式起重机主要技术性能包括 3 个主要参数：起重量 Q、起重高度 H 和回转半径 R。其中，起重量 Q 是指起重机安全工作所允许的最大起重物的重量，起重高度 H 指起重吊钩中心至停机面的垂直距离，回转半径 R 指起重机回转轴线至吊钩中垂线的水平距离。这 3 个参数之间存在相互制约的关系，其数值大小取决于起重臂的长度及其仰角的大小。各型号起重机都有几种臂长。当臂长一定时，随着起重臂仰角的增大起重量和起重高度增加，而回转半径减小。当起重臂仰角一定时，随着起重臂长度的增加，起重半径和起重高度增加而起重量减少。

履带式起重机的主要技术性能可从起重机手册中的起重机性能表或曲线中查取。表 3-5 为 W1－100 型履带式起重机的性能表。

W1－100 型履带式起重机的起重性能　　　　　表 3-5

幅度/m	臂长 13m		臂长 23m	
	起重量/t	起升高度/m	起重量/t	起升高度/m
4.5	15	11	—	—
5	13	11	—	—
6	10	11	—	—
6.5	9	10.9	8	19
7	8	10.8	7.2	19
8	6.5	10.4	6	19
9	5.5	9.6	4.9	19
10	4.8	8.8	4.2	18.9
11	4	7.8	3.7	18.6
12	3.7	6.5	3.2	18.2
13	—	—	2.9	17.8
14	—	—	2.4	17.5
15	—	—	2.2	17
17	—	—	1.7	16

起重机的稳定性是指起重机在自重和外荷载作用下抵抗倾覆的能力。履带式起重机在进行超负荷吊装或额外接长起重臂时，需进行稳定性验算，以保证起重机在吊装中不会发生倾覆事故。

履带式起重机在机身与行驶方向垂直时稳定性最差，此时，履带的轨链中心 A 为倾覆中心，起重机的安全条件为：

当考虑吊装荷载及起重荷载时，稳定安全系数

$$K_1 = M_稳 / M_倾 \geqslant 1.5 \tag{3-77}$$

当仅考虑吊装荷载时，稳定安全系数

$$K_2 = M_稳 \geqslant 1.4 \tag{3-78}$$

式中　　$K_1 = \dfrac{M_稳}{M_倾} = \dfrac{G_1 l_1 + G_2 l_2 + G_0 l_0 - (G_1 h'_1 + G_2 h'_2 + G_0 l_0 + G_3 h_2)\sin\beta}{Q(R - l_2)}$

$$- \frac{G_3 d + M_F + M_G + M_L}{Q(R - l_2)} \geqslant 1.5$$

$$K_2 = \frac{M_稳}{M_倾} = \frac{G_1 l_1 + G_2 l_2 + G_0 l_0 - G_3 d}{Q(R - l_2)} \geqslant 1.4$$

按 K_1 验算十分复杂，在施工现场常用 K_2 验算。

式中　　　　G_0——平衡重力；

G_1——起重机机身可转动部分的重力；

G_2——起重机机身不可转动部分的重力；

Q——吊装荷载（包括构件重力和索具重力）；

l_0，l_1，l_2，d——上述相应部分的重心到倾覆中心 A 的距离；

β——地面倾斜角度，应控制在3°以内；

R——起重机最小回转半径；

M_F——风载引起的倾覆力矩，可按下式计算

$$M_F = W_1h_1 + W_2h_2 + W_3h_3$$

W_1——作用在起重机机身上的风载（基本风载值 W_0 取 0.25kPa，下同）；

W_2——作用在起重臂上的风载，按荷载规范计算；

W_3——作用在所吊构件上的风载，按构件的实际受风面积计算；

h_1——机身后面重心到地面的距离；

h_3——起重臂顶面到地面的距离；

M_G——重物下降时突然刹车的惯性力所引起的倾覆力矩

$$M_G = \frac{Qv}{qt}(R - l_2)$$

v——吊钩下降速度，m/s，取为吊钩速度的1.5倍；

q——重力加速度（9.8m/s²）；

t——从吊钩下降速度 v 变到0所需的制动时间，取1s；

M_L——起重机回转时的离心力所引起的倾覆力矩

$$M_L = \frac{QR_n^2}{900 - n^2h} \cdot h_3$$

n——起重机回转速度，取1r/min；

h——所吊构件于最低位置时，其重心至起重臂顶端的距离。

第 **4** 章

预埋构件的计算

◆ 4.1 地脚螺栓固定架计算

在工业厂房较大型设备基础施工中，常埋设有大量各种规格地脚螺栓，埋设精度要求高，一般螺栓中心线偏差要求在 2mm 以内，螺栓顶端标高要求为 + 10mm 与 − 10mm，垂直度偏差为 1/10。为保证地脚螺栓位置；标高和垂直度正确，国内外应用最为普遍、有效的方法是采用钢（或木、钢木混合）固定架固定地脚螺栓。它又称一次埋入灌浆安装地脚螺栓法，它是在设备基础支模、绑钢筋的同时，用固定架将地脚螺栓精确地固定在设计位置，并和设备基础一块浇筑混凝土，施工完毕大部分固定架留在混凝土中，露出设备基础表面部分固定框回收重复利用。本法可用于埋设各种类型、直径大小和长短的地脚螺栓，操作简便，能保证螺栓的安装精度要求和施工工期。这种固定架虽属一种施工临时性辅助结构设施，但对保证工程质量和工程进度极为关键，在整个施工过程中要经受各种施工荷载的作用，确保其不变形、不移位、不下沉。这种固定架的布置与设计一般属于模板设计的一部分，施工前要根据螺栓固定架的布置较精确进行设计和计算：本节简介一种较典型的钢固定架计算方法，其他固定架计算可采用类似的方法进行。

4.1.1 荷载计算

作用在固定架上的荷载包括：（1）螺栓自重力，包括锚板、套筒、填塞物及固定架自重力；对较大的套筒螺栓，如锚板下不设底座，还应考虑螺栓锚板上按45°角方向上部（1.2m 高）的部分混凝土的重力；（2）钢筋、模板、埋设件及管道的重力。当在固定架上吊挂钢筋、模板、埋设件及管道时应考虑这些重力；（3）操作荷重，如安装时工人、工具的重力（每根梁上不超过 1500N）；（4）浇筑混凝土时的冲击荷重，当模板和脚手架与固定架连在一起时，要考虑混凝土的侧压力和混凝土浇筑运输时的活荷载。

4.1.2 螺栓固定架计算

1. 固定框计算

固定框多采用双角钢或槽钢制成。承受螺栓和操作的集中荷载。根据固定螺栓数量和位置，可按表 4-1 中公式计算弯矩、剪力和挠度值，其强度按下式计算：

$$\sigma = \frac{M_{\max}}{W_{\mathrm{n}}} \leqslant f \tag{4-1}$$

挠度应满足 $w_A \leqslant [w] = 10\text{mm}$ (4-2)

式中 M_{max} ——作用于固定框的最大弯矩;

        W_n ——固定框的截面抵抗弯矩;

        w_A ——固定框的计算挠度值;

        f ——钢材的抗拉、抗压、抗弯强度设计值,取 $f = 215\text{N/mm}^2$

       $[w]$ ——固定架允许挠度值,取 10mm。

简支梁的弯矩、剪力、挠度   表 4-1

荷 载 简 图	弯 矩 M	剪 力 V	挠 度 ω_A
	$M = \dfrac{Pl}{4}$	$V = \dfrac{1}{2}P$	$\omega_A = \dfrac{Pl^3}{48EI}$
	$M = \dfrac{Pl}{3}$	$V = P$	$\omega_A = \dfrac{23Pl^3}{648EI}$
	$M = Pa$	$V = P$	$\omega_A = \dfrac{Pal^2}{24EI}\left(3 - \dfrac{4a^2}{l^2}\right)$
	$M = \dfrac{Pl}{2}$	$V = 1.5P$	$\omega_A = \dfrac{19Pl^3}{384EI}$
	$M = P\left(\dfrac{l}{4} - a\right)$	$V = \dfrac{3P}{\alpha}$	$\omega_A = \dfrac{P}{48EI}(l^3 + 6al^2 - 8a^3)$
	$M = Pa$	$V = P$	$\omega_A = \dfrac{Pa^2l}{6EI}\left(3 + \dfrac{2a}{l}\right)$

199

2. 横梁计算

横梁多采用单角钢（或槽钢），承受固定框传来的集中荷载。计算时，取荷重最大、跨度最长跨加以核算。作用在横梁上的荷重 P，可分为 $P\sin\alpha$ 和 $P\cos\alpha$（图 4-1），作用于 $x_0 - x_0$、$y_0 - y_0$ 轴。横梁在两个主平面内受弯，其强度可按下式验算：

$$\sigma = \frac{M\cos\alpha}{W_{pnx_0}} + \frac{M\sin\alpha}{W_{pny_0}} \leqslant f \tag{4-3}$$

式中　W_{pnx_0}、W_{pny_0} ——分别为对单角钢 x_0 和 y_0 轴的净截面塑性抵抗矩；

其他符号意义同上。

3. 立柱计算

横梁与立柱为单面焊接，故柱子按偏心受压杆件计算，强度按下式验算（图 4-2）：

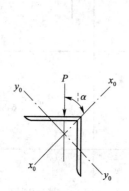

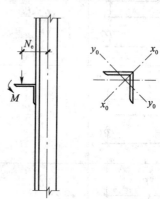

图 4-1　横梁计算简图　　　　　　图 4-2　立柱计算简图

$$\sigma = \frac{N}{A_n} \pm \frac{M_x}{\gamma_n W_{nx}} \pm \frac{M_y}{\gamma_y W_{ny}} \leqslant f \tag{4-4}$$

式中　N——横梁作用于立柱的轴力；

M_x、M_y——分别为横梁作用于立柱 x、y 轴的弯矩，$M = Ne$；

W_{nx}、W_{ny}——分别为 x、y 轴方向的净截面抵抗矩；

A——立柱的净截面积；

γ_x、γ_y——截面塑性发展系数，按《钢结构设计规范》表 5.2.1。

柱子细长比应满足：

$$\lambda = \frac{l_0}{i} \leqslant 150 \tag{4-5}$$

4. 斜撑、拉条

斜撑 $\lambda \leqslant 150$ 设置，用单角钢拉接。螺栓定位拉条用 $\phi 6 \sim 8mm$ 钢筋拉固，不另计算。

5. 固定架侧向位移计算

当固定架与脚手架合用，固定架顶部运输手推车或机动翻斗车水平力的作用，将产生水平变位［图 4-3（a）］，应进行计算，以控制在允许范围内。

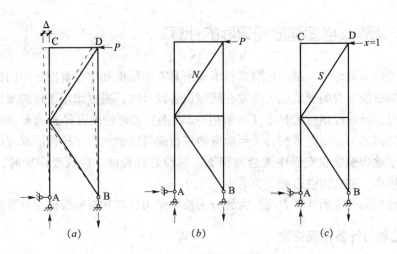

图4-3　固定架位移计算简图

固定架位移值一般可用虚功法计算。假定 A 端为固定，B 点为移动端，先在固定架上部加实荷重 P［图4-3（b）］，求出各杆件所产生的内力 N，然后再将荷重移去，在 D 点作用单位虚力（假想力）$x=1$，求出各杆件产生的虚应力 S［图4-3（c）］，由表4-2计算出各杆件的 $\dfrac{NSL}{AE}$ 值，则固定架的总水平位移 Δ 由下式求得：

$$\Delta = \sum \frac{NSL}{AE} \leqslant [\Delta] = 2\,\mathrm{mm} \tag{4-6}$$

如所求 Δ 值大于容许值，应对固定架侧向进行加固。由实践证明，因手推车引起的变形甚微（一般 2～3mm），可不考虑。如模板支撑支在固定架上，则水平位移很大，可达10～20mm，故应避免此种位移产生。

固定架侧向位移计算用表　　　　　　　　　　　　　　表4-2

杆件编号	杆件截面积 A（mm^2）	杆件长度 L（mm）	实荷载内力 N（N）	$\dfrac{NL}{AE}$（mm）	虚荷载内力 S（N）	$\dfrac{NSL}{AE}$（mm）

注：E—各杆件的弹性模量。

6. 焊缝计算

可根据作用于连接接头处的轴向力和剪力，按一般钢结构焊缝计算方法确定焊缝的厚度和长度（略）。

◈ 4.2　地脚螺栓锚固强度和深度的计算

地脚螺栓的承载能力，是由地脚螺栓本身所具有的强度和它在混凝土中的锚固强度所决定的。地脚螺栓本身的承载能力通常在机械设备设计时，根据作用于地脚螺栓上的最不利荷载，通过选择螺栓钢材的材质（一般用 Q235 钢）和螺栓的直径来确定；地脚螺栓在混凝土中的锚固能力，则需根据有关经验资料进行验算或做地脚螺栓锚固深度的计算。在施工中，由于地脚螺栓在安设中常会与钢筋、埋设管线相碰，需改变深度时，或技术改造、结构加固中，亦常需进行此类验算。

地脚螺栓锚固强度的计算方法，大致分为按粘结力计算和按锚板作用计算两种。

4.2.1　按粘结力计算锚固强度

对于弯钩螺栓（包括直钩、弯折和鱼尾形螺栓），其锚固强度的计算，一般只考虑埋入混凝土基础内的螺栓表面与混凝土的粘结力，而不考虑螺栓端部的弯钩在混凝土基础内的锚固作用。锚固强度按下式计算：

$$F = \pi dh\tau_b \qquad\qquad (4\text{-}7)$$

锚固深度计算时，应考虑一定安全度：

$$h \geqslant \frac{F}{\pi d[\tau_b]} \qquad\qquad (4\text{-}8)$$

式中　F——锚固力，即作用于地脚螺栓上的轴向拔出力（N）；

　　　d——地脚螺栓直径（mm）；

　　　h——地脚螺栓在混凝土基础内的锚固深度（mm）；

τ_b，$[\tau_b]$——混凝土与地脚螺栓表面的粘结强度和容许粘结强度（N/mm^2）。一般在普通混凝土中，取 $\tau_b = 2.5 \sim 3.5$N/mm^2；$[\tau_b] = 1.5 \sim 2.5$N/mm^2。

当 F 值未知时，则以地脚螺栓截面抗拉强度代替，即 $F = \dfrac{\pi}{4}d^2 f_y$

则　　　　　　　　　　　$\dfrac{\pi}{4}d^2 f_y = \pi dh\tau_b$

$\therefore$　　　　　　　　　　$h \geqslant \dfrac{df_y}{4[\tau_b]} \qquad\qquad (4\text{-}9)$

当地脚螺栓采用 Q235 钢时，上式可写成：

$$h \geqslant \frac{53.8d}{[\tau_b]} \qquad\qquad (4\text{-}10)$$

式中　f_y——地脚螺栓的抗拉强度（N/mm^2），用 Q235 钢时，$f_y = 215$N/mm^2。

一般光圆螺栓在混凝土中的锚固深度为 $20 \sim 30d$；有弯钩时为 $15 \sim 20d$。

4.2.2　按锚板锚固计算锚固强度

死螺栓中的锚板螺栓以及活螺栓中的丁头螺栓、拧入螺栓和对拧螺栓的螺杆端部均带有锚板。因此计算时一般不考虑地脚螺栓与混凝土的粘结力，而均按锚板锚固强度计算。锚固能力全由锚板通过基础混凝土承担。计算方法有以下三种：

1. 按冲切强度计算

假定螺栓承受的轴向拔出力 F 完全由锚板周边对混凝土的冲切而产生的内力来平衡，则锚固力 F 可由下式计算：

$$F \leqslant uh[\tau] \tag{4-11}$$

式中 u——锚板周长（mm）；

$\quad\quad h$——锚固深度（mm）；

$\quad\quad [\tau]$——混凝土的容许剪切强度（N/mm²）。

2. 按局部抗压强度计算

锚板通常采用正方形，假定其尺寸由基础混凝土的局部抗压强度决定，计算公式如下：

$$F \leqslant \left(b^2 - \frac{1}{4}\pi d^2 \right) f_{cc} \tag{4-12a}$$

若以 $F = \frac{1}{4}\pi d^2 f_y$ 代入，整理得：

$$b \geqslant \frac{d}{2}\sqrt{\pi\left(1 + \frac{f_y}{f_{cc}}\right)} \tag{4-12b}$$

式中 b——锚板边长（mm）；

$\quad\quad d$——螺栓直径（mm）；

$\quad\quad f_y$——螺栓抗压强度设计值（N/mm²）；

$\quad\quad f_{cc}$——混凝土的局部抗压强度设计值（N/mm²），$f_{cc} = 0.95 f_c$。

b 值一般按经验确定，不作计算。死螺栓的锚板尺寸，我国《冶金工业轧钢设备基础设计规程》（YS14—79）规定，锚板边长 b 不应小于 $5d$。

3. 按锥体破坏计算

假定地脚螺栓到基础边缘有足够的距离，锚板螺栓在轴向力 F 作用下，地脚螺栓及其周围混凝土以圆台锥形从基础中拔出破坏（图 4-4）。沿破裂面作用有切向应力 τ_s 和法向应力 σ_s。由力系平衡条件可得下式：

$$F = A(\tau_s \sin\alpha + \sigma_s \cos\alpha) \tag{4-13}$$

$$A = \pi \cdot \frac{h}{\sin\alpha}(R + r)$$

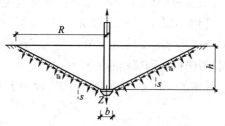

图 4-4 带锚板螺栓计算简图

使 $r = \frac{b}{\sqrt{\pi}}$，$R = h \operatorname{ctg}\alpha + r$

且令 $\sigma_F = \tau_s \sin\alpha + \sigma_s \cos\alpha$ 代入式（4-13）得：

$$F = \frac{\sqrt{\pi} \cdot h}{\sin\alpha}(\sqrt{\pi} \cdot h\mathrm{ctg}\alpha + 2b)\sigma_F \tag{4-14}$$

由试验得出，当 b/h 在 $0.19 \sim 1.9$ 时，$\alpha = 21°$，$\sigma_F = 0.0203f_c$，代入式（4-14）得：

$$F = \frac{2 \times 0.0203}{\sin 21°}\sqrt{\pi} \cdot f_c\left(\frac{\sqrt{\pi}}{2} \cdot h^2 \mathrm{ctg}\, 21° + bh\right) \tag{4-15}$$

$$= 0.2f_c(2.3h^2 + bh)$$

式中　A——破坏锥体侧面积（mm^2）；

　　τ_s、σ_s——破锥体侧面的切向和法向平均应力（N/mm^2）；

　　　α——破坏锥体母线与水平面的夹角（$°$）；

　　　h——破坏锥体高度（通常与锚固深度相同）（mm）；

　　R、r——破坏锥体大、小底面的半经（mm）；

　　　b——锚板边长（mm）；

　　　f_c——混凝土抗压强度设计值（N/mm^2）。

按式（4-15）计算时，尚应考虑材料的均质性、耐久性等各种安全使用因素，已知 F、f_c 和 b 值，即可求得螺栓需要锚固深度。按式（4-15），取 $b = 5d$，安全系数 $K = 2$ 考虑，一般算得的锚固深度 h 约为 $10d$ 左右。

我国《冶金工业轧钢设备基础设计规程》（YS14—79）中，对锚板螺栓的锚固深度规定为 $10 \sim 20d$。过去对锚板螺栓的锚固深度都不作要求，按经验取 $30 \sim 40d$，安全系数偏大，可按计算适当降低。

【例 4-1】　厂房设备基础地脚螺栓采用 Q235 钢，已知 $[\tau_b] = 2.5N/mm^2$，试求地脚螺栓需锚固深度。

【解】　由式（4-10）得：

$$h = \frac{53.8d}{[\tau_b]} = \frac{53.8}{2.5} = 21.5d \qquad 用 22d$$

故需锚固深度为 22 倍地脚螺栓直径。

【例 4-2】　厂房设备基础带锚板地脚螺栓直径 $d = 60mm$，锚板边长 300mm，埋深 900mm，设备基础采用 C20 混凝土，$f_c = 10N/mm^2$，$f_{cc} = 9.5N/mm^2$，$[\tau] = 0.66N/mm^2$，试计算带锚板地脚螺栓的锚固力。

【解】　带锚板地脚螺栓的锚固力 F 按冲切强度，由式（4-11）得：

$$F = uh[\tau] = 4 \times 300 \times 900 \times 0.66$$

$$= 713 \times 10^3 N = 713kN$$

按局部抗压强度，由式（4-12a）得：

$$F = \left(b^2 - \frac{1}{4}\pi d^2\right)f_{cc} = \left(300^2 - \frac{1}{4} \times 3.14 \times 60^2\right) \times 9.5$$

$$= 828 \times 10^3 N = 828kN$$

按锥体破坏，取 $K = 2$，由式（4-15）得：

$$F = 0.2f_c(2.3h^2 + bh)\frac{1}{K}$$

$$=0.2 \times 10 \times (2.3 \times 900^2 + 300 \times 900) \times \frac{1}{2}$$

$$=2133 \times 10^3 N = 2133kN$$

取三者较小值 $F = 713kN$ 用 $700kN$。

◆4.3 锚碇施工计算

水平锚碇的计算的内容：在垂直分力作用下锚碇的稳定性；在水平分力作用下侧向土壤的强度；锚碇横梁计算。

4.3.1 锚碇的稳定性计算

锚碇的稳定性（图4-5），按下列公式计算：

$$\frac{G + T}{N} \geq K \tag{4-16}$$

式中 K——安全系数，一般取2；

N——锚碇所受荷载的垂直分力；

$$N = S\sin\alpha$$

其中 S——锚碇荷重；

G——土的重量；

$$G = \frac{b + b'}{2}Hl\gamma \tag{4-17}$$

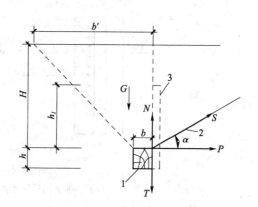

图4-5 锚碇稳定性计算
1—横木；2—钢丝绳；3—板栅

式中 l——横梁长度；

γ——土的重度；

b——横梁宽度；

b'——有产压力区宽度，与土的内摩擦角有关，即

$$b' = b + H\tan\varphi_0 \tag{4-18}$$

式中 φ_0——土的内摩擦角，松土取 $15° \sim 20°$，一般土取 $20° \sim 30°$，坚硬土取 $30° \sim 40°$；

H——锚碇埋置深度；

T——摩擦力：$T = fP$；

其中 f——摩擦系数，对无板栅锚碇取0.5，对有板栅锚碇取0.4；

P——S 的水平分力：$P = S\cos\alpha$。

4.3.2 侧向土壤强度

对于无板栅锚碇：

$$[\sigma]_\eta \geq \frac{P}{hl} \tag{4-19}$$

对于有板栅锚碇：

$$[\sigma]_\eta \geqslant \frac{P}{(h + h_1)l} \qquad (4\text{-}20)$$

式中　$[\sigma]$——深度 H 处的土的容许压应力；

　　　　η——降低系数，可取 $0.5 \sim 0.7$。

4.3.3　锚碇横梁计算

当使用一根吊索［图 4-6（a）］，横梁为圆形截面时，可按单向弯曲的构件计算；横梁为矩形截面时，按双向弯曲构件计算。

当使用两根吊索的横梁，按偏心双向受压构件计算［图 4-6（b）］。

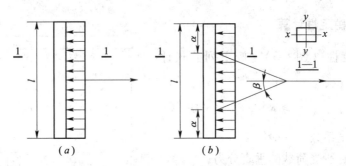

图 4-6　锚碇横梁计算

（a）一根索的横梁计算图；（b）两根索的横梁计算图

◈4.4　预埋铁件的简易计算

在工业与民用建筑施工中，为支承模板、桁架等构件或吊装中悬挂、锚固吊索、揽风绳或作桅杆等的支座，常常需要在施工的钢筋混凝土结构上预先埋设一些临时性受力铁件，作为施工的支承件或悬挂，锚固件，利用已完建筑物自身结构来承受施工荷载，以减省施工设施。这类临时性预埋铁件虽不同于工程上的支承件和连接件，但同样需要较高的安全度，以保证操作使用安全，为此，常需要进行必要的计算，以下简介简易计算方法。

预埋铁件的计算，一般可应用"剪力—摩擦"理论，即假定：（1）预埋铁件承受剪力时，由垂直于受剪面的锚筋阻止其变位，因混凝土无法对钢筋施加剪力，最前面一段混凝土将锚筋握裹住，因而使锚筋实际是在受拉状态下工作；（2）受剪面不论采用哪种粘结形式，受剪钢筋的锚固长度大于或等于 10 倍锚筋直径时，即可充分发挥其作用，它的强度可认为已经达到屈服点 σ_T，其极限抗剪力 V 可用下式表示：

$$V = \mu A_s \sigma_T \qquad (4\text{-}21)$$

式中　V——锚筋的极限抗剪力；

　　　　μ——类似于摩擦系数，随剪面的粘结形式而变化，愈粗糙，μ 值愈大；

　　　　A_s——受剪钢筋的截面面积；

　　　　σ_T——钢筋的极限屈服强度。

由实验知，预埋铁件被破坏之前，剪切面先开裂，使锚筋受拉，使剪切面产生摩阻力来承担剪力，抗剪能力是由剪切面的摩擦所决定。

以下根据"剪力—摩擦"理论，简述几种不同受力情况下的预埋件的计算方法。

4.4.1　承受剪切荷载的预埋件计算 ［图 4-7（a）］

$$K_1 V_j \leqslant \mu (A_{s1} + A_{s2}) f_{sv} \cdot a_r \qquad (4\text{-}22)$$

式中　V_j——作用于预埋件的剪切荷载；

　　　K_1——抗剪强度设计安全系数；

　　　μ——摩擦系数，取 $\mu = 1$；

A_{s1}，A_{s2}——钢筋截面面积，当为双排锚筋时 $A_{s1} = A_{s2}$；

　　　f_{sv}——钢筋在混凝土中的抗剪强度设计值，取 $0.7 f_{si}$；

　　　a_r——锚筋层数的影响系数，当等间距配置时，二层取 1.0，三层取 0.9，四层取 0.85。

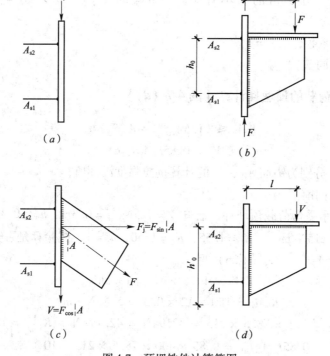

图 4-7　预埋铁件计算简图

（a）承受剪切荷载；（b）承受纯弯荷载；（c）承受轴心受拉荷载；（d）承受纯弯荷载

4.4.2　承受纯弯荷载的预埋件计算 ［图 4-7（b）］

$$K_2 M_j \leqslant h_0 A_{s1} f_{si} a_r \qquad (4\text{-}23)$$

式中　M_j——作用于预埋件的纯弯矩，$M_j = Fl$；

　　　K_2——抗弯强度设计安全系数；

　　　h_0——加荷牛腿顶点至受拉锚筋的距离；

A_{s1}——下部锚筋的截面面积；

f_{si}——锚筋抗拉强度设计值；

其他符号意义同前。

4.4.3 承受轴心抗剪荷载的预埋件计算 [图4-7 (c)]

$$K_3 F_j \leqslant \frac{A_s f_{si} a_r}{\sin\alpha + \dfrac{\cos\alpha}{\mu_1 \mu}} \tag{4-24}$$

式中　F_j——作用于预埋件的拉力；

K_3——抗拉剪强度设计安全系数；

A_s——总锚筋，为 $A_{s1} + A_{s2}$；

α——外力 F 与预埋件的轴线夹角；

μ_1——系数，与 α 角的大小有关，当 $\alpha = 30°$，$\mu_1 = 0.9$；$\alpha = 45°$，$\mu_1 = 0.8$；

$\alpha = 60°$，$\mu_1 = 0.7$；

μ——摩擦系数，取 $\mu = 1$；

其他符号意义同前。

4.4.4 承受弯剪荷载的预埋件计算 [图4-7 (d)]

$$K_1 V_j \leqslant (1.5 A_{s1} f_{st1} + A_{s2} f_{st2}) a_r \tag{4-25}$$

$$K_2 V_j \leqslant 0.85 h_0 A_{s1} f_{st1} a_r \tag{4-26}$$

式中　f_{st1}、f_{st2}——分别为锚筋 A_{s1}、A_{s2} 的计算抗拉强度设计值；

其他符号意义同前。

【例4-3】　一承受弯荷载预埋件，已知 $V = 12\text{kN}$，$l = 0.3\text{m}$，$h_0 = 0.4\text{m}$，锚筋用 2 根 $\phi 10\text{mm}$ 钢筋，$f_{si} = 215\text{N/mm}^2$，$K_1 = 1.55$，$K_2 = 1.50$，$a_r = 1$，试验算是否安全。

【解】　由式（4-25）、式（4-26）得：

$$K_1 V_j = 1.55 \times 12 = 18.6\text{kN}$$

$$K_2 M_j = 150 \times 12 \times 0.3 = 5.4\text{kN} \cdot \text{m}$$

$$2.5 A_{s1} f_{st1} = 2.5 \times 78.5 \times 215 = 42194\text{N} = 42.19\text{kN} > K_1 V_j = 18.6\text{kN}$$

$$0.85 h_0 A_{s1} f_{st1} = 0.85 \times 400 \times 78.5 \times 215 \times 10^{-6}$$

$$= 5.7\text{kN} \cdot \text{m} > K_2 M_j = 5.4\text{kN} \cdot \text{m}$$

故预埋件安全。

◆ 4.5　马镫的计算

1. 概述

钢筋支架（马镫）应用于高层建筑中的大体积混凝土基础底板或者一些大型设备基础和高厚混凝土板等的上下层钢筋之间。钢筋支架采用型钢焊制的支架来支承上层钢筋的重量，和上部操作平台的全部施工荷载，并控制钢筋的标高。钢筋支架材料主要采用角钢、工字钢和槽钢以及钢管组成。

型钢支架一般按排布置，立柱和上层一般采用型钢或者钢管，斜杆可采用钢筋、型钢、钢管，焊接成一片进行布置。对水平杆，进行强度和刚度验算，对立柱和斜杆，进行强度和稳定验算。作用的荷载包括自重和施工荷载。

钢筋支架所承受的荷载包括上层钢筋的自重、施工人员及施工设备荷载。

2. 技术条件

依据《钢结构设计规范》GB 50017——2003。

1）计算要求

（1）支架横梁的计算；

（2）支架立柱的计算。

2）支架横梁的计算（图 4-8、图 4-9）

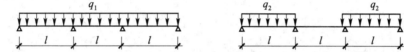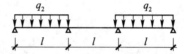

图 4-8 支架横梁计算荷载组合简图（跨中最大弯矩和跨中最大挠度）

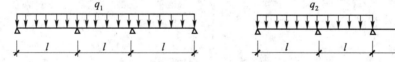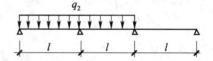

图 4-9 支架横梁计算荷载组合简图（支座最大弯矩）

最大弯矩考虑为三跨连续梁均布荷载作用下的弯矩

跨中最大弯矩计算公式如下：

$$M_{1max} = 0.08q_1l^2 + 0.10q_2l^2 \tag{4-27}$$

支座最大弯矩计算公式如下：

$$M_{2max} = -0.10q_1l^2 - 0.117q_2l^2 \tag{4-28}$$

最大挠度考虑为三跨连续梁均布荷载作用下的挠度

计算公式如下：

$$V_{max} = 0.677\frac{q_1l^4}{100EI} + 0.990\frac{q_2l^4}{100EI} \tag{4-29}$$

3）支架立柱的计算

支架立柱作为轴心受压构件进行稳定验算，计算长度按上下层钢筋间距确定：

$$\sigma = \frac{N}{\varphi A} + \frac{M}{W} \leqslant [f] \tag{4-30}$$

式中 σ ——立柱的压应力（N/mm²）；

N——轴向压力设计值（kN）；

φ——轴心受压杆件稳定系数，根据立杆的长细比 $\lambda = l/i$ 查《钢结构设计规范》附录三；

A——立杆的截面面积；

$[f]$——立杆的抗压强度设计值，$[f] = 205\text{N}/\text{mm}^2$。

采用第二步的荷载组合计算方法，可得到支架立柱对支架横梁的最大支座反力为

$$N_{\max} = 0.617q_1l + 0.583q_2l \qquad (4\text{-}31)$$

第 **5** 章

施工现场设施安全计算软件

◆ 5.1 施工现场设施安全计算软件的介绍

PKPM 施工现场设施安全计算软件 SGJS 是由上海市建设工程安全质量监督总站和中国建筑科学研究院联合开发，基本覆盖常用安全设施的计算，为施工技术人员对安全设施的计算提供了方便，为安全设施的安全度提供保障，大大提高施工现场管理效率，具有很强的实用性。

该软件已通过建设部科学技术司和上海市建委科技委组织的专家鉴定，鉴定结论为国内唯一建筑技术领域的专业软件，达到国内领先水平。

施工现场设施安全计算软件按照施工现场土建设施有关计算的内容分类，快速准确地生成计算书，解决了施工现场广大技术人员在施工方案中编制专项方案计算繁琐的问题，使广大技术工程人员从繁重计算中解脱出来，更多投入到施工技术的研究上来。

施工现场设施安全计算软件，采用统一的技术参数、计算分析方法和公式，输出规范的计算过程和分析文档，便于审查和复核，确保施工现场设施安全、合理。软件以相关施工及结构规范为依据，提供大量的计算参数用表，供用户参考，计算方便准确，计算书详细；同时提供了脚手架、模板工程、塔吊基础、结构吊装、降排水以及基坑方案模型和强大的绘图功能，并且可以结合施工方案模块直接读取设计数据，快速形成完整 Word 格式的施工专项方案。

软件还提供工程管理的功能，提供了表格式计算书和工程项目的管理，可实现总公司对各个分公司或项目部的安全计算审批提供控制、管理。

软件突出解决了在施工中计算的难点、重点问题，简化施工计算和专项方案的编制，提高施工管理人员的工作效率，保证施工的安全顺利进行。

◆ 5.2 软件的界面介绍

5.2.1 启动软件

双击桌面上的 PKPM 施工现场设施安全计算快捷键，即启动了施工现场设施安全计算主菜单，如图 5-1 所示。

图 5-1　PKPM 施工现场设施安全计算软件主菜单界面

软件启动后主菜单分为建筑施工安全计算、分项工程和基坑支护三个，"安全设施计算"进行包括脚手架工程、卸料平台、井架、模板及模板支架、塔吊工程、结构吊装、大体积混凝土工程、混凝土工程、降排水工程、临时用水量、钢筋支架等现场设施的计算，以及基坑工程、脚手架、模板工程、起重吊装施工、降排水工程的施工方案的生成，方案生成时对应的计算书（包括节点图形）直接的插入到施工专项方案中。"分项工程"针对工程中的分项工程，包括脚手架工程、模板工程、塔吊工程和临时用电工程四个分项工程。

5.2.2　软件界面

点取主菜单施工安全计算的专业分项上选择"建筑施工安全计算"菜单。菜单右侧出现建筑施工安全计算一个项目，点击该项目名称，将软件启动，施工现场设施安全计算软件系统启动后，显示的软件界面如图 5-2 所示：

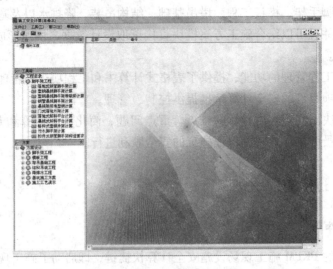

图 5-2　PKPM 施工现场设施安全计算软件操作界面

主界面由"主菜单","工具栏","工程管理"窗口,"工具箱"窗口,"方案"窗口,"状态栏"组成。

在"工具箱"窗口显示了全部的计算功能模块,可以根据需要点击使用相应的计算功能,在"方案"窗口显示了可以提供的全部的施工方案的模块,在生成施工方案时可以直接进行调用。

5.2.3 脚手架工程应用范围

扣件式钢管脚手架是我国目前土木建筑工程中应用最为广泛的,也是属于多立杆式的外脚手架中的一种,其特点是:杆配件数量少;装卸方便,利于施工操作;搭设灵活,能搭设高度大;坚固耐用,可多次周转,使用方便。

应用扣件式钢管脚手架在设计与施工中要贯彻执行国家的技术经济政策,做到技术先进、经济合理、安全适用、确保质量。为了符合这一基本要求,所以扣件式钢管脚手架施工前,要根据规范《建筑施工扣件式钢管脚手架安全技术规范》JGJ 130—2001 1.0.4 条的规定编制施工组织设计。

脚手架工程计算的参考规程以国家规范为主,具体为:

1.《建筑施工扣件式钢管脚手架安全技术规范》JGJ 130—2001;

2.《建筑施工安全检查标准》JGJ 59—99;

3.《建筑结构荷载规范》GB 50009—2001;

4.《木结构设计规范》GB 50005—2003;

5.《钢结构设计规范》GB 50017—2003;

6.《悬挑式脚手架安全技术规程》(上海市工程建设规范)DG/TJ 08—2002—2006。

脚手架工程可以解决的脚手架设计计算方案包括:

1. 落地式外钢管脚手架设计计算;

2. 悬挑式钢管脚手架设计计算(包括带连梁和无连梁形式),以及转角悬挑钢管脚手架设计计算;

3. 落地式和悬挑式卸料平台设计计算;

4. 格构式型钢井架设计计算;

软件对于每种脚手架设计计算方案的计算结果,提供包括计算过程、计算简图和计算结果的详细计算书。

脚手架工程可以解决以下脚手架施工专项方案:

1. 落地式外钢管脚手架;

2. 悬挑式钢管脚手架(包括带连梁和无连梁形式);

3. 悬挑式卸料平台;

软件能够生成上面各种脚手架完整的施工专项方案,可以在软件中绘制或编辑施工图,节点详图,图形自动存入施工专项方案,并能够对落地式脚手架和悬挑式脚手架搭设过程进行模拟显示。

5.2.4 模板工程应用范围

模板工程可以解决的模板设计计算方案包括：

1. 柱模板的设计计算；

2. 梁模板的设计计算；

3. 大梁侧模及墙模板的设计计算；

4. 楼板模板支撑架设计计算（包括落地楼板模板和满堂楼板模板）；

5. 梁模板支架设计计算；

6. 门式支架设计计算（包括梁模板和板模板）。

模板工程可以解决的以模板支撑体系为主的施工专项方案：

1. 普通梁板支撑架的施工专项方案；

2. 大模板方案设计；

3. 爬模施工方案设计。

模板工程计算的参考规程以国家规范为主，具体为：

1.《组合钢模板技术规范》GB 50214—2001；

2.《建筑工程大模板技术规程》JGJ 74—2003；

3.《建筑施工安全检查标准》JGJ 59—99；

4.《木结构设计规范》GB 50005—2003；

5.《钢结构设计规范》GB 50017—2003；

6.《建筑施工扣件式钢管脚手架安全技术规范》JGJ 130—2001；

7.《钢管扣件水平模板的支撑系统安全技术规程》（上海市工程建设规范）DG/TJ 08—016—2004；

8.《建筑结构荷载规范》GB 50009—2001。

5.2.5 塔吊工程应用范围

塔吊工程可以解决塔吊的基础设计计算和附着设计计算：

1. 塔吊基础设计计算；

2. 塔吊桩基础设计计算（包括四桩、三桩、单桩和十字交叉梁板和十字交叉梁桩基础）；

3. 塔吊附着计算（包括四附着和三附着）；

4. 塔吊桩基稳定性计算；

5. 塔吊稳定性计算（行走式）。

塔吊工程可以解决的塔吊施工专项方案：

塔吊基础施工方案的设计，依据塔吊的基础类型不同，选择相应的塔基施工专项方案。此程序主要包括梁板式基础、天然基础、桩与十字梁基础、四桩与承台基础、三桩与承台基础、单桩与承台基础。

塔吊工程计算的参考规程有：

1.《建筑地基基础设计规范》GB 50007—2002；

2.《混凝土结构设计规范》GB 50010—2002；

3.《建筑桩基技术规范》JGJ 94—94；

4.《钢结构设计规范》GB 50017—2003；

5.《建筑结构荷载规范》GB 50009—2001。

5.2.6　大体积混凝土工程应用范围

大体积混凝土工程主要进行计算的内容：

1. 自约束裂缝控制计算；

2. 浇筑前裂缝控制计算；

3. 浇筑后裂缝控制计算；

4. 温度控制计算；

5. 伸缩缝间距计算；

6. 结构位移值计算。

◈ 5.3　扣件钢管楼板模板高支撑架计算案例

5.3.1　工程概况

某工程集商场（东楼和西楼）、酒店、人防地下停车库及附属总体工程组成的综合性购物中心。该工程人防地下停车库一层，地上酒店 15 层，西楼 4 层和东楼 6 层，其总建筑面积为 119015m²，其中地上 113713m²，地下 5302m²。

楼板厚 120mm，采用木方支撑方式的落地式模板支撑系统。

模板支架搭设高度为 10m，立杆上部伸出模板支撑点的长度为 0.05m。钢管采用 $\phi 48mm \times 3.5mm$，立杆纵向间距 $b = 1.2m$，立杆横向间距 $l = 1.00m$，立杆步距 $h = 1.5m$。面板采用 18mm 厚的胶合板，面板的抗剪强度取 1.4N/mm²，抗弯强度取 15N/mm²，木方的弹性模量为 6000N/mm²。木方采用 50mm×80mm 的方木，间距 300mm，方木的抗剪强度取 1.6N/mm²，抗弯强度取 13N/mm²，木方的弹性模量为 9500N/mm²。板底横向水平钢管布置距离 0.4m。

模板自重采用 0.35kN/m²，混凝土自重选用 25kN/m³，施工均布荷载选用 1.0kN/m²；倾倒混凝土的荷载为 2kN/m²。

地基采用回填土夯实后再铺 10cm 的 C10 素混凝土垫层，其中地基承载力标准值取 170kN/m²，基础底面面积取 0.25m²。

5.3.2　软件操作

在工具箱栏中双击选择"落地式楼板模板支架计算"项，会跳出如图 5-3 所示的参数输入对话框，根据搭设方案的参数（包括脚手架参数、荷载参数等）一一对应填入相应的参数框中，确认无误后点击参数界面下方的计算书按钮，软件就会自动弹出计算书界面。

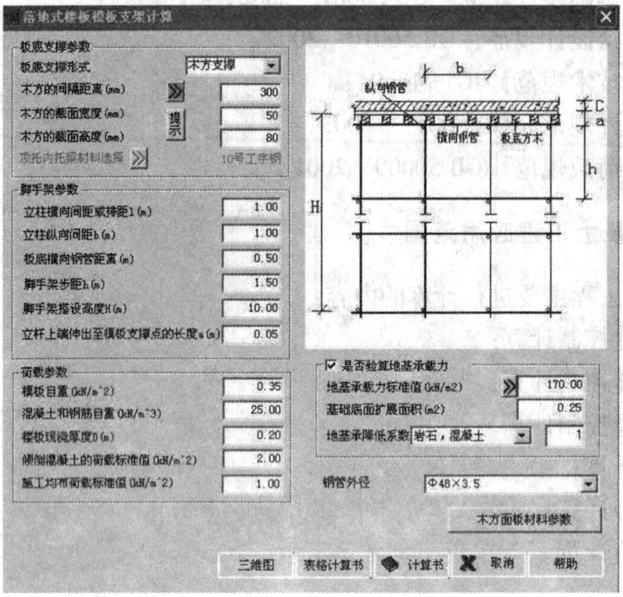

图 5-3　软件参数输入对话框

5.3.3　软件的计算依据和方法

依据《建筑施工扣件式钢管脚手架安全技术规范》JGJ 130—2001。

1. 计算要求

1）模板面板计算；

2）板底支撑木方的强度、抗剪和挠度计算；

3）支撑木方下面钢管的强度和挠度计算；

4）扣件的抗滑承载力计算；

5）立杆的稳定性计算。

2. 模板面板计算

面板为受弯结构，需要验算其抗弯强度和刚度。模板面板按照三跨连续梁计算。

1）抗弯强度计算

$$f = M/W < [f]$$
$$M = 0.100ql^2$$

2）抗剪计算（可以不计算）

$$T = 3Q/2bh < [T]$$

3）挠度计算

$$v = 0.677ql^4/100EI < [v]$$

3. 模板支撑木方的计算

1）按照三跨连续梁计算，最大弯矩考虑为静荷载与活荷载的计算值最不利分配的弯矩和，计算公式如下：

最大弯矩 $M = 0.1ql^2$

最大剪力 $Q = 0.6ql$

（1）木方抗弯强度计算

抗弯计算强度 $f = M/W$

（2）木方抗剪计算（可以不计算）

最大剪力的计算公式如下：

$$Q = 0.6ql$$

截面抗剪强度必须满足：

$$T = 3Q/2bh < [T]$$

（3）木方挠度计算

$$v = 0.677ql^4/100EI$$

2）按照两跨连续梁计算，最大弯矩考虑为静荷载与活荷载的计算值最不利分配的弯矩和，计算公式如下：

最大弯矩 $M = 0.125ql^2$

最大剪力 $Q = 0.625ql$

最大支座力 $N = 1.25ql$

（1）抗弯强度计算

$$f = M/W < [f]$$

（2）抗剪计算

$$T = 3Q/2bh < [T]$$

（3）挠度计算

$$v = 0.521ql^4/100EI < [v]$$

4. 板底支撑钢管计算

横向支撑钢管计算

横向支撑钢管按照集中荷载作用下的连续梁计算。

集中荷载 P 取木方支撑传递力。

支撑钢管计算简图如图 5-4 所示。

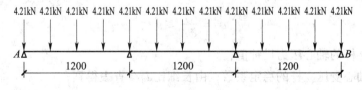

图 5-4　支撑钢管计算简图

支撑钢管弯矩图如图 5-5 所示。

支撑钢管变形图如图 5-6 所示。

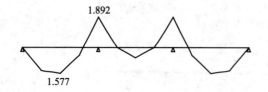

图 5-5 支撑钢管弯矩图（kN·m）

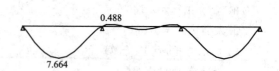

图 5-6 支撑钢管变形图（mm）

支撑钢管剪力图如图 5-7 所示。

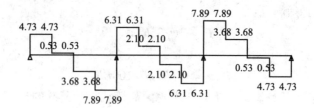

图 5-7 支撑钢管剪力图（kN）

经过连续梁的计算得到：

最大弯矩 M_{max}

最大变形 v_{max}

最大剪力 Q_{max}

5. 扣件的抗滑承载力计算

纵向或横向水平杆与立杆连接时，扣件的抗滑承载力按照下式计算（《建筑施工扣件式钢管脚手架安全技术规范》JGJ 130—2001 5.2.5 条）：

$$R \leqslant R_c$$

式中 R_c——扣件抗滑承载力设计值，取 8.0kN；

R——纵向或横向水平杆传给立杆的竖向作用力设计值。

当直角扣件的拧紧力矩达 40～65N·m 时，试验表明：单扣件在 12kN 的荷载下会滑动，其抗滑承载力可取 8.0kN；双扣件在 20kN 的荷载下会滑动，其抗滑承载力可取 12.0kN。

6. 立杆的稳定性计算

立杆的稳定性计算公式：

$$\sigma = \frac{N}{\phi A} \leqslant [f]$$

式中 N——立杆的轴心压力设计值；

ϕ——轴心受压立杆的稳定系数，由长细比 l_0/i 查表得到；

A——立杆净截面面积（cm^2）；

σ——钢管立杆受压强度计算值（N/mm^2）；

$[f]$——钢管立杆抗压强度设计值（205N/mm^2）；

l_0——计算长度（m）。

如果完全参照《建筑施工扣件式钢管脚手架安全技术规范》JGJ 130—2001 不考虑高支撑架，由式（5-1）或式（5-2）计算

$$l_0 = k_1 uh \tag{5-1}$$

$$l_0 = (h + 2a) \tag{5-2}$$

式中　k_1——计算长度附加系数；

　　　u——计算长度系数，参照《建筑施工扣件式钢管脚手架安全技术规范》JGJ 130—2001 表 5.3.3；

　　　a——立杆上端伸出顶层横杆中心线至模板支撑点的长度。

如果考虑到高支撑架的安全因素，适宜由公式（5-3）计算

$$l_0 = k_1 k_2 (h + 2a) \tag{5-3}$$

式中　k_2——计算长度附加系数。

偏心：施工荷载一般偏心作用脚手架上，但由于一般情况脚手架结构自重产生的最大轴向力和不均匀分配施工荷载产生的最大轴向力不会同时相遇，可以忽略施工荷载的偏心作用，内外立杆按照施工荷载平均分配计算。

7. 支撑系统整体稳定分析

根据《钢管扣件水平模板的支撑系统安全技术规程》DG/TJ 08—016—2004 的要求和规定，第 3.3.1 条规定支撑系统整体稳定计算包括整体结构分析和抗倾覆计算。

1）诱发荷载的计算

对平面布置为矩形的排架支撑系统，可简化地取一定宽度的竖向平面作为计算单元，近似的可采用诱发荷载法计算结构内力。

根据《钢管扣件水平模板的支撑系统安全技术规程》DG/TJ 08—016—2004 附录 B 的规定，诱发荷载包括：

（1）安装偏差荷载，按竖向永久荷载的 1% 计算；

（2）安全荷载，按竖向永久荷载的 2.5% 计算；

（3）风荷载，分别作用在模板上和支撑系统上。

2）整体稳定分析

整体排架受力模型简图见图 5-8。

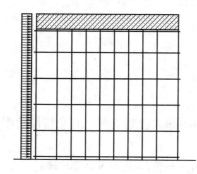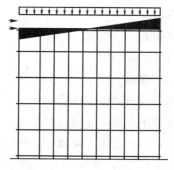

图 5-8　整体排架受力模型简图

（1）计算假定

假定斜向支撑系统不参与计算，即剪刀撑不参与计算

假定按平截面假定计算

（2）各杆件在诱发荷载作用下的轴力 P_i 的计算公式

$$P_i = \frac{r_i M}{\sum r_i^2}$$

式中　r_i——各杆件到平面中心线（中性轴）的距离；

　　　M——各诱发荷载引起的弯矩：对于安装偏差荷载或安全荷载取其与支架高度的乘积，对于风荷载取作用在模板上和支撑系统上的风荷载引起的弯矩之和。

（3）抗倾覆计算

当钢筋已绑扎完毕而混凝土沿模板浇筑时，抗倾覆最不利。此时支撑结构的抗倾覆力矩 M_r 的计算公式：

$$M_r = G_{mr} \times D/2$$

式中　G_{mr}——钢筋与模板自重；

　　　D——计算单元的横向长度。

倾覆力矩 M_0 为各诱发荷载引起的弯矩之和，必须满足 $M_0 < M_r$。

5.3.4　计算过程及结果的输出

高支撑架的计算参照《建筑施工扣件式钢管脚手架安全技术规范》JGJ 130—2001、《钢管扣件水平模板的支撑系统安全技术规程》（上海市工程建设规范）DG/TJ 08—016—2004。

支撑高度在 4m 以上的模板支架被称为钢管高支撑架，对于高支撑架的计算规范存在重要疏漏，使计算极容易出现不能完全确保安全的计算结果。本计算书还参照《施工技术》2002.3《扣件式钢管模板高支撑架设计和使用安全》，供脚手架设计人员参考。

根据软件的计算书输出内容，详细说明软件的计算过程以及软件的计算方法。

部位：落地楼板模板支架。

1.　计算参数

模板支架搭设高度 $H = 10.000\text{m}$，采用的钢管类型为 $\phi 48\text{mm} \times 3.5\text{mm}$。

脚手架搭设尺寸为：

立杆的纵距 $b = 1.000\text{m}$，

横距 $l = 1.000\text{m}$，

步距 $h = 1.500\text{m}$。

板底横向钢管距离 0.500m，

立杆上端伸出至模板支撑点的长度 $a = 0.050\text{m}$，板底支撑方式和搭设简图如图 5-9。

楼板面板采用胶合板，板厚 18.000mm。

板底支撑采用木方 50.000mm × 80.000mm，布置间距为 300.000mm。

荷载数据：

楼板现浇厚度：120.000mm

模板自重：0.350kN/m²

混凝土自重：24.000kN/m³

钢筋自重：1.000kN/m³

倾倒混凝土的荷载标准值：2.000kN/m²

施工均布荷载标准值：1.000kN/m²

本楼板支架为高模板支架，建议进行整体稳定分析。

强度折减系数：

钢管强度折减系数：1.000

扣件抗滑承载力系数：1.000

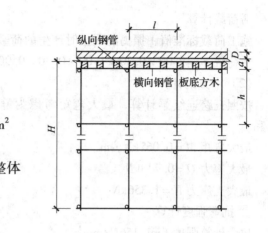

图 5-9　楼板支撑架立面简图

2. 模板计算

1）模板面板计算

面板为受弯结构，按照三等跨连续梁模型计算。

静荷载标准值 $q_1 = 1.675$kN/m

活荷载标准值 $q_2 = 1.500$kN/m

（1）抗弯强度计算

$$f = M/W < [f]$$

式中　$[f]$——面板的抗弯强度设计值，取 15.000N/mm²；

$$M = 0.100ql^2$$

经计算得到面板抗弯强度计算值 $f = 36990.000/27000.000 = 1.370$N/mm²

面板的抗弯强度验算 $f \leqslant [f]$，满足要求！

（2）抗剪计算［可以不计算］

$$T = 3Q/2bh < [T]$$

其中最大剪力 $Q = 0.740$kN

截面抗剪强度计算值 $T = 0.123$N/mm²

截面抗剪强度设计值 $[T] = 1.400$N/mm²

抗剪强度验算 $T \leqslant [T]$，满足要求！

（3）挠度计算

$$v = 0.677ql^4/100EI < [v] = 300.000/150$$

面板最大挠度计算值 $v = 0.118$mm

面板的最大挠度小于等于 300.000/150，满足要求！

2）模板纵向支撑木方的计算

板底纵向支撑可以是木方，也可以是钢管，按三等跨连续梁模型计算。

（1）荷载的计算

静荷载 $q_1 = 0.35 \times 0.30 + 25.00 \times 120.00/1000 \times 0.30 = 1.005$kN/m

活荷载计算

施工荷载标准值＋振捣混凝土时产生的荷载（kN/m）：

活荷载 $q_2 = 2.00 \times 0.30 + 1.00 \times 0.30 = 0.900\text{kN/m}$

（2）木方的计算

按照三跨连续梁计算，最大弯矩考虑为静荷载与活荷载的计算值最不利分配的弯矩和。

最大弯矩 $M = 0.062\text{kN} \cdot \text{m}$

最大剪力 $Q = 0.740\text{kN}$

最大支座力 $N = 1.356\text{kN}$

① 抗弯强度计算

抗弯计算强度 $f = 1.156\text{N/mm}^2$

木方的抗弯计算强度小于等于 13.000N/mm^2，满足要求！

② 抗剪计算［可以不计算］

最大剪力的计算公式如下：

$$Q = 0.6ql$$

截面抗剪强度必须满足：

$$T = 3Q/2bh < [T]$$

截面抗剪强度计算值 $T = 0.277\text{N/mm}^2$

截面抗剪强度设计值 $[T] = 1.600\text{N/mm}^2$

木方的抗剪强度计算满足要求！

③ 挠度计算

最大变形 $V_{\max} = 0.039\text{mm}$

木方的最大挠度小于等于 $1000.000/150$，满足要求！

3）横向支撑钢管计算

根据立杆横向间距和纵向支撑的位置（集中力坐标），建立三跨连续梁有限元计算模型，分析得到内力结果。计算简图如图 5-10 所示。

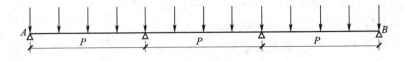

图 5-10　横向支撑钢管计算简图

集中荷载 P 取上部支撑传递力：

永久荷载引起的集中力 $P_1 = 0.553\text{kN}$

可变荷载引起的集中力 $P_2 = 0.495\text{kN}$

经过连续梁的计算得到

最大弯矩 $M_{\max} = -0.461\text{kN} \cdot \text{m}$

最大变形 $V_{\max} = 1.877\text{mm}$

最大支座力 $Q_{max} = 4.983\text{kN}$

抗弯计算强度 $f = 90.775\text{N/mm}^2$

支撑钢管的抗弯计算强度小于等于 205.000N/mm^2，满足要求！

支撑钢管的最大挠度小于等于 $1000.000/150$ 小于等于 10mm，满足要求！

4）纵向支撑钢管计算

纵向支撑钢管按照集中荷载作用下的连续梁计算，计算简图如图 5-11 所示。

集中荷载 P 取上部支撑传递力：

永久荷载引起的集中力 $P_1 = 2.010\text{kN}$

可变荷载引起的集中力 $P_2 = 1.800\text{kN}$

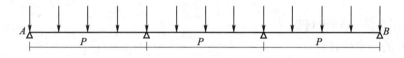

图 5-11　纵向支撑钢管计算简图

经过连续梁的计算得到

最大弯矩 $M_{max} = 0.875\text{kN·m}$

最大变形 $V_{max} = 3.216\text{mm}$

抗弯计算强度 $f = 172.338\text{N/mm}^2$

支撑钢管的抗弯计算强度小于等于 205.000N/mm^2，满足要求！

支撑钢管的最大挠度小于等于 $1000.000/150$ 小于等于 10mm，满足要求！

5）扣件抗滑移的计算

扣件的竖向力标准值取横向支撑传到立杆的竖向力标准值。板底支撑为夹层的不仅要验算支座处的扣件，还要验算夹层上排的扣件。

纵向或横向水平杆与立杆连接时，扣件的抗滑承载力按照下式计算（《建筑施工扣件式钢管脚手架安全技术规范》JGJ 130—2001 第 5.2.5 条）：

$$R \leqslant R_c$$

支座扣件计算：计算中 R 取最大支座反力，$R = 10.764\text{kN}$

单扣件抗滑承载力的设计计算不满足要求！可以考虑采用双扣件。

当直角扣件的拧紧力矩达 $40 \sim 65\text{N·m}$ 时，试验表明：单扣件在 12kN 的荷载下会滑动，其抗滑承载力可取 8.0kN；双扣件在 20kN 的荷载下会滑动，其抗滑承载力可取 12.0kN。

3. 立杆计算

1）立杆计算荷载标准值

作用于模板支架的荷载包括静荷载、活荷载和风荷载。

楼板支撑架立杆稳定性荷载计算单元，如图 5-12 所示。

（1）静荷载标准值包括以下内容：

① 脚手架钢管的自重（kN）：

$$NG_1 = 0.129 \times 10.000 = 1.291\text{kN}$$

钢管的自重计算参照《建筑施工扣件式钢管脚手架安全技术规范》JGJ 130—2001 附录 A 双排架自重标准值，设计人员可根据情况修改。

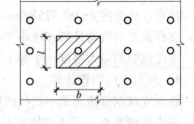

②模板的自重（kN）：

$$NG_2 = 0.350 \times 1.000 \times 1.000 = 0.350 \text{kN}$$

③钢筋混凝土楼板自重（kN）：

$$NG_3 = 25.000 \times 120.000 \times 1.000 \times 1.000 = 3.000 \text{kN}$$

静荷载标准值 $NG = NG_1 + NG_2 + NG_3 = 4.641 \text{kN}$

图 5-12 楼板支撑架立杆稳定性荷载计算单元

（2）活荷载为施工荷载标准值与振捣混凝土时产生的荷载。

活荷载标准值 $NQ = 3.000 \text{kN}$

2）立杆的稳定性计算

钢管立杆抗压强度设计值 $[f] = 205.000 \text{N/mm}^2$

计算长度，如果按：$l_0 = (h + 2a) = 1.50 + 2 \times 0.05 = 1.600$ 时

$$\lambda_1 = l_0/i = 101.27 \text{ 小于等于 } 210$$

经过计算得：$\sigma = 58.348 \text{N/mm}^2$，满足条件！

如果按：$l_0 = k_1 k_2 (h + 2a) = 1.17 \times 1.02 \times (1.50 + 2 \times 0.05) = 1.908$ 时

$$\lambda_2 = l_0/i = 120.74 \text{ 小于等于 } 210$$

经过计算得：$\sigma = 74.887 \text{N/mm}^2$，满足条件！

3）支撑立杆竖向变形计算

$$\Delta = \Delta_1 + \Delta_2 + \Delta_3 \leqslant [\Delta]$$

式中　$[\Delta]$——支撑立杆允许的变形量，可取 $\leqslant H/1000 = 0.010 \text{m}$；

Δ_1——支撑立杆弹性压缩变形；

$$\Delta_1 = \frac{N_K H}{EA} = 0.955 \text{mm}；$$

Δ_2——支撑立杆接头处的非弹性变形；

$$\Delta_2 = n \cdot \delta = 3.500 \text{mm}；$$

Δ_3——支撑立杆由于温度作用而产生的线弹性变形；

$$\Delta_3 = H \times a \times \Delta t = 1.200 \text{mm}；$$

Δt——钢管的计算温差（℃）$= 10.000 ℃$。

经计算得到 $\Delta = 0.955 + 3.500 + 1.200 = 5.655 \text{mm}$，满足要求！

4）地基承载力计算

立杆底面的平均压力应满足下式的要求

$$P \leqslant f_g$$

而　$P = 49.253$

$f_g = 170.000$

所以，地基承载力的计算满足要求！

4. 整体稳定分析

计算诱发荷载产生的弯矩，根据平截面假定得到弯矩产生的附加轴力。在进行整体稳定分析时，把附加轴力与立杆稳定验算时的立杆轴力叠加，就能得到考虑了整体稳定分析的立杆法向应力。

同时也能得到支架整体抗倾覆验算的结果。

1）荷载

安装偏差荷载，按 1% 竖向永久荷载计算

$$F_c = 1\% \times G = 1.821 \text{kN}$$

安全荷载，按 2.5% 竖向永久荷载计算

$$S = 2.5\% \times G = 4.553 \text{kN}$$

2）结构计算

根据结构布置和间距计算得到各立杆的内力 $R_i = 11.771 \text{kN}$

3）诱发荷载计算

立杆横向布置数量及间距，形成 r_i，$R = \sum r_i^2$

$$R = \sum r_i^2 = 3.00^2 + 2.14^2 + 1.29^2 + 0.43^2 + 0.43^2 + 1.29^2 + 2.14^2 + 3.00^2 = 30.857 \text{m}^2$$

$$P_i = \frac{r_i}{\sum r_i^2} M$$

$$M = F \times H_0$$

表 5-1

荷　　载	水　平　力	力　　矩
F_{m1}	0.000	$0.000 \times 10.00/2 = 0.000$
F_{m2}	0.029	$0.029 \times (10.00 + 0.05/2) = 0.287$
F_m	$\sum = 0.029$	$\sum = 0.287$
F_1	1.821	$1.821 \times 10.00 = 18.210$
S	4.553	$4.553 \times 10.00 = 45.525$

4）强度验算

$$S = r_G \sum S_{GK} + \psi r_Q \sum S_{QK}$$

各杆件内力及组合如表 5-2。

各杆件内力及组合　　　　表 5-2

序号	内力 G	诱发荷载	Fm	Fl	S	组合序号：3
1	11.77	P_1	0.00	0.00	0.00	11.771
2	11.77	P_2	0.00	0.00	0.00	11.771
3	11.77	P_3	0.00	0.00	0.00	11.771
4	11.77	P_4	0.00	0.00	0.00	11.771

序号	内力 G	诱发荷载	Fm	Fl	S	组合序号：3
5	11.77	P_5	0.01	0.65	1.63	13.820
6	11.77	P_6	0.02	1.30	3.25	15.869
7	11.77	P_7	0.03	1.95	4.88	17.917

5）抗倾覆验算

当钢筋已绑扎混凝土未浇筑，抗倾覆不利。

钢筋与模板支撑重 G：$2.100 + 7.200 = 9.300$kN

安装偏差荷载：$F_c = G \times 1\% = 0.093$kN

安全荷载，按 2.5% 竖向永久荷载计算 $S = 2.5\% \times G = 0.233$kN

风荷载：$F_{m1} = 0.000$kN，$F_{m2} = 0.029$kN

诱发荷载下的倾覆弯矩为

$$M_0 = 2.93\text{kN} \cdot \text{m}$$

抗倾覆弯矩：按结构重量作用下的力与力作用距离的乘积。

$$M_r = G_1 \times R_1 = 9.30 \times 3.00 = 27.90\text{kN} \cdot \text{m}$$

$M_0 < M_r$，整体稳定计算分析结论满足要求！

5.3.5 软件审核表格计算书的输出

软件还提供给用户进行审核的功能，可以输出表格式计算书见表5-3，使计算结果和结论一目了然。

软件审核表格计算书 表5-3

工程名称		计算部位	落地楼板模板支架
计算参数	模板支架搭设高度为 10.00m 立杆的纵距 $b = 1.00$m 立杆的横距 $l = 1.00$m 立杆的步距 $h = 1.50$m 采用的钢管类型为 $\phi 48$mm × 3.5mm。 面板采用脚手板，厚度 18.00mm，弹性模量 6000.00N/mm²，剪切强度设计值 1.40N/mm²，面板抗弯强度设计值 15.00N/mm² 板底采用 50.00mm × 80.00mm 木方支撑，抗剪强度设计值 1.60N/mm²；抗弯强度设计值 13.00N/mm²；弹性模量 9500.00N/mm²	计算简图	 模板支架搭设高度 $H = 10.00$m 立杆的纵距 $b = 1.00$m 立杆的横距 $l = 1.00$m 立杆的步距 $h = 1.50$m 立杆上端伸出至模板支撑点的长度 $a = 0.050$m

续表

工程名称		计算部位	落地楼板模板支架
荷载参数	恒荷载 　模板自重 = 0.35kN/m² 　钢筋自重 = 1.00kN/m³ 　混凝土自重 = 24.00kN/m³ 活荷载 　施工荷载 = 1.00kN/m² 　倾倒混凝土侧压力 = 2.00kN/m² 风荷载 　按上海市计算，基本风压：0.55kN/m²，地面粗糙度 C 类（有密集建筑群市区），风荷载计算高度10.00m，风荷载体型系数：0.00，风荷载高度变化系数：0.62		
计算要求	钢管强度折减系数为1.00 扣件抗滑承载力系数为1.00 考虑整体稳定分析		
计算要点	详　细　计　算　过　程		结　论
模板面板计算	1. 抗弯强度计算 　　　$f = M/W = 36990.000/27000.000 = 1.370\text{N/mm}^2$ 面板的抗弯强度验算 f 小于等于15.000N/mm²		满足要求！
	2. 抗剪计算 　　　$T = 3 \times 0.740/(2 \times 1 \times 18.000) = 0.740\text{N/mm}^2$ 截面抗剪强度设计值［T］= 1.400N/mm²		满足要求！
	3. 挠度验算 面板最大挠度计算值 　　　　　$v = 0.118\text{mm}$ 面板的最大挠度小于等于 300.00/250		满足要求！
支撑木方的计算	1. 抗弯计算强度 　　　$f = M/W = 61650.000/53333.330 = 1.156\text{N/mm}^2$ 抗弯计算强度小于等于13.000N/mm²		满足要求！
	2. 抗剪强度计算 　　　$T = 3 \times 0.740/(2 \times 50.000 \times 80.000) = 0.277\text{N/mm}^2$ 截面抗剪强度设计值［T］= 1.600N/mm²		满足要求！
	3. 挠度验算 　　　　　$v = 0.039\text{mm}$ 最大挠度小于等于1000.00/250		满足要求！

工程 名称		计算 部位	落地楼板模板支架	
横向 支撑 钢管 的计 算	1. 抗弯计算强度 $$f = M/W = -461137.000/5080.000 = 90.775\text{N/mm}^2$$ 抗弯计算强度小于等于 205.000N/mm^2			满足要求!
	2. 挠度验算 $$v = 1.877\text{mm}$$ 最大挠度小于等于 1200.0/150 与 10mm			满足要求!
纵向 支撑 钢管 的计 算	1. 抗弯计算强度 $$f = M/W = 875478.200/5080.000 = 172.338\text{N/mm}^2$$ 抗弯计算强度小于等于 205.000N/mm^2			满足要求!
	2. 挠度验算 $$v = 3.216\text{mm}$$ 最大挠度小于等于 1200.0/150 与 10mm			满足要求!
扣件 抗滑 移计 算	$R \leqslant R_c$ 扣件抗滑承载力设计值，选用单扣件时，$R_c = 8.00$kN，选用双扣件时，$R_c = 12.00$kN； 计算中 R 取最大支座反力，$R = 10.764$kN 单扣件抗滑承载力的设计计算不满足要求，可以考虑采用双扣件！双扣件在 20kN 的荷载下会滑动，其抗滑承载力可取 12.0kN。			满足要求!
立杆 稳定 性计 算	钢管立杆抗压强度设计值 $[f] = 205.000$N/mm^2 计算长度，不考虑高支撑架，分别按 $l_0 = (h+2a)$ 和 $l_0 = k_1 k_2 (h+2a)$ 计算，取两者较大值 长细比：$\lambda_1 = l_{01}/i = 101.27$ 小于等于 210；$\lambda_2 = l_{02}/i = 120.74$ 小于等于 210 $$\sigma = 74.887\text{N/mm}^2$$			满足要求!
支撑 立杆 竖向 变形 计算	$[\Delta]$—支撑立杆允许的变形量，可取 $\leqslant H/1000 = 10.000$mm $$\Delta = \Delta_1 + \Delta_2 + \Delta_3 \leqslant [\Delta]$$ 经过计算得：$\Delta = 0.955 + 3.500 + 1.200 = 5.655$mm			满足要求!
整体 稳定 性分 析	抗倾覆验算 水平荷载下的倾覆弯矩为 $Mo = 2.93$kN·m 抗倾覆弯矩：按结构重量作用下的力与力作用距离的乘积。 $$Mr = 9.30 \times 3.00 = 27.90\text{kN·m}$$			

续表

工程 名称		计算 部位	落地楼板模板支架	
地基 承载 力计 算	立杆底面的平均压力应满足下式的要求 $$P \leqslant f_g$$ 其中　　　　　$P = 49.253$ 　　　　　$f_g = 170.000$			满足要求！
施工 单位				
计算 人		审核人		

5.3.6　软件计算和手工计算的对比

本工程在软件计算之前已经手工计算出了结果。表 5-4 中列出了整个工程的各主要杆件的计算结果对比。

计算结果对比表　　　　　　　　　　　　　　表 5-4

项　　目			手工计算	软件计算	对　　比
面板	抗弯强度（N/mm²）		1.365	1.370	+0.37%
	抗剪强度（N/mm²）		0.740	0.740	0
	挠度（mm）		0.116	0.118	−1.70%
木方	抗弯强度（N/mm²）		1.151	1.156	+0.4%
	抗剪强度（N/mm²）		0.273	0.277	+1.5%
	挠度（mm）		0.039	0.039	0
横向水平	受力（kN）		1.104	1.104	0
立杆 稳定性	$l_0 = (h + 2a)$	λ	101.27	101.27	0
		σ（N/mm²）	59.66	58.35	−2.2%
	$l_0 = h\xi$	λ	120.74	120.74	0
		σ（N/mm²）	76.26	74.89	−1.8%
立杆竖向变形（mm）			5.533	5.655	+2.2%
地基稳定性（N/mm²）			46.95	49.253	+4.9%

◈ 5.4 某高层住宅楼外悬挑脚手架工程实例

5.4.1 工程概况

本工程为某高层住宅，位于金华市，建筑面积28654m²。工程为框剪结构，建筑地上十六层，地下一层。建筑总高度为49.7m，其中底层及二层层高分别为5.0m及4.1m，二层以上均为标准层，层高均为2.9m。

综合考虑本工程实际情况，一至七层外架采用落地式双排钢管脚手架，搭设高度为23.6m，共13步，立杆采用单立管。七层以上采用16号槽钢悬挑式脚手架卸荷，每隔五层8步架14.5m悬挑卸荷一次。

本工程七层以上采用16号槽钢外挑长度1.2m，建筑物内锚固段长度1.8m，根部用两道ϕ16mmU形箍，预埋楼板内，槽钢纵向间距1.5m，每隔8步架14.5m悬挑一次。

架体采用钢管、扣件搭设。脚手架钢管采用ϕ48mm×3.5mm，立杆纵向间距1.5m，立杆横向间距0.9m，立杆步距1.8m，脚手架架体里立杆距墙为20cm。大横杆置于小横杆之上，横杆与立杆采用单扣件连接。连墙件按两步三跨设一个拉结点，采用扣件与墙体连接。

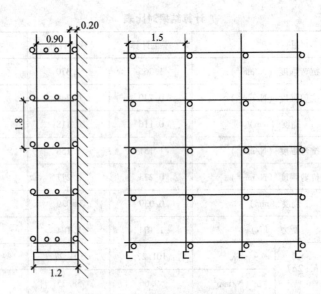

图 5-13 悬挑脚手架计算单元

荷载取用：（1）每米立杆承受的结构自重标准值（kN/m）：0.1248kN/m；（2）脚手板采用竹笆片脚手板，自重为0.15kN/m²，满铺；（3）栏杆采用栏杆、竹笆片脚手板挡板，自重为0.15kN/m；（4）安全设施荷载为0.01kN/m²，密目式安全网全封闭；（5）脚手架为结构脚手架，施工均布荷载为3.0kN/m²；（6）考虑风荷载作用：风荷载依据金华市取值，基本风压为0.35kN/m²。

5.4.2　软件操作

在工具箱栏中双击选择"悬挑脚手架计算"项，会跳出如图 5-14 所示的参数输入对话框，根据搭设方案的参数（包括脚手架参数、荷载参数等）一一对应填入相应的参数框中，确认无误后点击参数界面下方的计算书按钮，软件就会自动弹出计算书界面。

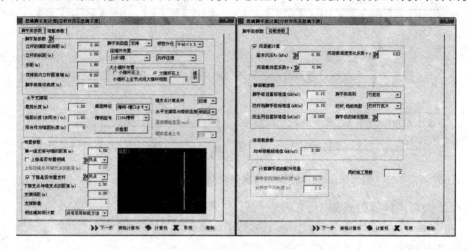

图 5-14　悬挑脚手架计算参数输入对话框

5.4.3　软件的计算依据和方法

1. 规范中计算要求

按照规范要求设计计算书应该包括的内容：

1）纵向和横向水平杆（大小横杆）等受弯构件的强度计算；

2）扣件的抗滑承载力计算；

3）立杆的稳定性计算；

4）连墙件的强度、稳定性和连接强度的计算；

5）悬挑水平钢管的强度计算；

6）悬挑水平钢管的挠度与扣件连接计算；

7）拉杆或斜支杆的受力和强度计算。

2. 纵向和横向水平杆（大小横杆）的计算

1）大小横杆的强度计算要满足 $\sigma = \dfrac{M}{W} \leqslant [f]$

式中　M——弯矩设计值，包括脚手板自重荷载产生的弯矩和施工活荷载的弯矩；

　　　W——钢管的截面模量；

　　$[f]$——钢管抗弯强度设计值，取 205N/mm^2。

大小横杆的挠度计算要满足 $v \leqslant [v]$

式中　$[v]$——按照规范要求为 $l_0/150$ 与 10mm。

2）大横杆按照三跨连续梁进行强度和挠度计算，大横杆在小横杆的上面。

按照大横杆上面的脚手板和活荷载作为均布荷载计算大横杆的最大弯矩和变形。

大横杆荷载包括自重标准值、脚手板的荷载标准值、活荷载标准值。

大横杆计算荷载组合简图见图 5-15、图 5-16。

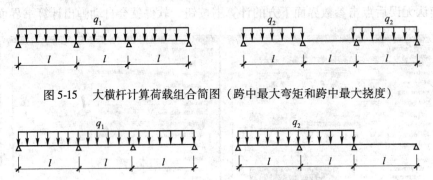

图 5-15　大横杆计算荷载组合简图（跨中最大弯矩和跨中最大挠度）

图 5-16　大横杆计算荷载组合简图（支座最大弯矩）

跨中最大弯矩计算公式如下：

$$M_{1\max} = 0.08q_1l^2 + 0.10q_2l^2$$

支座最大弯矩计算公式如下：

$$M_{2\max} = -0.10q_1l^2 - 0.117q_2l^2$$

最大挠度考虑计算公式如下：

$$V_{\max} = 0.677\frac{q_1l^4}{100EI} + 0.990\frac{q_2l^4}{100EI}$$

3）小横杆按照简支梁进行强度和挠度计算，大横杆在小横杆的上面。

用大横杆支座的最大反力计算值，在最不利荷载布置下计算小横杆的最大弯矩和变形。

小横杆的荷载包括大小横杆的自重标准值，脚手板的荷载标准值，活荷载标准值。

小横杆计算简图见图 5-17。

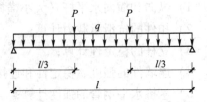

图 5-17　小横杆计算简图

均布荷载最大弯矩计算公式如下：

$$M_{q\max} = ql^2/8$$

集中荷载最大弯矩计算公式如下：

$$M_{P\max} = \frac{ql}{3}$$

均布荷载最大挠度计算公式如下：

$$V_{q\max} = \frac{5ql^4}{384EI}$$

集中荷载最大挠度计算公式如下：

$$V_{P\max} = \frac{Pl(3l^2 - 4l^2/9)}{72EI}$$

3. 扣件的计算

纵向或横向水平杆与立杆连接时，扣件的抗滑承载力按照下式计算（规范5.2.5）：

$$R \leqslant R_c$$

式中 R_c——扣件抗滑承载力设计值，取8.0kN；

R——纵向或横向水平杆传给立杆的竖向作用力设计值；

当直角扣件的拧紧力矩达40~65N·m时，试验表明：单扣件在12kN的荷载下会滑动，其抗滑承载力可取8.0kN；双扣件在20kN的荷载下会滑动，其抗滑承载力可取12.0kN。

4. 立杆的稳定性计算

作用于脚手架的荷载包括静荷载、活荷载和风荷载。

静荷载标准值包括以下内容的组合：

（1）每米立杆承受的结构自重标准值（kN/m），《建筑结构荷载规范》（GB 50009）附录A；

（2）脚手板的自重标准值，规范给出冲压钢脚手板、竹串片脚手板和木脚手板的标准值；

（3）栏杆与挡脚手板自重标准值，规范给出了栏杆冲压钢脚手板、栏杆竹串片脚手挡板和栏杆木脚手挡板的标准值；

（4）吊挂的安全设施荷载，包括安全网，通常取 $0.005kN/m^2$。

活荷载为施工荷载标准值产生的轴向力总和，内、外立杆按一纵距内施工荷载总和的1/2取值。

风荷载标准值应按照以下公式计算

$$W_k = 0.7U_z \cdot U_s \cdot W_0$$

式中 W_0——基本风压（kN/m²），按照《建筑结构荷载规范》（GB 50009）的规定采用；

U_z——风荷载高度变化系数，按照《建筑结构荷载规范》（GB 50009）的规定采用；

U_s——风荷载体型系数。

考虑风荷载时，立杆的轴向压力设计值计算公式：$N = 1.2NG + 0.85 \times 1.4NQ$

不考虑风荷载时，立杆的轴向压力设计值计算公式：$N = 1.2NG + 1.4NQ$

不考虑风荷载时，立杆的稳定性计算公式

$$\sigma = \frac{N}{\varphi A} \leqslant [f]$$

考虑风荷载时，立杆的稳定性计算公式

$$\sigma = \frac{N}{\varphi A} + \frac{M_w}{W} \leqslant [f]$$

式中 N——立杆的轴心压力设计值（kN）；

φ——轴心受压立杆的稳定系数，由长细比 l_0/i 的结果查表1-15~表1-18得到；

i——计算立杆的截面回转半径；

l_0——计算长度（m），由公式 $l_0 = kuh$ 确定；

k——计算长度附加系数，取 1.155；

u——计算长度系数，由脚手架的高度确定；

A——立杆净截面面积；

W——立杆净截面模量（抵抗矩）；

M_W——计算立杆段由风荷载设计值产生的弯矩；

σ——钢管立杆受压强度计算值；

$[f]$——钢管立杆抗压强度设计值，$[f] = 205\text{N/mm}^2$。

说明：

计算长度附加系数 u：反映脚手架各杆件对立杆的约束作用，综合了影响脚手架整体失稳的各种因素。

偏心：施工荷载一般偏心作用脚手架上，但由于一般情况脚手架结构自重产生的最大轴向力和不均匀分配施工荷载产生的最大轴向力不会同时相遇，可以忽略施工荷载的偏心作用，内外立杆按照施工荷载平均分配计算。

5. 悬臂挑梁的计算

悬臂单跨梁计算简图见图 5-18

支座反力计算公式

$$R_A = N(2 + k + k_1) + \frac{ql}{2}(1 + k^2)$$

$$R_B = -N(k + k_1) + \frac{ql}{2}(1 - k^2)$$

支座弯矩计算公式

$$M_A = -N(m + m_1) - \frac{qm^2}{2}$$

C 点最大挠度计算公式

$$V_{max} = \frac{Nm^2l}{3EI}(1 + k) + \frac{Nm_1^2l}{3EI}(1 + k_1) + \frac{ml}{3EI} \cdot \frac{ql^2}{8}(-1 + 4k^2 + 3k^3)$$

式中　$k = m/l$，$k_1 = m_1/l_0$。

6. 悬挑梁上面联梁的计算

按照集中荷载作用下的简支梁计算，集中荷载 P 为立杆的传递力，计算简图如图5-19所示。

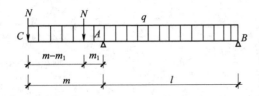

图 5-18　悬臂单跨梁计算简图

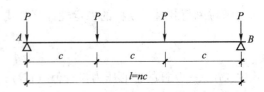

图 5-19　联梁计算简图

支撑按照简支梁的计算公式

$$R_A = R_B = \frac{n-1}{2}P + P$$

$$M_{max} = \begin{cases} \dfrac{(n^2-1)pl}{8n} & (n\ \text{奇数}) \\[2mm] \dfrac{npl}{8} & (n\ \text{偶数}) \end{cases}$$

7. 悬挑主梁的计算

1）悬挑主梁应该按照超静定的连续梁进行计算，根据是否有锚固段来判断计算条件是铰接（压环或螺栓连接主体结构），还是固接（焊接连接主体结构）。

悬臂部分脚手架荷载 P 的作用，里端 B 为与楼板的锚固点，A 为悬挑端。

注意的是：在悬挑脚手架计算中，程序将钢丝绳或者下面支杆的连接点作为节点进行处理。悬挑脚手架主梁计算简图见图5-20。

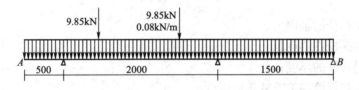

图 5-20　悬挑脚手架主梁计算简图

2）水平钢梁的整体稳定性计算公式

$$\sigma = \frac{M}{\varphi_b W_x} \leqslant [f]$$

式中　φ_b——均匀弯曲的受弯构件整体稳定系数，按照下式计算：

$$\varphi_b = \frac{570tb}{lh} \times \frac{235}{f_y}$$

8. 拉杆与支杆的受力计算

水平钢梁的轴力 R_{AH} 和拉钢绳的轴力 R_{Ui}、支杆的轴力 R_{Di} 按照下面计算

$$R_{AH} = \sum_{i-1}^{n} R_{Ui}\cos\theta_i - \sum_{i-1}^{n} R_{Di}\cos\alpha_i$$

式中　$R_{Ui}\cos\theta_i$——钢绳的拉力对水平杆产生的轴压力；

$R_{Di}\cos\alpha_i$——支杆的顶力对水平杆产生的轴拉力。

当 $R_{AH} > 0$ 时，水平钢梁受压；当 $R_{AH} < 0$ 时，水平钢梁受拉；当 $R_{AH} = 0$ 时，水平钢梁不受力。

各支点的支撑力　$R_{Ci} = R_{Ui}\sin\theta_i + R_{Di}\sin\alpha_i$

且有　　　　　$R_{Ui}\cos\theta_i = R_{Di}\cos\alpha_i$

可以得到

$$R_{Ui} = \frac{R_{Ci}\cos\alpha_i}{\sin\theta_i\cos\alpha_i + \cos\theta_i\sin\alpha_i}$$

$$R_{Di} = \frac{R_{Ci}\cos\theta_i}{\sin\theta_i\cos\alpha_i + \cos\theta_i\sin\alpha_i}$$

9. 拉杆与支杆的强度计算

1）拉绳或拉杆的轴力 R_U 与支杆的轴力 R_D 均取最大值进行计算：

拉杆的强度计算：

$$\sigma = N/A < [f]$$

式中　　N——斜拉杆的轴心压力设计值；

　　　　A——斜拉杆净截面面积；

　　　　σ——斜拉杆受拉强度计算值；

　　　　$[f]$——斜拉杆抗拉强度设计值。

斜撑杆的焊缝计算：

斜撑杆采用焊接方式与墙体预埋件连接，对接焊缝强度计算公式如下：

$$\sigma = \frac{N}{l_w t} \leqslant f_c \ \text{或} f_t$$

式中　　N——斜撑杆的轴向力；

　　　　l_w——斜撑杆件的周长；

　　　　t——斜撑杆的厚度；

　　f_t 或 f_c——对接焊缝的抗拉或抗压强度。

2）斜压杆的容许压力按照下式计算：

$$\sigma = \frac{N}{\varphi A} \leqslant [f]$$

式中　　N——受压斜杆的轴心压力设计值；

　　　　φ——轴心受压斜杆的稳定系数，由长细比 l/i 查表 1-15 ~ 表 1-18 得；

　　　　i——计算受压斜杆的截面回转半径；

　　　　l——受最大压力斜杆计算长度；

　　　　A——受压斜杆净截面面积；

　　　　σ——受压斜杆受压强度计算值；

　　　　$[f]$——受压斜杆抗压强度设计值。

斜撑杆的焊缝计算：

斜撑杆采用焊接方式与墙体预埋件连接，对接焊缝强度计算公式如下：

$$\sigma = \frac{N}{l_w t} \leqslant f_c \ \text{或} f_t$$

式中　　N——斜撑杆的轴向力；

　　　　l_w——斜撑杆件的周长；

　　　　t——斜撑杆的厚度；

　　f_t 或 f_c——对接焊缝的抗拉或抗压强度。

10. 锚固段与楼板连接的计算

1）水平钢梁与楼板压点如果采用钢筋拉环，拉环强度计算如下：

水平钢梁与楼板压点的拉环强度计算公式为

$$\sigma = \frac{N}{A} \leqslant [f]$$

式中 　$[f]$——拉环钢筋抗拉强度，取 $[f] = 205 \text{N/mm}^2$。

水平钢梁与楼板压点的拉环一定要压在楼板下层钢筋下面，并要保证两侧 30cm 以上搭接长度。

2）水平钢梁与楼板压点如果采用螺栓，螺栓粘结力锚固强度计算如下：

锚固深度计算公式

$$h \geqslant \frac{N}{\pi d [f_b]}$$

式中 　N——锚固力，即作用于楼板螺栓的轴向拉力；

　　　d——楼板螺栓的直径；

　$[f_b]$——楼板螺栓与混凝土的容许粘结强度，计算中取 1.5N/mm²；

　　　h——楼板螺栓在混凝土楼板内的锚固深度。

3）水平钢梁与楼板压点如果采用螺栓，混凝土局部承压计算如下：

混凝土局部承压的螺栓拉力要满足公式

$$N \leqslant \left(b^2 - \frac{\pi d^2}{4} \right) f_{cc}$$

式中 　N——锚固力，即作用于楼板螺栓的轴向拉力；

　　　d——楼板螺栓的直径；

　　　b——楼板内的螺栓锚板边长；

　　f_{cc}——混凝土的局部挤压强度设计值。

5.4.4 计算结果的输出

悬挑扣件式钢管脚手架的计算参照《建筑施工扣件式钢管脚手架安全技术规范》（JGJ 130—2001）、《悬挑式脚手架安全技术规程》（DG/TJ 08—2002—2006）。

部位：悬挑脚手架

1. 计算参数

钢管采用 $\phi 48 \text{mm} \times 3.5 \text{mm}$，为双排脚手架，搭设高度为 14.50m，采用单立杆，悬挑水平钢梁上不设联梁。悬挑梁搭设计算简图见图 5-13。

2. 脚手杆计算

1）大横杆的计算

大横杆按照三跨连续梁进行强度和挠度计算，大横杆在小横杆的上面。

按照大横杆上面的脚手板和活荷载作为均布荷载计算大横杆的最大弯矩和变形。

（1）荷载计算

恒荷载计算

大横杆的自重标准值 $P_1 = 0.038 \text{kN/m}$

脚手板的荷载标准值 $P_2 = 0.150 \times 0.900/2 = 0.068\text{kN/m}$

恒荷载标准值 $q_1 = P_1 + P_2 = 0.105\text{kN/m}$

活荷载标准值 $q_2 = 3.000 \times 0.900/2 = 1.350\text{kN/m}$

大横杆计算荷载组合简图见图5-15、图5-16。

支座最大反力：3.327kN

（2）抗弯强度计算

最大弯矩考虑为三跨连续梁均布荷载作用下的弯矩

对标准内力计算，并进行组合

对内力进行组合后得到最大值 $M = 0.526\text{kN} \cdot \text{m}$ 进行强度验算：

$$\sigma = 525928.080/5080.00 = 103.529\text{N/mm}^2$$

大横杆的计算强度小于等于 174.25N/mm²，满足条件！

（3）挠度计算

最大挠度考虑为三跨连续梁均布荷载作用下的挠度

计算公式如下：

$$V_{\max} = 0.677\frac{q_1 l^4}{100EI} + 0.990\frac{q_2 l^4}{100EI}$$

三跨连续梁均布荷载作用下的最大挠度 $v = 2.836\text{mm}$

大横杆的最大挠度小于等于 1500.00/250 与10mm，满足条件！

2）小横杆的计算

小横杆按照简支梁进行强度和挠度计算，大横杆在小横杆的上面。

用大横杆支座的最大反力计算值，在最不利荷载布置下计算小横杆的最大弯矩和变形。

（1）荷载值计算

大横杆传来的集中力：

恒荷载标准值 0.173kN

活荷载标准值 2.228kN

小横杆的自重标准值 $G_1 = 0.038\text{kN/m}$

小横杆计算简图见图5-21所示。

均布荷载引起的最大弯矩 0.005kN·m

集中荷载引起的最大弯矩 0.748kN·m

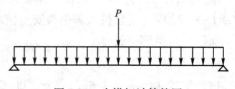

图5-21　小横杆计算简图

（2）抗弯强度计算

考虑内力组合后的最大弯矩

$$M = 0.753\text{kN} \cdot \text{m}$$

$$\sigma = 753071.070/5080.00 = 148.2423\text{N/mm}^2$$

小横杆的计算强度小于等于 174.25N/mm²，满足条件！

（3）挠度计算

最大挠度考虑为小横杆自重均布荷载与荷载的标准值最不利分配的挠度和

集中荷载标准值 $P = 3.33\text{kN}$

小横杆最大挠度 = 小横杆自重均布荷载引起的最大挠度 + 集中荷载标准值最不利分配引起的最大挠度

$$v = 1.465\text{mm}$$

小横杆的最大挠度小于等于 900.00/250 与 10mm，满足条件！

3）扣件抗滑力的计算：

纵向或横向水平杆与立杆连接时，扣件的抗滑承载力按照下式计算（全国规范 5.2.5）：

$$R \leqslant R_c$$

式中　R_c——扣件抗滑承载力设计值，取 8.0kN；

　　　R——纵向或横向水平杆传给立杆的竖向作用力设计值，取 3.204kN；

单扣件抗滑承载力的设计计算满足要求！

当直角扣件的拧紧力矩达 40～65N·m 时，试验表明：单扣件在 12kN 的荷载下会滑动，其抗滑承载力可取 8.0kN；双扣件在 20kN 的荷载下会滑动，其抗滑承载力可取 12.0kN。

4）脚手架计算

作用于脚手架的荷载包括静荷载、活荷载和风荷载。

（1）静荷载计算：

① 每米立杆承受的结构自重标准值本例为 0.125kN/m：

$$N_{G1} = 0.125 \times 14.500 = 1.810\text{kN}$$

② 脚手板的自重标准值（kN/m²）：

$$N_{G2} = 0.150 \times 5 \times 1.500 \times (0.900 + 0.200)/2 = 0.619\text{kN}$$

③ 栏杆与挡脚手板自重标准值（kN/m）：

$$N_{G3} = 0.150 \times 1.500 \times 5/2 = 0.563\text{kN}$$

④ 吊挂的安全设施荷载：

$$N_{G4} = 0.050 \times 1.500 \times 14.5 = 1.088\text{kN}$$

经计算得到，静荷载标准值 $N_G = N_{G1} + N_{G2} + N_{G3} + N_{G4} = 4.078\text{kN}$

（2）活荷载计算

活荷载为施工荷载标准值产生的轴向力总和，内、外立杆按一纵距内施工荷载总和的 1/2 取值。

经计算得到，活荷载标准值 $N_q = 3.000 \times 2 \times 1.500 \times 0.900/2 = 4.050\text{kN}$

（3）风荷载计算

风荷载标准值应按照以下公式计算

$$W_k = \varPsi U_z U_s W_0$$

经计算得到，风荷载标准值 $W_k = 0.7 \times 0.350 \times 0.832 \times 0.936 = 0.191\text{kN/m}^2$

（4）立杆内力计算

立杆的轴向压力设计值：

$$N = 9.714\text{kN}$$

风荷载设计值产生的立杆段弯矩 M_W 为：

$$M_W = 0.110\text{kN} \cdot \text{m}$$

5) 立杆强度和稳定计算：

立杆计算长度计算

$$l_0 = kuh$$

式中　k——计算长度附加系数，取 1.155；

　　　u——计算长度系数，由脚手架的高度确定，$u = 1.500$；

　　　h——脚手架步距，取 1.80。

计算得 $l_0 = 3.119$m

$$\lambda = l_0/i = 197.373 \text{ 小于等于 } 210$$

考虑风荷载时，立杆的稳定性计算

$$\sigma = \frac{N}{\varphi A} + \frac{M_W}{W} \leq [f]$$

式中　M_W——计算立杆段由风荷载设计值产生的弯矩，$M_W = 0.110$kN·m

$$\sigma = 9713.521/(0.204 \times 489.000) + 110343.941/5080.000 = 118.866\text{N/mm}^2$$

考虑风荷载时，立杆的稳定性计算 $\sigma \leq [f]$，满足条件！

6) 连墙件计算

连墙件的轴向力计算值按照下式计算：

$$N_1 = N_{1W} + N_0$$

式中　N_{1W}——风荷载产生的连墙件轴向力设计值（kN），应按照下式计算：

$$N_{1W} = \gamma \psi W_k A_w$$

　　　W_k——风荷载标准值，$W_k = 0.191$kN/m^2

　　　A_w——每个连墙件的覆盖面积内脚手架外侧的迎风面积，$A = 16.200$m^2

　　　N_0——连墙件约束脚手架平面外变形所产生的轴向力（kN），$N_0 = 5.000$

经计算得到，$N_{1W} = 3.678$kN，连墙件的轴向力计算值 $N_1 = 8.678$kN

连墙件轴向力设计值 $N_f = \varphi A [f]$

式中　φ——轴心受压立杆的稳定系数，由长细比 l/i 的结果查表得到 $\varphi = 0.992$

$$A = 4.890\text{cm}^2，[f] = 174.250\text{N/mm}^2$$

经计算得到 $N_f = 99.484$kN

$N_f \geq N_1$，连墙件的设计计算满足要求！

连墙件采用双扣件与墙体连接

经过计算得到 $N_1 = 8.678$kN 小于等于扣件的抗滑力 12.0kN，满足要求！

连墙件扣件连接示意图见图 5-22。

3. 悬挑梁计算

1) 内力计算

弯矩图见图 5-23 所示。

墙支点计算采用铰接连接

水平支撑梁的截面模量（抵抗矩）$W = 108.300$cm^3

受脚手架作用传递集中力 $P = 11.176$kN

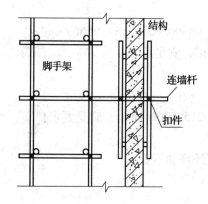

图 5-22 连墙件扣件连接示意图

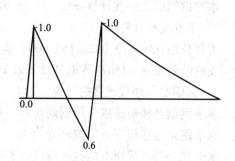

图 5-23 悬挑梁弯矩图（kN·m）

计算得到

支座反力 $R_B = -0.448\text{kN}$

最大弯矩设计值 $M_A = -1.184\text{kN·m}$

抗弯计算强度 $f = 1183603.000/(1.05 \times 108300.000) = 10.409\text{N/mm}^2$

水平支撑梁的抗弯计算强度小于等于 205.000N/mm^2，满足要求！

最大剪力设计值 $Q_{max} = -11.222\text{kN}$

抗剪计算强度 $T = (Q \times S)/(I \times T_w) = 8.279\text{N/mm}^2$

水平支撑梁的抗剪强度小于等于 205.000N/mm^2，满足要求！

最大挠度 $v_{max} = 0.358\text{mm}$

按照《钢结构设计规范》（GB 50017—2003）附录 A 结构变形规定，受弯构件的跨度对悬臂梁为悬伸长度的两倍，即 2400.000mm

水平支撑梁的最大挠度小于等于 $2400.000/400$，满足要求！

根据最大剪应力理论进行折算应力验算：

$$M = 1.184\text{kN·m}$$

$$V = 9.118\text{kN}$$

$\sqrt{\sigma^2 + 3\tau^2} = 20.089$ 小于等于 225.500

满足要求！

2）悬挑梁的整体稳定性计算

水平钢梁，采用计算公式如下

$$\sigma = \frac{M}{\varphi_b W_x} \leqslant [f]$$

式中 φ_b——均匀弯曲的受弯构件整体稳定系数，按照下式计算：

$$\varphi_b = \frac{570tb}{lh} \times \frac{235}{f_y}$$

经过计算得到

$$\lambda = 131.148$$

$$\varphi_b = 0.609$$

经过计算得到强度 $\sigma = 1183603.406/(0.609 \times 108300.000) = 17.956 \text{N/mm}^2$

水平钢梁的稳定性计算 $\sigma \leqslant [f] = 205.0 \text{N/mm}^2$，满足要求！

3）下部支杆计算

支杆长细比 $\lambda = 73.082 \leqslant 150.000$，满足条件

支杆的强度 $\sigma = 15677.530/402.660 = 38.935 \leqslant 215.000 \text{N/mm}^2$，满足要求！

4）锚固端与楼板连接的计算

水平钢梁与楼板压点采用钢筋拉环，拉环强度计算如下：

水平钢梁与楼板压点的拉环受力 $R = -0.448 \text{kN}$

水平钢梁与楼板压点的拉环强度计算公式为

$$\sigma = \frac{N}{A} \leqslant [f]$$

式中　　$[f]$——拉环钢筋抗拉强度，每个拉环按照两个截面计算，按照《混凝土结构设计规范》10.9.8 条 $[f] = 50 \text{N/mm}^2$

水平钢梁与楼板压点的拉环直径 $D = 22.000 \text{mm}$

水平钢梁与楼板压点的拉环一定要压在楼板下层钢筋下面，并要保证两侧 30cm 以上搭接长度。

经过计算得到强度 $\sigma = 448.204/760.267 = 0.590 \text{N/mm}^2$

水平钢梁与楼板压点的拉环强度 $\sigma \leqslant [f]$，满足要求！

5.4.5　软件审核表格计算书的输出

软件审核表格计算书见表 5-5。

软件审核表格计算书　　　　　　　　　　　　　　　　表 5-5

工程名称		计算部位	悬 挑 脚 手 架
计算参数	双排脚手架，搭设高度为 14.5m，立杆采用单立杆 　纵距 1.5m，横距 0.9m，步距 1.8m。 　钢管类型为 $\phi48\text{mm} \times 3.5\text{mm}$，连墙件采用二步三跨 　悬挑水平钢梁采用槽钢 [16a，其中建筑物外悬挑段长度 1.20m，建筑物内锚固段长度 1.80m 　悬挑水平钢梁采用悬臂式结构，没有拉杆、有支杆与建筑物拉结	计算简图	

续表

工程名称		计算部位	悬 挑 脚 手 架		
节点连接	连墙件采用扣件连接				
荷载参数	恒荷载： 　脚手板采用竹笆片脚手板，自重为 0.15kN/m² 　栏杆挡板，自重为 0.15kN/m 　安全网 0.05kN/m² 施工活荷载： 　结构脚手架，荷载 3.00kN/m² 风荷载： 　按浙江省（市）金华市（地区）计算，基本风压：0.35kN/m²，地面粗糙度 C 类（有密集建筑群市区），采用封闭式脚手架（有安全网）——敞开，框架和开洞墙 1.3φ，脚手架距地面高度 19.80m，风荷载体型系数：0.94，风荷载高度变化系数：0.83，挡风系数为 0.72 　同时施工 2.00 层，脚手板共铺设 5.00 层				
计算要求	钢管强度折减系数 0.85 扣件抗滑承载力系数 1.00				
计算要点	详细计算过程				结论
大横杆计算	1. 抗弯强度验算： $$\sigma = 525928.08/5080.00 = 103.53 \text{N/mm}^2$$ 大横杆的计算强度小于 174.25N/mm²				满足要求！
	2. 挠度验算 $$v = v_1 + v_2 = 2.84 \text{mm}$$ 大横杆的最大挠度小于等于 1500.00/250 与 10mm				满足要求！
小横杆计算	1. 抗弯强度验算 $$\sigma = 753071.07/5080.00 = 148.24 \text{N/mm}^2$$ 小横杆的计算强度小于 174.25N/mm²				满足要求！
	2. 挠度验算 $$v = v_1 + v_2 = 1.46 \text{mm}$$ 小横杆的最大挠度小于等于 900.00/250 与 10mm				满足要求！
扣件计算	荷载的计算值 $$R = 1.2 \times 0.09 + 1.2 \times 0.11 + 1.2 \times 0.10 + 1.4 \times 2.03 = 3.20 \text{kN}$$ 扣件抗滑承载力可取 8.00kN				满足要求！

工程 名称		计算 部位	悬 挑 脚 手 架	
立杆 计算	立杆计算长度 $l_0 = 3.12$m 长细比 $\lambda = l_0/i = 197.37$ 立杆的长细比 λ 小于等于 210 考虑风荷载时 弯矩 $M_W = 0.11$kN·m 经计算得：钢管立杆抗压强度计算值 $\sigma = 118.87$N/mm^2 钢管立杆抗压强度设计值 $[f] = 174.25$N/mm^2			满足要求！
	不考虑风荷载时 经计算得：钢管立杆抗压强度计算值 $\sigma = 97.14$N/mm^2 钢管立杆抗压强度设计值 $[f] = 174.25$N/mm^2			满足要求！
连墙 件的 计算	连墙件轴向力计算值 $N_1 = 8.68$kN 连墙件轴向力设计值 $N_f = 99.48$kN			满足要求！
	连墙件采用双扣件与墙体连接 经计算得到 $N_1 = 8.68$kN 小于等于扣件的抗滑力 12.0kN 双扣件在 20kN 的荷载下会滑动，其抗滑承载力可取 12.0kN 可以考虑采用双扣件			满足要求！
联梁 计算	不考虑联梁			
悬挑 梁计 算	支座反力 $R_B = -0.45$kN 最大弯矩设计值 $M_A = -1.18$kN·m 1. 强度验算： $\qquad f = 1183603.41/(1.05 \times 108300.00) = 10.41$N/mm^2 水平支撑梁的抗弯计算强度小于等于 205.00N/mm^2			满足要求！
	2. 抗剪强度计算 最大剪力设计值 $Q_{max} = -11.22$kN 抗剪计算强度 $T = 8.28$N/mm^2 水平支撑梁的抗剪计算强度大于 205.00N/mm^2			满足要求！
	3. 挠度验算 最大挠度 $v_{max} = 0.36$mm 水平支撑梁的最大挠度小于等于 2400.00/400			满足要求！
	4. 根据最大剪应力理论进行折算应力验算： $\sqrt{\sigma^2 + 3\tau^2} = 20.09$ 小于等于 225.50			满足要求！

工程名称		计算部位	悬挑脚手架	
悬挑梁的整体稳定性计算	$\lambda = 131.148$			满足要求!
	$\sigma = 1183603.41/\ (0.61 \times 108300.00)\ =17.96\text{N/mm}^2$ 水平钢梁的稳定性计算 σ 小于等于 205.00N/mm^2			满足要求!
下部支杆计算	$\lambda = 73.082 \leqslant 150.000$			满足要求!
	支杆的强度计算 $\sigma = 15677.530/402.660 = 38.935\text{N/mm}^2$ 小于等于 215.000N/mm^2			满足要求!
锚固段与楼板连接的计算	水平钢梁与楼板压点采用钢筋拉环,拉环直径 22.00 $\sigma = 0.59\text{N/mm}^2$			满足要求!
施工单位				
计算人		审核人		

5.4.6 软件计算和手工计算的对比

本工程在软件计算之前已经手工计算出了结果。表5-6 中列出了整个工程的各主要杆件的计算结果对比。

计算结果对比表 表5-6

比较项目		手工计算	软件计算	对比
大横杆	抗弯强度 (N/mm^2)	103.52	103.53	+0.01%
	最大挠度 (mm)	2.843	2.84	-0.1%
小横杆	小横杆所受集中力 P (kN)	3.05	3.327	+9%
	抗弯强度 (N/mm^2)	136.12	148.24	+8.9%
	最大挠度 (mm)	1.33	1.46	+9.5%
扣件	抗滑力验算 (kN)	3.201	3.20	-0.03%

续表

比 较 项 目			手工计算	软件计算	对　比
立杆	稳定性计算	λ	198. 66	197. 37	-0.065%
		φ	0. 184	0. 204	$+9.8\%$
		σ（N/mm²）	126. 97	118. 87	-6.38%
连墙件	轴向力计算（kN）		8. 664	8. 68	0.18%
悬挑梁	抗弯强度（N/mm²）		10. 41	10. 41	0
	最大挠度（mm）		0. 305	0. 36	18%
	整体稳定性验算	φ_b	0. 606	0. 609	$+0.5\%$
		σ（N/mm²）	18. 04	17. 96	-0.43%
锚固端与楼板	拉环强度（N/mm²）		0. 590	0. 590	$+0.02\%$

在表 5-6 中，我们可以看到：

1）小横杆的抗弯强度和挠度计算结果差别较大，这是由于计算小横杆所受集中力 P 的大小不同引起的。软件计算小横杆所受集中力 P 时，先按三跨连续梁计算大横杆的支座反力，取其较大值 R_{max}。并根据作用力和反作用力的关系，将此作用力传到小横杆上，即 $P = R_{max}$（大小）。因此，软件计算系数为 1.1。表中 2.242/2.04 = 1.1。由此可见，由于小横杆受到的集中荷载增大了，集中荷载引起的最大弯矩也就增大了。其抗弯强度和挠度值也就增大了。

2）立杆的稳定性计算差别较大，这是由于稳定性系数 φ 取值不同造成的。在手工计算时，稳定性系数 φ 是由长细比 λ 值查《建筑施工扣件式钢管脚手架安全技术规范》（JGJ 130—2001）中附录 C 用差值法得出的。而软件计算时是根据规范中给定的计算公式计算得出。

3）其他项目的差别原因是手工计算的误差引起的。

4）从以上的分析可以看出，软件计算的结果和手工计算结果大致相当。并可以避免人为的疏忽或错误等原因对计算结果的影响。